中国轻工业“十四五”规划教材

包装工程导论

吴若梅　蒋海云　主编

中国轻工业出版社

图书在版编目（CIP）数据

包装工程导论/吴若梅，蒋海云主编. --北京：中国轻工业出版社，2025. 2. --ISBN 978-7-5184-5224-8

Ⅰ. TB48

中国国家版本馆 CIP 数据核字第 2024M1F350 号

责任编辑：杜宇芳　　责任终审：劳国强
文字编辑：武代群　　责任校对：晋　洁　　封面设计：锋尚设计
策划编辑：杜宇芳　　版式设计：致诚图文　　责任监印：张　可

出版发行：中国轻工业出版社（北京鲁谷东街 5 号，邮编：100040）
印　　刷：三河市万龙印装有限公司
经　　销：各地新华书店
版　　次：2025 年 2 月第 1 版第 1 次印刷
开　　本：787×1092　1/16　印张：13. 75
字　　数：386 千字
书　　号：ISBN 978-7-5184-5224-8　定价：49. 80 元
邮购电话：010-85119873
发行电话：010-85119832　010-85119912
网　　址：http://www. chlip. com. cn
Email：club@ chlip. com. cn

231177J1X101ZBW

本书编写人员

主　编　吴若梅　蒋海云

副主编　吴红军　孙德强　李　光

参　编　肖颖喆　滑广军　赵东柏　杜晶晶　卢富德
　　　　　魏　专　巩　雪　陈　新　段青山

主　审　王志伟　谭益民

序

包装是一个正处于不断壮大的朝阳产业，经历了 40 多年的风风雨雨，一路稳步向前发展，暨 2010 年产值破万亿元之后，2023 年已达 2.5 万亿元的规模。仅 2023 年年产值 2000 万元以上规模企业较前一年新增 1029 家，这对于包装行业来说殊为不易。

包装产业涉及面广，产业链长，交叉特征明显，如何培养适应产业发展需要的高级包装人才和团队任重道远。特别是近些年来工业 4.0 的兴起，物联网技术和人工智能正深刻影响着产业发展格局，需要我们与时俱进迎接新时代的挑战。

《包装工程导论》顺应时代及教学需要，力求摒弃“倒”，突出“导”的教学理念，构建了包装工程完整的知识框架。作为中国轻工业“十四五”规划教材，该书的出版为培养包装行业创新型人才做了一件基础性的工作。

教材根据包装工程知识体系的特点，以案例分析为概念先导，通过实例分析，阐释包装是什么、学什么、怎么学？与此同步，将思政元素、家国情怀融入其中，给人以深刻的启迪。

教材内容丰富，由浅入深，许多知识精髓来源于现实生活、生产实践和科学研究。编者为多所本科、专科高校教授，具有丰富的教学经验，为教材的编撰奠定了良好的基础。

本书既有对包装行业的全面认识，也有对今后包装行业发展方向的深刻思考。希望本书的出版能够帮助更多的人了解包装，关心包装，引导更多的人才走进包装这个生机勃勃的殿堂，共同缔造更加美好的明天。

谭益民

2024 年 1 月

前　言

包装学科是一门将自然科学和社会科学、人文科学融为一体的综合性交叉学科，它有机地吸收、整合了不同学科的新理论、新材料、新技术和新工艺，从系统工程的观点来解决商品保护、储存、运输及促进销售等流通过程中的综合问题。

《包装工程导论》是普通高等学校本科、专科包装工程专业的入门教材。编者在多年的教学过程中发现，该门课程的教学一直缺乏合适的教材，在教学上也存在一些问题，如教学上力图全面、细致，将后续课程里的包装材料与容器、包装系统设计、包装工艺、包装印刷、包装设备，以及各类包装的范例、相关标准与法规等全面简要地灌输给学生，而忽略了引导学生了解有关包装材料和技术方法的新成果和发展方向，以及建立包装工程的系统性、科学性、学科交叉性的意识和理念。因此，在教材编写过程中，编者不求细致全面地介绍包装工程的具体知识，而是按专业知识体系阐述典型内容。考虑到引导式教学和明确学习目标的重要性，教材在每个章节前加入了本章导读和本章学习目标。在阐述专业知识内容方面注重以点带面、以面到体，尽可能采用由浅入深、通俗易懂的方法，激发初学者的求知欲和探索欲。方便学生在完成对包装知识结构和体系的学习和深化后，更全面地了解包装行业的一些基本常识和发展趋势，并逐步确立自己的专业发展方向和学习目标，有利于学生进一步确立深造方向。基于上述考虑，经编写组老师们和行业专家反复研讨，确定了最终书稿。

本书根据湖南工业大学包装工程专业的“包装工程导论”课程教学大纲编写，主要阐述了包装的概念、功能，讲述了包装设计、包装材料与制品、包装工艺与技术、包装与物流、包装过程控制与装备、包装印刷、包装数字化设计与辅助工程、包装与文化传播方面的内容。本书既可作为包装工程专业的教材使用，也可作为市场营销专业或相关专业技术人员的参考书。该课程为省级一流课程，在超星学习通平台配套有大量电子资源供读者使用。

全书共为九章，由湖南工业大学吴若梅教授、蒋海云教授任主编，中国包装联合会吴红军高级工程师、陕西科技大学孙德强教授、天津科技大学李光教授任副主编，湖南工业大学肖颖喆副教授、滑广军教授、赵东柏副教授、杜晶晶教授、卢富德副教授，湖南长沙师范学院魏专教授、哈尔滨商业大学巩雪副教授、中山火炬职业技术学院陈新教授、广西大学段青山博士参与编写。全书统稿工作由吴若梅、蒋海云完成，由暨南大学王志伟教授和湖南工业大学谭益民教授主审。同时，感谢中山火炬职业技术学院孙惠芳经济师、湖南工业大学牟洋帆硕士参与了部分工作。由于编者水平有限，难以满足读者所期望的一切，但我们依然希望本书可以引导读者对包装有较为全面的了解，不当之处敬请批评指正。

吴若梅　蒋海云
2024 年 5 月

目　录

第一章　绪　　论

本章导读

本章主要介绍了包装及包装工程等基本概念，简要说明了包装的基本功能、分类及其发展趋势。以案例的形式对包装工程涉及的专业知识进行了系统梳理。结合现代社会科技状况，指出了当前包装行业面临的主要挑战以及发展新机遇。最后简述了国内外包装高等教育发展概况，提出包装工程高级人才应交叉培养的建议。

本章学习目标

通过本章学习，系统构建包装工程专业知识框架，明确当下包装行业面临的挑战和新机遇，了解包装高等教育现状，指明专业学习方向。

第一节　包装概述

一、包装的基本定义

包装，从字面理解包括两层意思。其一，包装的“包”有包裹、包覆、容纳之意，即用一定的材料或容器把产品裹起来或盛装好。本质是使产品不易受损，方便运输、储存和使用，属于物质的范畴。比如用水瓶容纳饮用水即属于“包”的范畴。其二，包装的“装”代表着装潢、装饰与装裱，即在产品外包上所采取的美化、装饰与修饰点缀，使其具有更漂亮、更吸引人的外观和必要的信息传播作用，属于美学范畴，富有一定文化的内涵。比如在水瓶上印制图案以及相关文字信息或者对水瓶进行造型处理，使包装看起来更为美观，传递信息以提升消费者的购买欲即属于装的范畴，如图 1-1 所示。“包”与“装”浑然一体，已然成为产品的一部分，并且发挥着重要作用。

图 1-1　瓶装水包装

GB/T 4122. 1—2008《包装术语　第 1 部分：基础》对包装定义为：“为在流通过程中保护产品，方便储运，促进销售，按一定技术方法而采用的容器、材料及辅助物等的总体名称。也指为了达到上述目的而采用容器、材料和辅助物的过程中施加一定技术方法等的操作活动。”国际标准（ISO 21067-1-2016）定义包装为：“从生产商到使用者或消费者各个环节中用于容纳、保护、处理、递送、储存、运输和展示产品所使用的材料与制品，包括处理及装配过程中所使用的器具。”此外，美国试验与材料协会（American Society for Testing and Materials，ASTM）、英国标准学会（British Standards Institution，BSI）、日本工业标准调查会（Japanese Industrial Standards Committee，JISC）等，都以国家标准的形式对包装进行了定义。尽管各国或组织对包装定义的表述和理解稍有不同，其本质却大同小异。概括来讲，包装可以理解为“为保护产品、方便使用、促进销售而应用的材料、器具及其操作活动”。

以常见的瓶装水为例（图 1-2），选用的瓶体材料、瓶体结构、标签、瓶装水搬运使用的箱子、托盘等材料与器具，矿泉水的充填、装箱、打包等操作活动（图 1-3），均属于包装的范畴。

图 1-2　瓶装水瓶体图

图 1-3　与瓶装水相关的操作活动

二、包装的基本功能

从包装的基本定义可以得知，包装具有三大主要基本功能，即保护产品、方便使用、促进销售。

1. 保护产品

保护产品是包装的最基本功能，也是包装设计考虑的重要因素。包装要防止外界环境对被包装物品的损害和破坏，如污染、变质、塌陷、压溃、功能丧失等。以生鲜大闸蟹为例，合格的包装应具有较好的透气性和低温特性，以确保在规定的期限内，大闸蟹在储运过程中能维持其生命。以电视机为例，合格的包装应确保在合理的堆码层高范围内电视机不会被压坏，储运过程中能够有效吸收外界的振动、冲击能量，保护产品安全。为确保被包装物品不受损，往往需要综合优选包装材料、包装结构、包装工艺。

2. 方便使用

方便使用是包装的另一个基本功能。方便使用包括两个方面，一是要方便储运操作；二是方便客户使用。通过合理的包装设计和材料优选，使产品在运输、堆码过程中操作便捷，客户在拆卸包装或使用产品时轻松便利。如在木箱箱底增加3根栈木，可以方便叉车搬运，如图1-4所示。在易拉罐盖上设计拉环（图1-5），开启时，拉环始终和罐身连在一起，避免了传统拉环开启后脱离罐身而不便于回收的不足。并且，还可以利用拉环口固定吸管，使用非常方便。

图1-4　带叉车结构的木箱包装

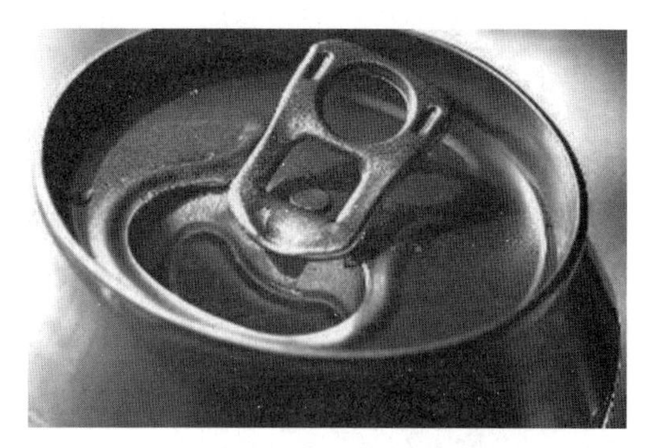

图1-5　使用便捷的易拉罐盖

3. 促进销售

促进销售也属于包装的基本功能之一。正如人们所说，包装是沉默的商品推销员。好的包装可以吸引更多的消费者，并帮助产品在市场上脱颖而出。研究表明，消费者线下购买一个商品的平均决策时间是13s，线上则为19s。要在如此短的时间内给消费者留下深刻的印象，包装的造型、装饰效果等包装因素具有不可估量的价值。可以说，在不断提高产品质量的同时，提供好的配套包装是在竞争激烈的当下抢占市场份额的重要法宝。此外，好的包装也有利于更好地宣传品牌形象。对于一些知名品牌，即便不看其商标（Logo）（图1-6），根据包装就可以迅速断定它是何种品牌的产品，这便是包装的魅力。

随着科技和社会的不断进步，包装的功能也在不断拓展，一个优秀的包装不仅能够很好地包装产品、方便使用、促进销售，甚至还能在一定程度上引导消费、指导消费。如“吸烟有害健康”“×××酒虽好，不要贪杯”。在将来高度智慧化的某一天，包装也许还将根据客户的具体情况，提出针对性的使用建议。

图1-6　包装传递品牌形象

三、包装的系统属性

明白了包装的基本定义及基本功能，不难理解包装的实现其实是一个系统工程问题。仍以瓶装水包装为例，首先要考虑如何设计瓶的结构。不同品牌的水瓶结构各有特色，有的加工有环筋、有的加工有突起的水纹，也有的设计成棱柱形。完成好这些工作需要设计者具有良好的力学、设计学素养，确保所设计的瓶子结构具有较好的强度，方便使用、方便运输，并具有一定的品牌辨识度。

其次，材料的选择也非常关键。瓶盖、瓶体、标签由于发挥的作用不同，使用的材料也不同。如标签上的油墨与黏贴标签使用的胶黏剂必须互不相溶，但又能粘接牢固，这与所选择的材料密切相关。要完成好这类工作，要求研发人员具备良好的材料学、化学知识。即便包装容量设计这么一个在大多数人看起来极为简单的工作，也有着严密的逻辑考虑。容量设计应该充分考虑所针对的具体应用场景、相对市场容量、消费者的反应等，所有这些，都要经过细致的调查研究，而不能凭空臆断。

此外，还需考虑色彩搭配、品牌体现、企业文化等，如瓶子各部分颜色搭配（瓶盖颜色，标签色彩）、如何凸显品牌元素等。因此，要求包装工程师要兼有良好的美学素养、社会学知识和生活阅历。

除此之外，瓶体设计还得考虑成型方法、成品检测、成本控制、环境因素、包装效果等方面的因素，如瓶体结构怎样成型、成型工艺如何控制，瓶体质量是否合格、应该检测哪些指标，制造成本如何控制；怎么实现灌装，瓶体材料对水质有何影响、适应条件如何；这些包装废弃之后怎么处理，对环境会有哪些影响等，如图 1-7 所示。因此，包装工程师还应懂得物理学、材料加工、包装工艺学及自动控制理论等知识。

图 1-7　瓶装水包装涉及的系统性问题

通过以上分析不难发现，一个看似简单的瓶装水包装，其设计、加工、使用以及环境影响涉及材料、化学、物理学、设计学、机械工程、检测技术及自动控等方方面面的知识，是一个非常复杂的系统工程。对包装整个产业而言，所涉及的知识则更深、更广。因此，包装工程是一个复杂的系统工程，是在社会、经济、资源及时间等因素限制范围内，综合运用物理、化学、材料学、设计学等知识，研究如何实现包装的主要功能（保护产品、方便储运、促进销售、美化商品）的系统科学。

四、包装的常见分类

产品的极大丰富和多样化发展，促使相应包装不断推陈出新，包括材料、结构、工艺、功能等都有长足的发展。包装的目的不同、应用对象不同，包装的设计、选材等也千差万别。为方便研究应用和管理沟通，通常会对包装进行分类。分类方法多种多样，常见的分类方法有以下几种。

（1）按包装的形态和装填顺序分类　按照包装的形态和装填顺序分类，可分为内包装、中包装和外包装。内包装又称小包装，一般指直接与商品接触的包装，是销售的最小个体，也称之为销售包装。中包装是指若干小包装的集合，主要便于陈列和销售。外包装，也称为大包装，是以运输、储存为目的的包装，它是一定数量的中包装或小包装集合，也可以称之为运输包装或物流包装。

（2）按包装材料分类　按包装所采用的主要材料分类，可分为纸包装、塑料包装、金属包装、玻璃陶瓷包装、复合包装、木包装等。

（3）按包装对象分类　按被包装对象类型分类，可分为食品包装、药品包装、烟包装、酒包装、日用品包装、农副产品包装、工业品包装、军工包装等。

（4）按包装所实现的主要功能分类　按照包装所实现的主要功能分类，可分为保鲜包装、高阻隔包装、缓冲包装、喷雾包装、防潮包装、防伪包装、防盗包装等。

（5）按采用的主要包装工艺分类　按照所采用的主要包装工艺分类，可分为气调包装、真空包装、泡罩包装、贴体包装、无菌包装等。

因为出发点不同，包装还有其他分类方法。如按使用次数，可分为一次性包装和多次性包装或循环包装；按照用途，可分为内销包装和出口包装。随着技术进步，人们对包装的理解和期望值也不断提升，出现了绿色包装、生态包装、智能包装以及智慧包装等概念。虽然没有进行明确的分类，但对于包装应该与生态环境协调发展，具有一定的信息交互能力，更好地满足人类更高需求是毋庸置疑的。

五、包装的发展趋势

包装是伴随着人类文明的演绎而不断发展起来的。在漫漫的历史长河中，从原始包装的萌芽逐渐演变成古代包装，直到近现代包装。事实上，包装以正式的技术形态并形成专业需求应该是第二次世界大战之后。特别是近几十年来人们生活水平的大幅提升、科学技术的迅猛发展，助推了包装产业的腾飞。历史地看，包装就功能角度而言，依次经历着“安全方便为本、品牌形象为主、用户体验为纲以及消费引领为要”4个阶段。初始阶段，包装多关注产品保护、方便携带和使用为主，随后，包装逐渐成为商家宣传品牌的主阵地。当前，包装除了要求安全方便、具有品牌宣传功能外，更加注重消费者的体验感，从而更好地抓住消费者的心。随着信息量的爆炸式增长，人们变得越来越难抉择，有时甚至面对简单的事情不知所措。未来的包装将增加一项重要的功能，即引领消费，如帮助顾客选择、指导正确使用和消费产品。

1. 安全方便为本

在包装发展史上，安全和方便始终是最基本的考虑因素，因此包装发展初期便以安全方便为本。在这个阶段，包装主要是为了防止产品损坏、污染和变质，同时也要方便消费者携带和使用。这一阶段的包装较为单一地解决产品安全问题，同时便于携带、搬运。如传统的产品包装（图1-8），这类包装比较简朴。在有众多商品可供选择的条件下，这种“其貌不扬”其实是很难引起消费者关注的。当年万国博览会上，如果茅台酒没有经历意外的一摔，它可能就没有那么早声名鹊起。所以，包装保护产品安全、方便携带固然是根本，而如何树立良好的品牌形象也非常重要。

图1-8　传统的纸包装

2. 品牌形象为主

品牌形象为主，主要是通过包装材质、结构设计以及装饰效果来打造产品的品牌形象和视觉风格，以提高品牌的知名度和美誉度。同时也注重考虑包装和产品的整体协调性和市场趋势的匹配性以及环保因素，以满足消费者对品牌形象和包装设计的要求。随着市场的竞争日益激烈，包装的设计越来越注重体现品牌形象和特色。

包装的主要功能不再仅仅单纯满足保护和方便需要，而是进一步通过设计吸引消费者的眼球，提高品牌的知名度和美誉度。某国外知名品牌饮料在维护其一贯品牌形象的基础上，不断创新设计风格，如与电影或音乐公司合作推出限量版设计，以增强其品牌形象和吸引力，颇受消费群体好评。国酒一直在国人心目中有着特殊的地位，它的包装也极具特色，即便是手提袋也用尽心思，如图 1-9 所示。这种手提袋除装饰装潢设计传承了产品主要特色外，其结构设计也非常独特。袋子内部设有分隔式夹层，可有效预防酒瓶在携带过程中的碰撞和摩擦，同时手提袋还预留了额外的储存空间，用于放置某些其他产品。这种结构设计可一次性满足消费者多个需求，被称为最具“人情味”的设计，对国酒品牌的宣传起到了非常积极的作用。

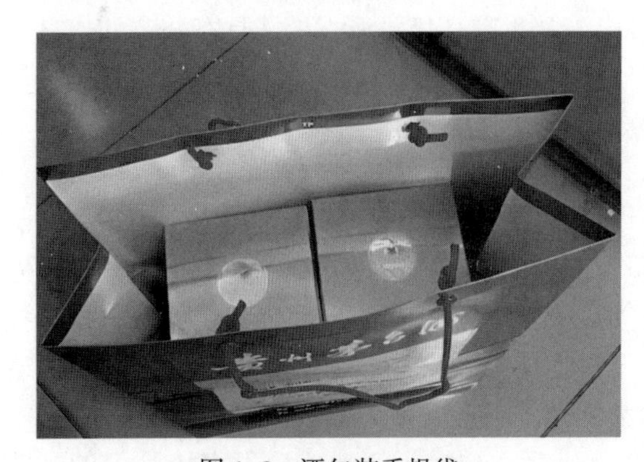

图 1-9　酒包装手提袋

3. 用户体验为纲

根据 ISO 9241-210-2019 标准，用户体验（User Experience）可定义为“人们对于使用或期望使用的产品、系统或者服务的认知印象和回应”。也就是用户在“使用”某个产品或服务过程中的纯主观感受，包括情感、信仰、喜好、认知印象、生理和心理反应等。极致的用户体验，就是让用户的这些感受处于最满意的状态。对于包装而言，用户体验可通俗地表述为“好不好用，用起来方不方便”。这种用户体验涉及消费者对产品功能、易用性、外观设计、互动体验等方面的感受。用户体验为纲则是指在包装的设计和制造过程中，以用户的需求和体验为中心，致力于打造出更加符合用户需求和使用习惯的包装产品。用户体验为纲的包装设计理念是将用户需求和感受作为设计的核心，致力于提高产品包装的使用体验和满意度。这种设计理念已经成为当今包装设计、制造的重要趋势和发展方向以及评价产品包装优劣的重要维度。

随着经济社会的不断发展，人们在应对工作节奏的同时，对生活的品质追求也越来越高，自加热功能包装在这一背景下得到迅速发展，改善了用户体验感。如自加热米饭、自加热火锅等。此外，小分量包装也受到了消费者的欢迎，如洗衣球（图 1-10）。消费者不必再担心洗衣液倒多了或不够，直接将定量的洗衣球丢进洗衣机就行。而且小洗衣球包装可以将不同活性洗衣液分隔包装，这样也有利于延长洗衣液的保质期。类似的，单块腐乳包装的出现（图 1-11），免除了人们开启后吃不完造成浪费的后顾之忧。这种小包装的出现既方便了消费，也抑制了浪费，反而赢得了更多的市场份额。

4. 消费引领为要

包装一直是在为产品服务，没有产品，包装便无用武之地。这也是包装产业被定义为

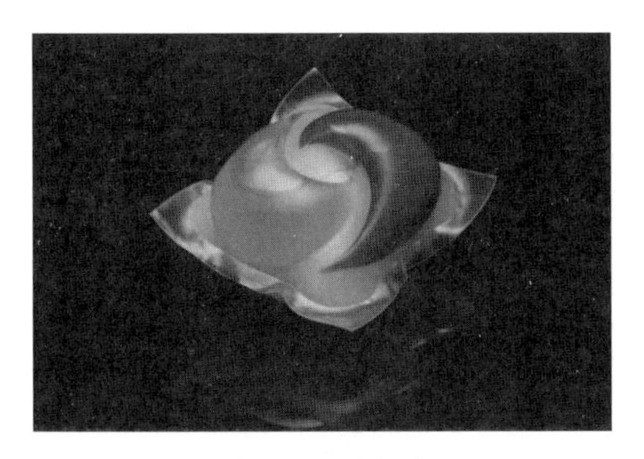

图 1-10　洗衣球

图 1-11　单块腐乳包装

服务型制造业的原因。值得注意的是，产品不可能不存在，包装也必然无处不在。甚至在将来，包装将进入“消费引领”阶段，换句话说，包装在满足基本要求的同时，可与使用者产生信息交互，并根据交互得到的信息指导用户正确使用产品。如补钙产品可根据消费者身体状况提出补钙建议，即对消费者吃多大剂量的补钙产品提出建议。而消费者身体健康状况一方面可以通过大数据获取（如联网的消费者体检报告），也可以通过包装上植入的智能传感检测单元感知消费者健康状况，或者消费者自己输入相关健康数据，如图 1-12 所示。包装上的信息单元对接收到的数据进行处理，最终得出合理的建议。

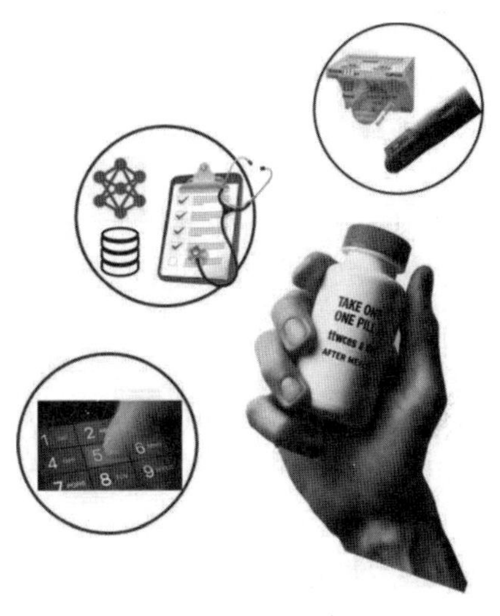

图 1-12　包装引领设想

未来，包装作为引领消费的导航员不仅可以引领消费者树立正确的健康饮食习惯，还可望引领消费者树立节约资源、环境保护意识，甚至可以引领消费者形成科学合理的产品使用方法等。

通过对包装不同发展阶段的解读，不难发现，包装行业的发展前景是无比广阔的，同时也有大量的难题等待包装工程师与相关行业专业人员一道努力去探索和攻克。

第二节　包装产业概况

一、包装产业属性

在过去相当长的时间内，关于包装产业属性的认识一直比较模糊，业界往往以“配套产业”“重要支撑”等进行表述。直到 2016 年发布《关于加快我国包装产业转型发展的指导意见》（简称《指导意见》）才首次正式明确，包装产业属于服务型制造业。从包装的定义与功能也可以看出，包装首先要由专门的装备加工相应的包装产品，其次要利用包装产品展开对应的包装技术活动，从而达到保护产品和促进销售的目的。用专门的装备加工包装产品属于制造业的范畴；采用包装技术活动保护产品和促进销售自然属于服务行为，具有服务业特征。由此可见，包装产业属于制造业+服务业的融合形态，但本质仍属于制造业范畴，故称其为服务型制造业。

事实上，早在2011年发布的《中华人民共和国国民经济和社会发展第十二个五年规划纲要》指出，“包装行业要加快发展先进包装装备、包装新材料和高端包装制品”。这意味着国家已经正式认可包装产业属于制造业的事实。在扮演制造商的同时，包装业界一直着力推进服务转型升级。其中最为典型的做法是为用户提供完整包装解决方案，并制定相应的工作方法和服务流程。基于产业发展现状，《指导意见》提出将包装产业定位为服务型制造业。

关于服务型制造业，2016年工业和信息化部发布的《发展服务型制造专项行动指南》指出，“服务型制造，是制造与服务融合发展的新型产业形态，是制造业转型升级的重要方向”。无论是从服务型制造业的表述，还是从包装的定义与功能来看，包装产业作为服务型制造业的属性都是恰如其分的。并且，在物联网技术的强力带动和支撑下，生产商将与供应商、制造商、物流商、零售商等一起，形成合作更为紧密的供应链体系，以服务型网络化生产模式共同完成产品的生产、包装、储运、分销和售后服务。在这种新形态供应链体系中，包装将全生命周期地参与产品设计、加工、储运、分销、维护和回收各个环节。在为产品提供完整包装服务的同时，自身也成为产品不可分割的组成部分。可以预见，在这种新形态供应链体系中，包装的作用和地位将进一步提升。

二、包装产业地位

包装产业是关系国计民生的服务型制造业，在国民经济与社会发展中具有举足轻重的地位，在全国38个主要工业门类中稳居第14位。据统计，2022年我国包装工业总产值超过2.5万亿元，其中年营业收入2000万元及以上规模的企业9860家，产值达1.23万亿元。

经过40来年的发展，包装产业已经形成了包含材料研发、包装设计、装备制造、包装加工、物流安全、质量检测以及循环再利用等环节的全生命周期产业体系。尽管包装工业总产值在国民经济的工业系列中所占比例不到3%，但功能与作用却不容小觑，国内外贸易，商品的流通，人民的生活，都离不开包装。2022年的统计数据显示，年营业收入2000万元及以上规模的企业较前一年增加了1029家。这说明，一方面包装产业潜力巨大、前景广阔，另一方面包装行业在助力经济复苏方面的确发挥了重要作用。

三、包装产业需求

尽管包装产业已经形成了较为完备的工业体系，但是整个行业还存在准入门槛较低、行业技术壁垒不高、创新能力不足等现象；包装产品普遍有过度包装、资源浪费等问题。为实现绿色低碳与可持续发展，2020年，中共中央、国务院根据国际环境与我国工业发展实际，制定了2030碳达峰、2060碳中和的发展目标。2022年，国务院办公厅印发《关于进一步加强商品过度包装治理的通知》，要持续改善生态环境。这些举措迫使包装产业必须尽快实现转型升级，向绿色化、生态化、循环化、智能化、智慧化方向发展。实现这一转型升级，除了政策支持，人才、装备是关键。

大多数包装企业规模偏小，核心竞争力较弱，其主要原因在于人才缺乏，特别是掌握包装核心科技的高级人才和创新团队数量严重不足。如何培育满足产业转型升级需要的高级复合型包装人才，已经成为当前产业发展的迫切需要。随着信息技术、物联网技术等的广泛应用，人工智能的快速崛起，高级包装人才将会发挥越来越重要的作用。高级包装人才，特别是掌握包装新材料、新技术，熟悉包装产业链，具有全生命周期治理理念的高级复合人才，将是推动产业转型升级、健康快速发展的第一要素。

随着智能制造的不断推进，生产制造各要素配置日趋合理，包装装备升级换代将成为制约包装产业转型升级的另一关键要素。目前，高端关键装备与先进技术与国外存在较大差距。《指导意见》要实施包装装备智能化工程，一方面要推进传统设备的升级换代，另一方面也要大力促进关键装备的国产化替代，此外还要加强新型智能化装备的研发，以引领包装行业的高质量发展。

第三节　包装面临的挑战与机遇

一、包装面临的挑战

包装行业的迅速发展有力地促进了商业和经济的繁荣，产生了巨大的经济和社会效益。但是包装行业也面临着严峻的挑战。包装和谐环境亟待技术创新、包装产业发展亟待转型升级、包装品牌战略亟待大力推进。

1. 包装和谐环境亟待技术创新

包装的迅速发展极大地满足消费者需求的同时，也给社会带来了沉重的负担。据统计，2023 年国内仅每日的快递件数就达 3.3 亿件，仅此一项产生的包装废弃物及其处理就令人头痛。由于种种原因，大部分包装废弃物没能得到很好的回收和再利用。当前我国包装废弃物约占固体废弃物的 1/3，而回收率却不足 40%。快递包装物纸箱的回收率仅有 20%。大量的包装拆除废弃后丢弃在自然界中或被填埋处理，对生态环境产生的破坏作用日益严重，甚至威胁了其他物种的安全。在海洋里，已在多达 114 种水生物种体内发现了微塑料，这些微塑料进入动物血液、淋巴系统和肝脏，损害肠道或生殖系统。进入人体的微塑料长时间蓄积有可能影响消化系统的免疫反应，促进病原体的传播。近年来，国家制定了 2030 碳达峰、2060 碳中和目标，出台了《关于加快建立健全绿色低碳循环发展经济体系的指导意见》《“十四五”循环经济发展规划》《“十四五”全国清洁生产推行方案》《“十四五”塑料污染治理行动方案》等指导性政策。这些政策法规对包装产业提出了更高要求，也形成了更大挑战。因此，通过技术创新，促进包装与环境和谐发展迫在眉睫。可采取的对策有以下几个方面：

（1）大力发展可循环包装　大力发展可循环包装，推进包装的循环利用，提升包装的利用效率，减少包装废弃物绝对数量是促进包装与环境和谐发展的重要举措。特别是快递和物流行业，推行循环包装，可以显著减少包装废弃物的数量，当前已有公司在循环包装方面开发了不同新产品（图 1-13），但这项工作还处于初级阶段，需要继续加强新技术、新产品开发。

（2）加强包装废弃物的回收再利用　加强包装废弃物的回收再利用，扩展包装废弃

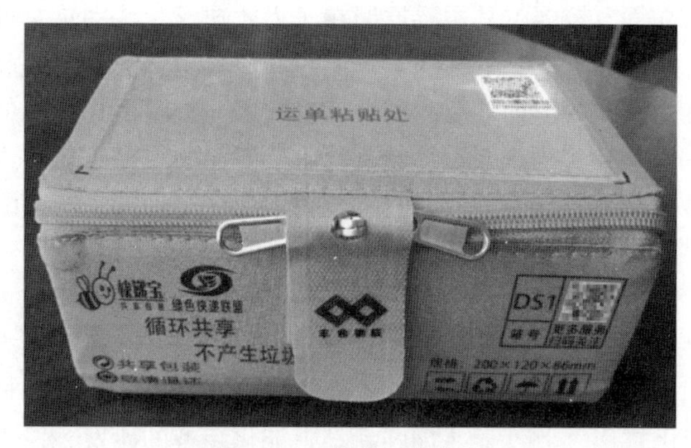

图 1-13　循环包装产品

物资源化途径，也是减轻环境负担的重要手段。包装废弃物不等于包装废物，相当部分废弃物回收可再作他用。如废弃纸箱用于再造纸，或者制造纸浆模塑产品。塑料废弃之后可以用于再造粒用于制造新的塑料产品。当前影响包装废弃物回收利用效率的重要原因之一在于回收网络不完善，没“利”可图。建立完善的、科学的、高效的回收网络体系势在必行。

（3）积极研究石化高分子材料解聚技术　石化高分子材料饱受诟病的重要原因在于其不可降解性，废弃之后会对环境造成严重的破坏。目前正在研究将石化高分子材料直接解聚成单体，以更好地循环再用，从而将高分子材料的制备、应用与回收形成闭环，不对环境造成实质性伤害。研究发现，聚对苯二甲酸乙二醇酯（PET）具有较好的解聚能力，如图 1-14 所示。然而以目前的技术，并不是所有的石化高分子都能百分百解聚，解聚后的单体分离也有一定技术难度，并且能解聚的也不一定都有商业价值。可以说，石化高分子材料解聚技术才起步，研究工作任重而道远。

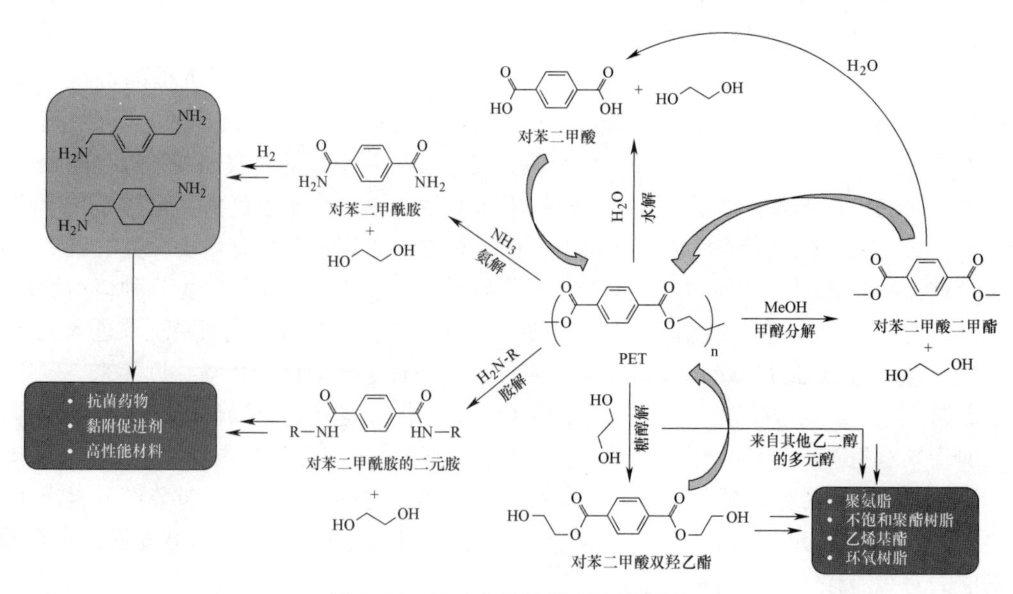

图 1-14　PET 化学解聚方法示意图

（4）生物质高分子的绿色化加工与高效应用　近年来，生物质高分子的可降解性备受关注。生物质高分子可分为天然生物质高分子和合成生物质高分子。合成生物质高分子因其降解条件相对苛刻，难点在于如何加强回收并创造相对简单的条件以促使其降解。而推广天然生物质高分子的难点在于如何实现规模化的绿色化加工与高效应用。如中国竹林面积超 700 万公顷（1 公顷 = $10^4 m^2$），竹材年产量约 4700 万 t，资源极其丰富，而实现竹纤维的绿色化分离并应用于包装产品的工业化生产，还有待技术进步。合成生物质高分子通常要求特殊的堆肥条件，如聚乳酸的降解。事实上，聚乳酸在自然条件下是不容易降解的，这也是部分地区放弃使用聚乳酸等合成生物质高分子的主要原因。同时，聚乳酸原料主要来自玉米等粮食作物，这对于尚未摆脱粮食安全问题的部分地区来说也是不小的挑战。

2. 包装产业发展亟待转型升级

由于认识上的偏差，在我国，包装产业往往被定义为“附属于商品生产的配套性工业”，认为其功能主要是为商品配套。因而大部分包装企业多为小规模、家族式、作坊式小微企业。包装企业大而不强的总体局面没有得到根本改观，包装行业的整体创新能力较弱、生产自动化与智能化程度不高、产业效益较低、核心竞争力较差，而产生的环境污染问题较重。要加快包装产业转型升级的步伐，可在以下几个方面重点发力：

(1) 推进包装标准化工作　制定包装标准对于社会的发展至关重要。它可以更好地保障产品和服务的质量，保障消费者以及其他社会公众的利益。对于包装企业而言，标准的制定与实施，是衡量企业技术实力和市场话语权的尺子，是促进企业良性竞争、维护权益的工具。对包装产业而言，标准的制定与普及是产业健康发展的重要推手，因此要加强包装团体标准、行业标准、国家标准的有序建设。同时，深入拓展标准化国际合作，提升国家标准与国际标准关键技术指标的一致化程度，鼓励更多先进技术和创新成果成为国际标准。

(2) 主动融入行业间交流　包装产业作为一个典型的交叉领域，它的发展离不开相关领域的技术支持和融合发展。因此，作为包装从业人员，要积极参与行业间的科技交流和信息交流，这样才能更好地实现消化创新、融合创新、自主创新，提升包装产业的核心竞争力。

(3) 积极实施联盟化发展　包装企业普遍规模较小，年产值2000万元以下的企业贡献了包装行业近一半的产值。可以预见，这些小企业自主创新能力和技术研发投入相对有限。因此，只有行业内摒弃门户之见，以开放包容的心态展开合作，促进产业内部联盟化发展，才能免除同质化竞争和恶性竞争，推动包装产业良性发展，才有可能实现整个产业由大变强。

产业联盟的雏形出现在20世纪中叶的日本，随后20世纪70年代末在美国、欧洲等国家和地区迅速发展。据统计，自1985年以来，产业联盟组织的年增长率高达25%。在美国最大的1000家企业的收入中，16%的收入来自各种联盟。20世纪90年代以来，产业联盟在我国开始发展，先后兴起了一大批高新技术领域的产业联盟。近几年包装领域也成立了中国绿色包装产业技术创新战略联盟、中国快递绿色包装产业联盟、中国印刷包装产业创新联盟、云印包装产业联盟、绿色木质包装产业国家创新联盟等一系列联盟组织，助推了产业发展。产业联盟作为20世纪末最重要的组织创新，已成为一种重要的产业组织形式。然而其组织模式、运行机制等方面还不够成熟，需要进一步探索。

3. 包装品牌战略亟待大力推进

品牌是企业生命的灵魂、企业发展的翅膀。包装作为一种特殊商品，是终端产品品牌价值的最直接表达，包装既能成为一种独立的品牌存在，同时又能与服务的终端产品共同形成品牌叠加效应。因此，加强包装品牌建设、塑造包装优势品牌，可为包装企业的发展注入强劲动力，为包装行业健康发展营造良好生态。尽管我国包装品牌取得了长足的进步，但是和当前经济社会发展水平相比，还有较大的差距，主要表现在品牌建设意识淡薄、品牌发展体系松散、品牌管理能力方面、品牌建设发力无方等方面。因此，大力推进包装品牌战略还需改进以下工作：

（1）深化品牌价值认识　品牌是企业或者产品的身份标签，是一种巨大的无形资产。一个好的包装品牌，不仅可以加强企业员工的文化认同、增强企业凝聚力和竞争力，还可以获得消费者和社会的信赖和价值认同。它可以通过语言文字、图形、声音等形式形成独特的形象以获得信任，形成价值增值。

（2）深耕品牌人才培育　作为新兴交叉型专业，包装高级人才培育历史时间比较短。我国包装工程专业本科学历人才培养始于20世纪80年代。其中博士研究生培养始于21世纪初，且培养数量极少。无论是硕士或是博士的人才当前数量，都远远满足不了行业发展的需要。当前精通包装专业技术并具有品牌培育经验的高级专门人才极为缺乏。

（3）深明品牌建设思路　包装产业具有鲜明的“服务+制造”特征，包装企业如何在服务别人的同时，树立自己的品牌，塑造品牌，发展品牌尚未形成固定的建设思路，还有待积极探索。特别是如何围绕服务客户及客户品牌，加强品牌特色化机制建设，形成与终端客户品牌共建、共赢的局面。

（4）深挖品牌社会价值　一个好的包装品牌不应该仅仅关注自己的客户量和产值，而应着眼于品牌在区域经济和社会发展中的贡献率。《中国包装行业品牌发展研究》中用“五个支撑力”来衡量包装品牌的社会价值，即经济支撑力、消费支撑力、产业支撑力、文化支撑力以及环境支撑力。包装已经覆盖到人们生活的方方面面，涉及国民经济的各个领域。包装品牌必须紧密结合国家战略需求，围绕“五个支撑力”深挖社会价值，才能成为真正的“名牌”“大牌”。

二、包装面临的机遇

工业4.0的兴起为制造业带来了巨大的新机遇。它以数字化、网络化和智能化为核心，通过应用物联网、大数据、人工智能等先进技术，将传统制造业与现代信息技术相结合，实现生产方式和管理模式的全面革新，为制造业注入了新的活力和发展动力。《中国制造2025》的颁布更是给制造业的创新发展带来了新的机遇。包装产业作为服务制造业，具有典型的产业交叉特征，产业转型升级相对困难。而以万物互联、大数据、云平台为主要特征的工业4.0时代的到来，无疑是包装产业发展的春天。

1. 包装装备升级换代的新机遇

由于大多数包装企业仍停留在小规模、家族式、作坊式的生产模式，生产设备多数比较落后，市场竞争力较弱。在新一轮科技革命和产业变革中，应着力增强自主创新能力和先进制造水平。包装企业应该抓住国家政策支持的好时机、制造业蓬勃发展的新机遇，提升数字赋能水平，聚焦绿色发展、先进工艺、系统集成、智能制造等领域的关键核心技术，开展自主创新和协同创新，实现包装装备的升级换代。

2. 包装产品研发的新机遇

工业4.0的兴起不仅是包装装备升级换代的新机遇，还是包装产品研发的新机遇。智能传感、信息溯源、数字孪生、5G技术、虚拟现实以及生物技术等先进技术逐渐被引入到包装产品开发中，形成了智能包装、智慧包装、交互包装、虚拟包装等包装新形态，极大地丰富了包装产品的功能，满足了人们的多种需要。如饮料的安全警示性包装、产品新鲜度指示包装、产品溯源包装等，如图 1-15 所示。技术集成创新已成为包装新产品开发的一种新思路，这些包装形式在食品、药品安全包装等领域有着广阔的应用前景。

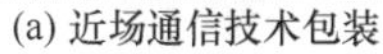
(a) 近场通信技术包装

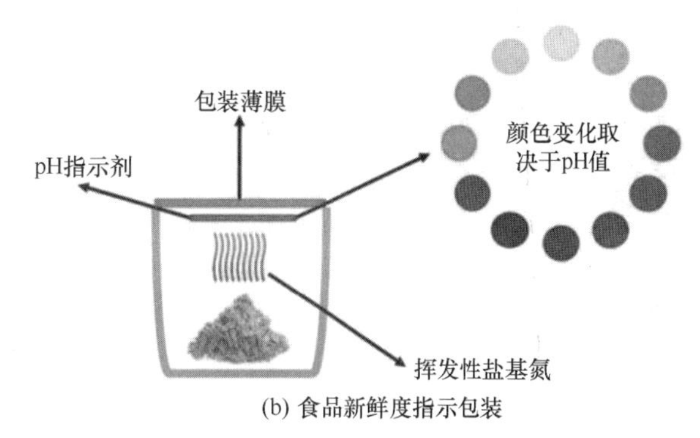

(b) 食品新鲜度指示包装

图 1-15　包装新形态

3. 包装管理升级的新机遇

工业 4.0 的发展还带来了包装企业管理升级的新机遇，将大数据、云计算、人工智能引进包装企业管理，可提升企业管理水平和运行效率，并节省仓储空间。如智能分拣、智能仓储，如图 1-16 所示。

(a) 智能分拣

(b) 智能仓储

图 1-16　包装企业人工智能管理

特别是碳达峰、碳中和目标驱动下，碳足迹认证、碳税全面实施都将依托于应用了这些新技术的包装。所以，工业 4.0 的到来是包装行业不可多得的发展新机遇。同时叠加各种有利政策，必将涌现出各种新材料、新技术、新工艺、新包装、新装备，助推包装行业走向更为辉煌的明天。

第四节　包装高等教育概述

一、包装高等教育历程

包装作为新兴学科专业的发展历史并不长，20 世纪 50 年代，美国密歇根州立大学最早开始兴办包装专业教育，并组建了独立的包装学院（School of Packaging）。20 世纪 80

年代便构建了完整的本科、硕士、博士三级学位人才培养体系，培养了世界上第一批包装科学博士。美国罗切斯特理工学院、罗格斯大学、克莱姆森大学等也相继开办了包装工程专业，加上部分社区学校也承办了包装专业教育，办学层次相当于我国的高职（大专）。

在我国，江南大学最早创建了包装工程学科，从1984年试办包装工程本科专业，并于同年起培养包装技术与装备研究方向的研究生。1989年，湖南工业大学作为原中国包装总公司和湖南省政府双重领导的高等院校，以包装教育为办学特色，开展了系统的包装专业人才培养。2013年，获批服务国家特殊需求"绿色包装与安全"博士人才培养项目，开始包装博士人才培养，2023年，依托材料科学与工程博士点继续实施包装本科、硕士、博士人才培养。目前开展国内包装高等教育的高校有70余所，形成了高职、本科、硕士、博士四级人才培养序列。

二、包装工程知识体系

通过瓶装水的案例分析不难发现，包装工程师需要掌握以下核心知识模块，也就是包装工程专业的核心课程，如图1-17所示，分别是包装材料学、包装工艺学、包装管理学、包装机械、包装印刷、运输包装、包装结构设计与制造、包装应用力学、包装测试技术以及包装装潢与造型设计。掌握这些知识又需要较为扎实的数学、物理、化学、计算机技术、机械工程、电工电子技术、设计学以及生物学等基础知识与理论作为支撑。因此，相关基础学科知识也是包装工程师应该掌握的。否则，包装专业知识就只是空中楼阁。

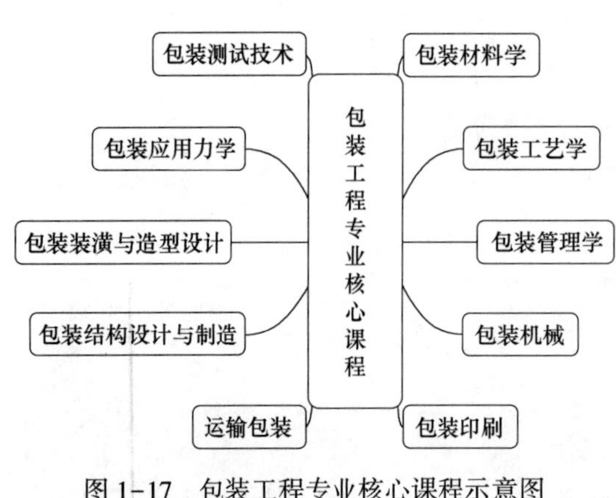

图1-17　包装工程专业核心课程示意图

此外，包装工程师还应具有一定的人文社科知识，如经济学、管理学、市场营销学、法律法规等。这些知识为包装工程师在包装创意、市场分析、商务谈判、团队合作、人际沟通等方面提供了必要的支持。

三、包装工程学科归属

包装工程是一个系统工程科学，也是一个典型的交叉科学。作为本科应用型专业，在1998年颁布的高等教育本科专业目录中被列入轻工纺织食品类。在2012年及2020年颁布的高等教育本科目录中，纺织和食品类单列，包装工程、印刷工程与轻化工程3个专业保留在轻工类专业目录中。

在现有的学科专业目录中，在轻工技术与工程一级学科下，设有印刷与包装二级学科点。因此，从现有学科体系中，包装工程隶属于轻工技术与工程中的印刷与包装学科。在教育部本科招生目录中，包装工程专业也列在轻工类中。事实上，包装工程是由材料科学、工程力学、化学、设计学、机械工程以及计算机科学与技术等学科交叉而形成的年轻学科，它是为围绕保护产品安全、美化产品、方便储运而综合采取的各项科学与技术的集成。在这个意义上，包装工程或者包装科学与技术也可归结于交叉学科序列。

2020 年 8 月，交叉学科成为继哲学、经济学、法学、教育学、文学、历史学、理学、工学、农学、医学、军事学、管理学和艺术学之后的第 14 个学科门类。集成电路科学与工程、国家安全学、设计学、文物、纳米科学与工程等学科均被列为交叉学科门类下的一级学科。包装工程或者包装科学与技术是否能被列为该学科门类下的一级学科，还有待众多包装行业专家的共同努力。学科交叉融合必将成为未来科学发展的大势所趋，是加速科技创新的重要驱动力。不管是否列入交叉学科范畴，包装工程具有典型的学科交叉特性是不争的事实，只有主动进行学科交叉融合，发展“包装+”“+包装”，才能更好地推动包装产业不断创新发展。

四、专业人才交叉培养

包装工程作为典型的交叉学科专业，需要宽广的基础知识做支撑。如果选择深造的话，交叉选择学科专业不失为一种好的选择。如本科包装工程，硕士可以选择材料类、机械类、设计类或者计算机类，甚至是商学类和管理学类。包装类研究生招生也可以从本科为材料类、机械类等专业中择优录取。不管哪种模式，其本质都是全面发展的同时选择重点突破。

面向产业培养精英人才，工程技术人才从来都应该从实践中来，到实践中去。依托项目，如大学生创新创业项目、企业课题项目、导师科研项目等，都是培养系统思维、提升综合素质的重要途径。特别是当前大力提倡产教融合、科教融汇的大背景下，包装高素质人才培养要守住课堂、走出课堂，锤炼能力。2023 年，绿色包装产教融合共同体、包装智能制造产教融合共同体相继推进中，可以预见，这些共同体的建设对包装高素质人才的培养将发挥越来越重要的作用。

第二章　包 装 设 计

本章导读

从设计工作本身而言，产品包装设计主要涵盖了包装造型与结构设计，包装装潢与文案设计等内容。一个好的包装需要实现以下 4 种功能：保护商品的功能、促进销售的功能、便利性功能、保护生态环境的功能。包装标准化确保了包装的质量、安全和互换性。随着科学技术的进步，包装设计实现的方式，已从手绘过渡到计算机专用软件，同时，ChatGPT 带来的设计变革与便利也极大地促进了产品包装设计的发展。

本章学习目标

通过本章学习，使学生们充分理解产品包装设计的内涵，既要学习掌握不同层次与类别的包装设计相关技术与知识体系，又要学习和探索科学的包装设计思想与理念。

第一节　包装设计的内容

包装设计是以商品的保护、使用、促销为目的，将科学的、社会的、艺术的、心理的诸要素综合起来的专业设计学科。它不仅使产品具有既安全又漂亮的外衣，更成为一种强有力的营销工具。包装设计的基本内容包括包装造型设计、包装结构设计和包装装潢设计 3 个方面。

一、包装设计的定义

包装设计是指选用合适的包装材料，运用巧妙的工艺手段，为包装商品进行的容器结构造型和包装的美化装饰设计。GB/T 4122. 1—2008《包装术语　第 1 部分：基础》中规定对包装作了定义。在中国文字中，“包”的象形文字寓意为胎儿置于母腹之中。从字面上讲，“包装”词是并列结构，“包”即包裹，“装”即装饰，意思是把物品包裹、装饰起来。从设计角度上讲，“包”是用一定的材料把东西裹起来，其根本目的是使东西不易受损，方便运输，这是实用科学的范畴，是属于物质的概念；“装”是指事物的装饰，是把包裹好的东西用不同的手法进行美化装饰，使包裹外表看上去更美观，这是美学范畴，是属于文化的概念。从发展更广阔的角度看，包装设计的概念涵盖材料、器形、印刷视觉传达设计等要素，所以包装设计是立体的和多元化的，是多学科融会贯通的一门综合学科。

二、包装设计在包装工程中的地位

包装工程由包装设计、包装材料、包装机械和包装工艺 4 个大的子系统组成。包装设计属于包装工程中一个独立的子系统，但又与其他子系统有着重要的联系。包装设计是指选用合适的包装材料，运用巧妙的工艺手段，为包装商品进行的容器结构造型和包装的美化装饰设计。而包装材料、包装机械和包装工艺是计划付诸实施的 3 个必要前提和手段，包装设计是包装工程四大块（包装设计、包装材料、包装机械、包装工艺）的核心主导，而包装材料、包装机械和包装工艺又是包装设计的基础。包装设计具有较大的灵活性，设计的好坏决定包装的创造性，包装设计引导材料、机械和工艺的创新；而包装材料、包装机械和包装工艺具有相对的稳定性，对包装设计起到约束和限制作用，一旦某一方面获得突破，又会带来包装设计新的形式出现。

三、包装设计的具体内容

1. 包装造型设计

包装造型设计是运用美学法则，用有型的材料制作，设计占有一定的空间，具有实用价值和美感效果的包装型体，是一种实用性的立体设计和艺术创造。图 2-1 所示为借鉴碗样造型而设计的酒瓶。

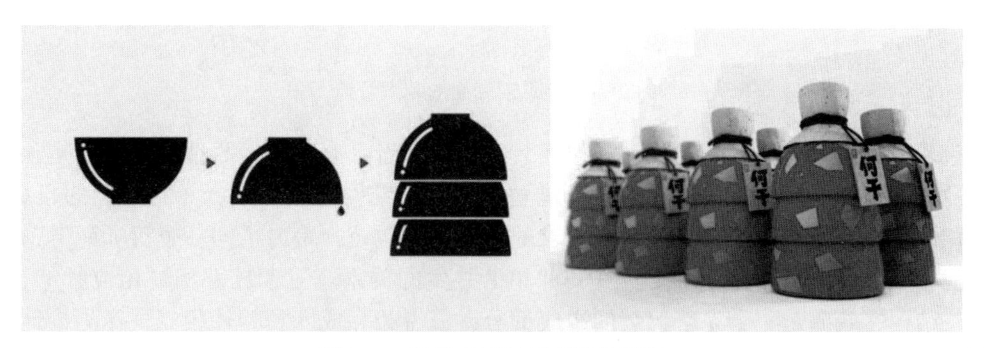

图 2-1　借鉴碗样造型设计的酒瓶

2. 包装结构设计

包装结构设计是指包装设计产品的各个有形部分之间相互联系、相互作用的技术方式。是指从包装的保护性、方便性、复用性、显示性等基本功能和生产实际条件出发，依据科学原理对包装外形构造及内部附件进行的设计。图 2-2 所示为手提式折叠纸盒的立体图和展开图，可以充分展现纸盒的结构特点。

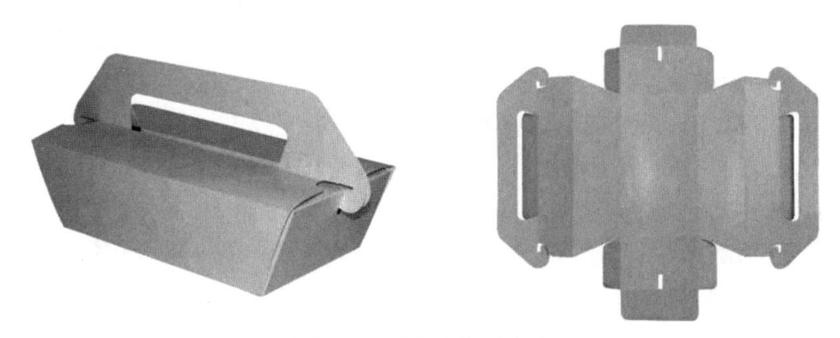

图 2-2　手提式折叠纸盒

3. 包装装潢设计

包装装潢设计不仅旨在美化商品，而且可以积极能动地传递信息、促进销售。它是运用艺术手段对包装进行的外观平面设计，其内容包括图案、色彩、文字、商标等。图 2-3 所示为某饮料金属罐表面的装潢设计。尽管新旧包装造型上有所不同，但图案、色彩、文字、商标等大体一致。

(a) 旧包装

(b) 新包装

图 2-3　金属罐表面的装潢设计

包装造型设计、包装结构设计和包装装潢设计三者具有一定关联性，三者不是独立存在的，造型要依托结构来实现，装潢又建立在造型和结构之上，三者具有共同的目的性。这 3 种设计的目的是做出符合消费者需求的美观合理包装，是为了同一个目标而努力，所以不能相互矛盾、互相冲突，要建立一种和谐共生的关系。三者具有相辅相成的综合性，造型、结构、装潢是一个完整包装的组成部分，三者相互成就、相辅相成，作为设计师不能顾此失彼，优秀的包装设计师需要综合这些因素共同考虑，以设计出综合性的优秀包装设计作品。

第二节　包装设计方法

包装设计根据其要表达的内容和实现的目标，在不同的阶段会用到不同的设计方法。设计构思阶段，需要把模糊的、不确定的想法与思维明确化和具体化，要提出设计的初步方案，提出解决问题的构思方法，寻求尽可能多的创意方法，这一阶段最好的设计表达方法是手绘，运用手绘的快速表达来记录思维和创意灵感。设计呈现阶段，需要完整的表现包装结构、造型和装潢设计细节，逼真的模拟设计的最终效果，并形成科学严谨的工程图纸用于实际生产，所以这一阶段使用的包装设计表达方法是电脑表达，使用到各种二维和三维包装设计软件。设计创意阶段，随着 AI 技术的发展和普及，运用人工智能进行包装设计能获得丰富的设计方案和逼真的视觉效果，大大激发了设计创意思维，提高了包装设计效率。数字化技术阶段，数字技术在包装设计、增强现实、云协作、CAD、虚拟现实等方面的发展加速了包装设计的数字化变革与创新。

一、包装设计手绘

设计手绘是指设计师在草图阶段运用一定的绘画工具和表现方法，来构思主题、表达设计意图的一种创作方法，被广泛运用在各种设计领域，有很强的实用性、科学性以及一定的艺术性。包装设计手绘是包装设计师运用其技能，将包装创意构思方案从无形到有形、从抽象到具象的过程，并运用设计手绘快速记录设计灵感、并与客户进行沟通。现代设计虽然计算机技术普及，但包装设计手绘仍然不能替代。包装设计手绘是设计师的灵魂，是表达创意的最直接、最有效的方式。包装设计手绘是设计师与人沟通的工具。包装设计手绘能够帮助设计师记录稍纵即逝的灵感。

包装设计手绘的类别包括构思性草图、理解性草图、结构性草图和最终效果草图 4 种，也是设计不断深化和完善的 4 个过程。

① 构思性草图：又称概念性草图，是指在设计之初，设计师在“头脑风暴”过程中对最初灵感和想法的记录。

② 理解性草图：是对概念性草图的进一步深化，主要是对选定的草图方案进一步优化，推敲出不同视角，描绘出包装上的细节，便于设计师之间的理解。

③ 结构性草图：主要目的是表达包装的特征、结构、开启使用以及组合方式等，以便展示包装结构上的创新性和可行性。

④ 最终效果草图：是对方案草图阶段的总结，主要是设计师用于方案筛选的一种表现形式，便于设计师向公司客户阐明设计特点，进行最终决策，随着计算机科技的进步，最终效果草图已不局限于手绘表达。图 2-4 所示为包装设计手绘草图。

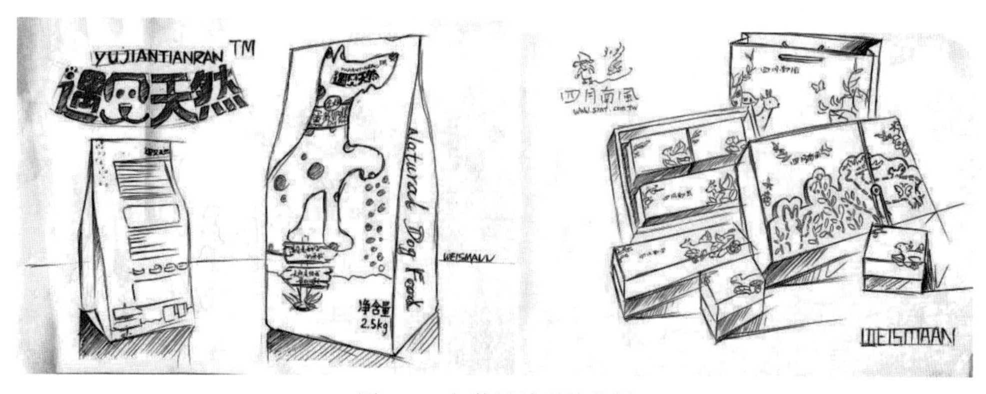

图 2-4　包装设计手绘草图

二、包装软件应用设计

利用计算机及其图形设备帮助设计人员进行设计工作，英文为 Computer Aided Design 简称 CAD。在包装设计过程中，计算机可以帮助设计人员担负计算、信息存储和制图等项工作，这个过程称为计算机辅助包装设计，英文为 Computer Aided Packaging Design，简称为 CAPD。包装设计应用软件（表 2-1）包括二维和三维两大类。二维软件主要包括平面图像处理软件（位图）Photoshop（PS）；平面图形绘制软件（矢量图）Illustrator（AI）、CorelDRAW（CD）等以及工程图绘制软件 AutoCAD 和 ArtiosCAD。三维软件设计类包括辅助产品和包装软件 Rhion、Alias 等；工程类软件 Pro-E、UG 等；综合类软件 3DMAX、Maya 等；渲染插件 final render、Brazil、V-ray、mental Ray 等；渲染软件 Key-Shot。

包装装潢设计双剑客：Adobe Photoshop，简称“PS”，是由 Adobe Systems 开发和发行的图像处理软件，主要处理以像素所构成的数字图像。Adobe Illustrator，常被称为“AI”，也是由 Adobe Systems 开发和发行，是一种应用于出版、多媒体和在线图像的工业标准矢量插画的软件。这两个软件组合能完成平面包装装潢设计工作任务。

表 2-1　　　　包装设计相关软件

二维软件	平面图像处理软件(位图)：Photoshop(PS)
	平面图形绘制软件(矢量图)：Illustrator(AI),CorelDRAW(CD)、Freehand,Flash 等
	工程图绘制软件:AutoCAD,ArtiosCAD 等
三维软件	辅助工业产品和包装:Rhino,Alias 等
	工程类软件：Creo,UG,SolidWorks 等
	综合类软件：3DMAX,Maya 等
	渲染插件:final render,Brazil,V-ray,mental Ray 等渲染软件:Key Shot

包装造型、结构设计三驾马车：AutoCAD（Autodesk Computer Aided Design）是由美国欧特克有限公司（Autodesk）出品的一款自动计算机辅助设计软件，可以用于绘制二维制图和基本三维设计，现已成为国际上广为流行的绘图工具。Artioscad 是由 ESKO 公司开发的一个非常完整的包装结构设计软件系统，是世界上被作为全球标准进行使用的包装结构设计 CAD 系统。Rhino 是美国 Robert McNeel & Assoc 开发的 PC 上强大的专业 3D 造型软件，它可以广泛地应用于三维动画制作、工业制造、科学研究以及机械设计等领域。这 3 个软件组合能完成三维的包装造型及结构设计工作任务。

三、AI 包装设计

1. AI 包装设计现状

如今，随着人工智能（AI）的迅猛发展，AI 包装设计正在以惊人的速度引领行业的颠覆和创新。多种引人瞩目的案例，展示了 AI 与人类合作创造出的奇妙包装设计。此外，从大数据算法到市场定位，AI 在包装界也展现出无限可能。节省时间、提高效率、降低成本，AI 带来了包装行业的巨大变革。

2023 年某品牌推出了由 AI 打造的平价雪糕新品“Sa'saa”。该产品的亮点不仅在价格上，更重要的是其包装设计（图 2-5）使用了包括 ChatGPT、文心一言在内的多款主流 AI 产品，是冰品行业首款从起名到口味，再到设计，基本都由 AI 参与甚至主导的产品。是完全由 AI 利用大数据算法和设计软件进行快速计算和出图而落地的项目。

图 2-5　雪糕新品 Sa'saa 包装设计

同期，字绘中国借助 AI 设计了茶叶盒、奶茶杯等一系列黄鹤楼文创产品包装（图 2-6），其中 AI 作为一种辅助和提升效率的工具，与设计师默契合作，设计师通过对 AI 生成的图像进行进一步调整和优化，例如通过迭代修改画面描述、调整控制参数等方式，使得黄鹤楼的外观更贴近实际、画面线条更流畅、颜色更丰富。AI 在包装设计领域带来了全新的思维方式。

2. AI 包装设计软件

图 2-6　AI 设计的黄鹤楼文创产品包装

（1）ChatGPT　ChatGPT 是美国人工智能研究实验室 OpenAI 推出的一种人工智能技术驱动的自然语言处理工具，拥有语言理解和文本生成能力，通过连接大量的语料库来训练模型，这些语料库使得 ChatGPT 堪称“上知天文，下知地理”。ChatGPT 不单是聊天机器人，还能进行撰写邮件、视频脚本、文案、翻译、代码等任务。聊天机器人 ChatGPT 的出现，可以为包装设计带来全新的解决方案。ChatGPT 可以通过学习和分析大量的包装设计案例和行业数据，快速了解设计的趋势和客户需求，并自动生成一系列的设计方案，实现智能化的定制化设计。

（2）Dell-E　Dell-E 也是美国 OpenAI 推出的人工智能图像生成系统。它可以根据书面文字生成图像，该名称来源于著名画家达利（Dalí）和《机器人总动员》（Wall-E）。DALL-E3 中输入提示词：设计有机茶的设计包装“Design packaging for a new [specific product e. g.，‘organic tea brand’] named [specific name e. g.，‘Nature’s Brew’]”，得出的结果如图 2-7 所示。

图 2-7　Dell-E 设计的有机茶包装

（3）Package Design AI　Package Design AI 是日本株式会社 PLUG 在 2012 年开始提供的人工智能服务。如图 2-8 所示，这是一个只需要使用者上传图像素材，人工智能就可以自动在 1h 内，完成 1000 组商品包装设计的工具。

（4）Midjourney　Midjourney 是一款 2022 年面世的 AI 制图工具，只需输入关键字，就能透过 AI 算法快速生成相对应的图片，而且图片质量非常高，一经面世就引起了热议。可以选择不同画家的艺术风格，例如，安迪华荷、达·芬奇、达利和毕加索等，还能识别特定镜头或摄影术语。例如，中国画风格竹子的酸奶包装，其结果如图 2-9 所示。设计款梵高风格椰子味酸奶包装如图 2-10 所示。

图 2-8　Package Design AI 设计的饮料瓶

图 2-9　中国画风格竹子的酸奶包装

图 2-10　梵高风格椰子味酸奶包装

四、包装数字化

数字化技术的发展使得包装业能够更好地应对市场需求和消费者行为变化。产品包装的数字化是指在包装设计、生产、销售和使用的整个过程中，应用数字化技术来提高包装的质量和效率，同时增强用户体验和品牌价值。

数字包装设计可以实现虚拟与现实互动的功能，使消费者能够沉浸式地参与其中。比如消费者购买了一款水果饮品，扫描瓶身就可以一键“穿越”到这款饮品的生产车间，体验原料选择、清洗、过滤、打浆、消毒、灌装等一系列生产工艺，这种实时互动能够增强消费者的参与感和体验感，使他们更加投入并与产品产生共鸣，对品牌产生积极的印象，如图 2-11 所示。

图 2-11　数字包装设计案例一

数字包装设计还可以通过三维立体化的模型、视频、动画、品牌互动游戏等形式，表达和展示品牌故事、产品特点甚至是互动游戏等。消费者通过微信扫一扫，识别扫描包装，即可享受到虚拟现实内容。这种定制化的互动体验有助于塑造品牌形象，增加消费者的情感连接和忠诚度，如图 2-12 所示。

图 2-12　数字包装设计案例二

第三节　好包装设计标准

包装设计是一个综合性的系统工程，需要考虑和解决的问题很多，事实上一个好的包装设计很难明确定义有什么严格的标准。这里通过分享优秀的包装设计大赛作品，让大家了解什么是好的包装。同时，能实现包装功能，达到包装标准化的包装，势必应该是好的包装设计。

一、包装设计欣赏

包装设计是一个应用性很强的学科，需要在实践中不断磨练设计创新和表现能力。各种包装设计竞赛就是展现包装设计的舞台，特别是对于学生的能力培养至关重要。国内包装设计大赛主要包括：全国大学生包装结构创新设计大赛、中国包装创意设计大赛、湖南之星等。国际包装专业设计类大赛主要有两个：一个是由世界包装组织主办的“世界包装之星”；另一个是被称为包装设计奥斯卡的 Pentawards。其他国际设计大赛，还有像红点、IF 等设计大赛，虽然不是单独针对包装设计，但也有包装设计分类单项，也能看到很多优秀包装设计作品。

（1）世界包装之星　世界包装之星是世界包装组织（WPO）在世界范围内评选出的优秀包装设计最高奖项，代表着全球包装设计发展方向。该奖每年评选一次，获奖者由世界包装组织（WPO）颁发奖杯（牌）及证书。其程序是由各成员国（地区）理事机构推荐出获得过本国（地区）大奖的优秀包装设计作品，由世界包装组织（WPO）理事会进行评比，产生“世界包装之星”包装奖获奖作品。评选活动旨在宣传和引导包装设计朝着科学和艺术的方向发展。如图 2-13～图 2-15 所示，为 2023 年我国参赛的世界包装之星获奖作品。

作品名称：大嘴鸟粮包装
获奖单位：深圳职业技术学院
设计师：于光

图 2-13　世界包装之星获奖作品一

作品名称：好茶仓茶饼绿色包装
获奖单位：深圳市同创梦工坊文化创意有限公司
设计师：陈勇军、陈思、陈焕洲

图 2-14　世界包装之星获奖作品二

作品名称：易碎锅具环保包装
获奖单位：当纳利(中国)投资有限公司
设计师：陈兵兵

图 2-15　世界包装之星获奖作品三

（2）Pentawards　自 2007 年以来，Pentawards 一直在通过其年度竞赛表彰全球包装设计方面的卓越成就。自举办以来，该竞赛已收到来自全球 95 个国家/地区的 20000 多个参赛作品。每年的颁奖庆祝仪式都在世界不同地点举行，被誉为全球包装设计师的风向标。2023 年部分获奖作品如图 2-16~图 2-18 所示。

二、好包装的标准

包装作为实现商品价值和使用价值的手段，在生产、流通、销售和消费领域中发挥着极其重要的作用。一个好的包装需要实现 4 种功能：保护商品的功能、促进销售的功能、便利性功能、保护生态环境的功能。

品牌：CASA MARRAZZO 1934

图 2-16　Pentawards 获奖作品一

品牌：LAGG Whisky

图 2-17　Pentawards 获奖作品二

1. 保护商品的功能

保护功能是包装最基本的功能，是指保护内容物不受外来冲击，防止因光照、湿气等原因，造成内容物的物理性损害和化学性损坏。每一件商品从生产领域进入消费领域，需要经过多次的装卸、运输、仓储、陈列、销售等环节，如果在储运过程中受到冲击、挤压、震动、碰撞、潮湿、光线、气体、细菌虫害侵蚀等，都会对商品的安全构成威胁，使商品受到损害。因此，应根据不同产品的特征、形态、运输环境、仓储环境、销售环境等，经济合理地选用包装材料、容器和技术，充分发挥包装的保护功能，以保持内装产品化学成分的稳定性、保持鲜活产品的正常生理活动、保持产品技术技能的可靠性。同时，

品牌：PICK UP GLOBAL RELAUNCH

图 2-18　Pentawards 获奖作品三

对具有易燃性、爆炸性、腐蚀性、氧化性、有毒性、感染性、放射性等特性的危险货物，要采用特殊包装，并标有危险货物标志，这样有利于物流以及人、运输工具及周围环境的安全。值得一提的是，包装设计中的功能性永远是第一位的，无论设计选用怎样的材料、怎样的造型结构，都应遵循功能性的首要原则，构成一种对产品安全、对使用者方便的包装，有时设计者会一味追求新颖的材料和新奇的造型，从而忘记包装的基本原则，忽略安全可靠性和方便性，这是设计中的大忌。在化工、医疗机械、电子科技等产品包装中，尤其应当注意。

2. 促进销售的功能

促进销售的功能是包装设计最主要的功能之一。如今，人们购买商品的方式与商品的陈列方式发生了巨大变化，产品包装的优劣直接影响着产品的销售。不同厂家的商品陈列在货架上，若想在众多商品中独树一帜，只有依靠商品的包装来展现产品的特色。成功的包装设计都以精致的造型、醒目的商标、优美的文字和明快的色彩等艺术语言宣传自己，因此，有人称包装是产品“无声的推销员”。另外，包装承担着传递商品信息和传播企业文化的双重任务，不仅传达着商品的特性，同时也向消费者传达出企业的文化形象。总之，包装对于企业的整体形象宣传来说，是至关重要的。

3. 便利性功能

所谓便利性功能，是指商品的包装是否便于生产，便于运输和装卸，便于保管与储藏，便于陈列和销售，便于携带与使用，便于回收与废弃处理。

（1）时间方便性　科学的包装能为人们的活动节省宝贵的时间，如快餐包装、易拉式包装等。

（2）空间方便性　包装的空间方便性对降低流通费用至关重要，合理的包装结构能够提高货物的流通效率。例如，对于商品种类繁多、周转快的超市来说，会十分重视货架的利用率，因而更加讲究包装的空间方便性。规格标准化包装、悬挂式包装、大型组合产品拆卸分装等，这些类型的包装都能比较合理地利用空间。

（3）省力方便性　即能够节省人的体力消耗，使人们在使用商品的时候更加便捷，产生一种现代生活的享乐感。

4. 保护生态环境的功能

包装设计与生态环境之间的关系非常紧密，作为一项重要的社会活动，它的整个过程都对生态环境产生直接或间接的影响。包装材料的生产会消耗大量的资源，如木材煤炭、水、石油等，还产生了对全球环境的污染：如造纸产生的废水污染、燃煤产生的废气污染等，但包装设计在方便人们生活、提高生活质量的同时，不应成为影响社会可持续发展的阻碍。这些消耗和污染的产生对现代包装设计师提出了新的设计要求，节约包装材料就会减少资源的损耗，在节约型社会中，节约成为社会的共识，资源得到科学配置、高效利用，生态得到持续改善，是我国建设节约型社会的目标。适度包装是与过度包装相对的包装理念，它是指设计精美，安全卫生，成本适度的包装设计，当其超过了一定的“度”，那就变成了过度包装，将直接或间接地导致资源浪费和环境破坏，负面效应要远高于其创造的价值。

三、包装标准化

1. 包装标准化

包装标准化是指制定和实施有关包装的标准化规定，以确保包装的质量、安全和互换性。包装标准化对于促进国际贸易和解决贸易壁垒具有重要意义。

包装标准化包括以下几个方面：①包装材料标准化。制定和实施有关包装材料的标准，以确保包装材料的质量和安全性。②包装规格标准化。制定和实施有关包装规格的标准，以确保包装的尺寸、重量和形状等方面的统一性。③包装标识标准化。制定和实施有关包装标识的标准，以确保包装上的信息准确、清晰和易懂。④包装检验标准化。制定和实施有关包装检验的标准，以确保包装的质量和安全性。⑤包装运输标准化。制定和实施有关包装运输的标准，以确保包装在运输过程中的安全性和完整性。包装标准化对于提高包装质量、降低包装成本、提高包装安全性和可靠性、促进国际贸易等方面，具有重要作用。

2. 现有的包装标准

包装标准是指对产品包装的规定和标准，旨在保证产品的安全、卫生和环保。以下是我国一些常见的食品包装标准：

GB/T 30768—2014《食品包装用纸与塑料复合膜、袋》

GB/T 36392—2018《食品包装用淋膜纸和纸板》

GB/T 38461—2020《食品包装用 PET 瓶吹瓶成型模具》

GB/T 41220—2021《食品包装用复合塑料盖膜》

GB/T 41169—2021《食品包装用纸铝塑复合膜、袋》

GB/T 5009. 127—2003《食品包装用聚酯树脂及其成型品中锗的测定》

GB 13042—2008《包装容器 铁质气雾罐》

GB 9683—1988《复合食品包装袋卫生标准》

GB 13115—1991《食品容器及包装材料用不饱和聚酯树脂及其玻璃钢制品卫生标准》

此外，不同的国家和地区还有自己的包装标准。包装国际标准是指国际标准化组织（ISO）和国际电工委员会（IEC）制订的标准，旨在促进全球贸易和商品流通。以下是一些常见的包装国际标准：

ISO 20731-1：2016《食品包装——第一部分：原纸、纸板及其制品》
ISO 20731-2：2016《食品包装——第二部分：塑料薄膜和容器》
ISO 20731-3：2016《食品包装——第三部分：金属容器》
ISO 20731-4：2016《食品包装——第四部分：玻璃容器》
ISO 20731-5：2016《食品包装——第五部分：纸浆模塑产品》
ISO 20731-6：2016《食品包装——第六部分：塑料模塑产品》
ISO 20731-7：2016《食品包装——第七部分：金属注射成型产品》
ISO 20731-8：2016《食品包装——第八部分：塑料注射成型产品》
ISO 20731-9：2016《食品包装——第九部分：塑料中空容器》
ISO 20731-10：2016《食品包装——第十部分：塑料桶》

四、包装优化设计

包装优化设计是指通过优化包装设计，实现提高包装的效率和效益，降低包装成本，保护环境等方面目的的设计。包装优化设计包括以下 5 个方面：①材料选择：选择适合产品特性和运输要求的包装材料，如可降解材料、可回收材料等。②形状设计：根据产品的特性和运输要求，设计合适的包装形状，如圆柱形、球形、方形等。③空间利用：最大限度地利用包装空间，减少包装材料的使用量和浪费。④标识设计：设计清晰、准确、易懂的包装标识，方便产品识别和追踪。⑤成本控制：控制包装的成本，采用经济高效的设计方案，如设计轻量化的包装结构、使用低成本的材料等。包装优化设计对于提高包装效率、降低包装成本、减少资源浪费、保护环境等方面具有重要作用。同时，包装优化设计也是包装设计的一个重要方向，可以提高包装设计的质量和水平，为产品的销售和运输提供更好的保障。

1. 减量化优化设计案例

凤梨有着特殊的外形特点，茎短叶多，头部的绿叶上长有锯齿，易割破划伤提货人，但凤梨的外皮比其他水果硬，能抵抗外界一定程度上的撞击压迫，其包装对缓冲性能的要求比其他水果低很多，在设计包装的时候可以通过结构设计减少纸板用量，达到减量化的目的。

设计方案采用一纸成型结构，提手以及装载部分都在一张纸板上完成，无需折叠成盒，只要将切线处和折线处相互错开即可成型，既能很好地容纳凤梨，又能起到一定的展示作用，消费者提手的设计方便提取。此外，由于装载部分由折线控制，有伸缩性，能装载大小不均的凤梨，如图 2-19、图 2-20 所示。两个装的包装在单个装的基础上将两块板合并在一块板上，接合处设计成正反折完成组装，如图 2-21 所示。

2. 模块化可折叠优化设计案例

本案例针对运输包装在回收利用和运输成本方面所存在的资源浪费问题，分析现有快递包装盒模块化可折叠的方式，优化包装结构设计，设计出可以进行替换和模块化功能的结构，并且此结构还能进行折叠，方便包装回收和再利用，从而实现运输包装的绿色可持续发展。

设计案例一（图 2-22）利用可拆卸组合设计方法，能为现有包装重复利用率低等问

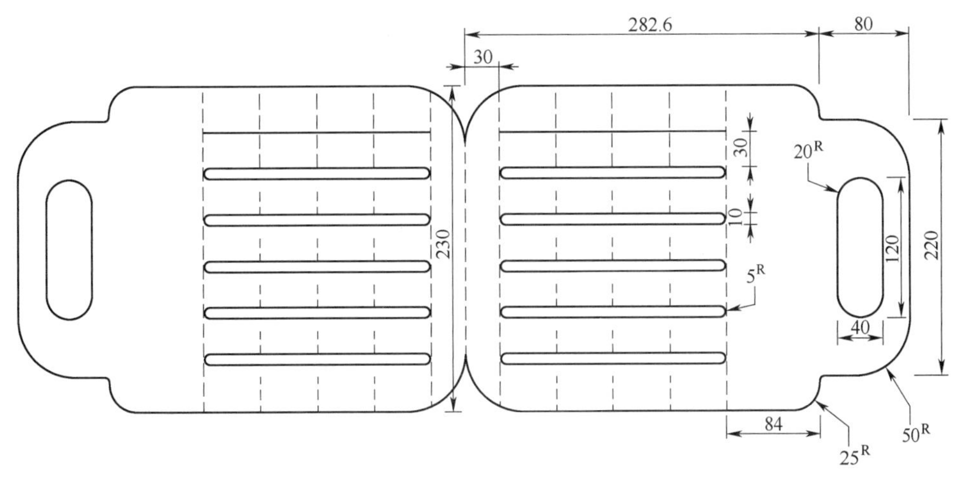

图 2-19　减量化优化设计案例一：包装结构展开示意图

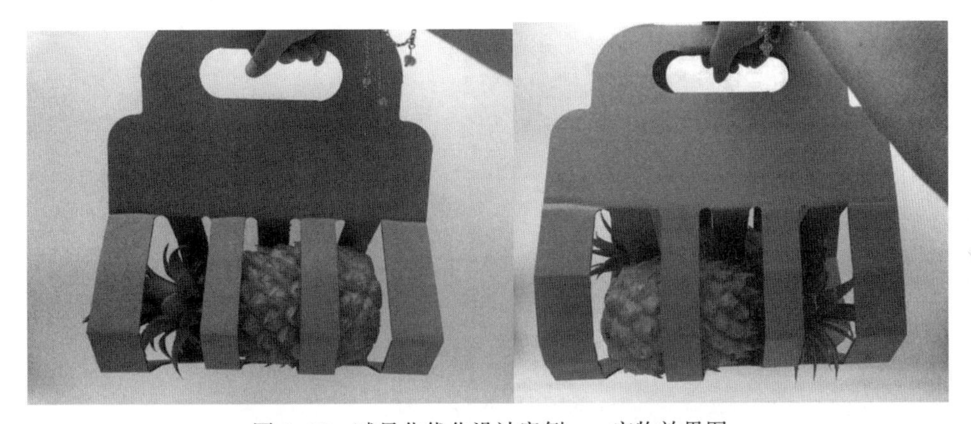

图 2-20　减量化优化设计案例一：实物效果图

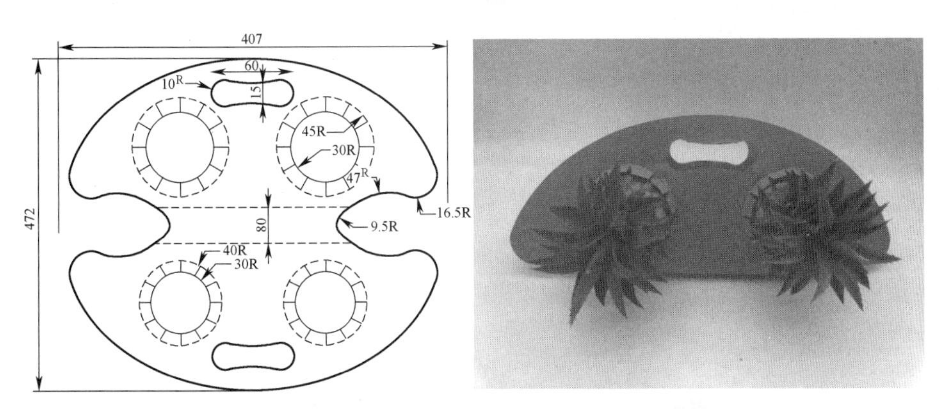

图 2-21　减量化优化设计案例二：设计图及实物图

题提供参考。该包装结构由箱盖和箱体两部分组成，箱盖处有两块板材，两块板材设计有相互配合的锁扣，在放置内装物时箱盖可从中间翻折展开至两侧，箱体正面两侧都采用折叠设计，整体向内折叠后可减少箱体所占的体积，从而节省存放空间。

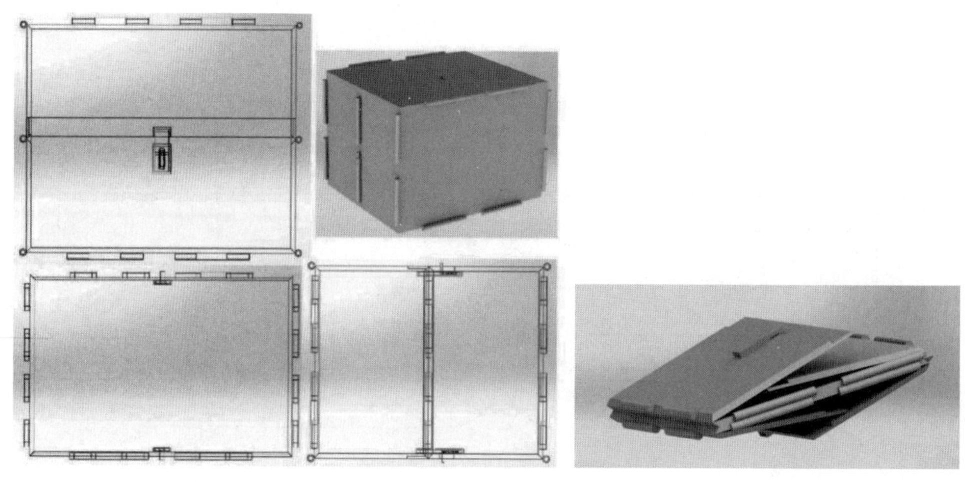

图 2-22　模块化可折叠优化设计案例一

设计案例二（图2-23）可以实现面板的旋转，在面板外侧设置具有约束作用的卡扣，保证成型后箱体的每个面板可以得到固定。通过转轴对各面板的旋转，最终可将6块面板进行堆叠。在面板的链接处设置活动锁扣，让每个面板可以进行自由替换。该包装箱采用高强度塑料聚丙烯（PP）材料制成，包装结构设计采用转轴旋转可折叠结构，节省空间且节约资源。

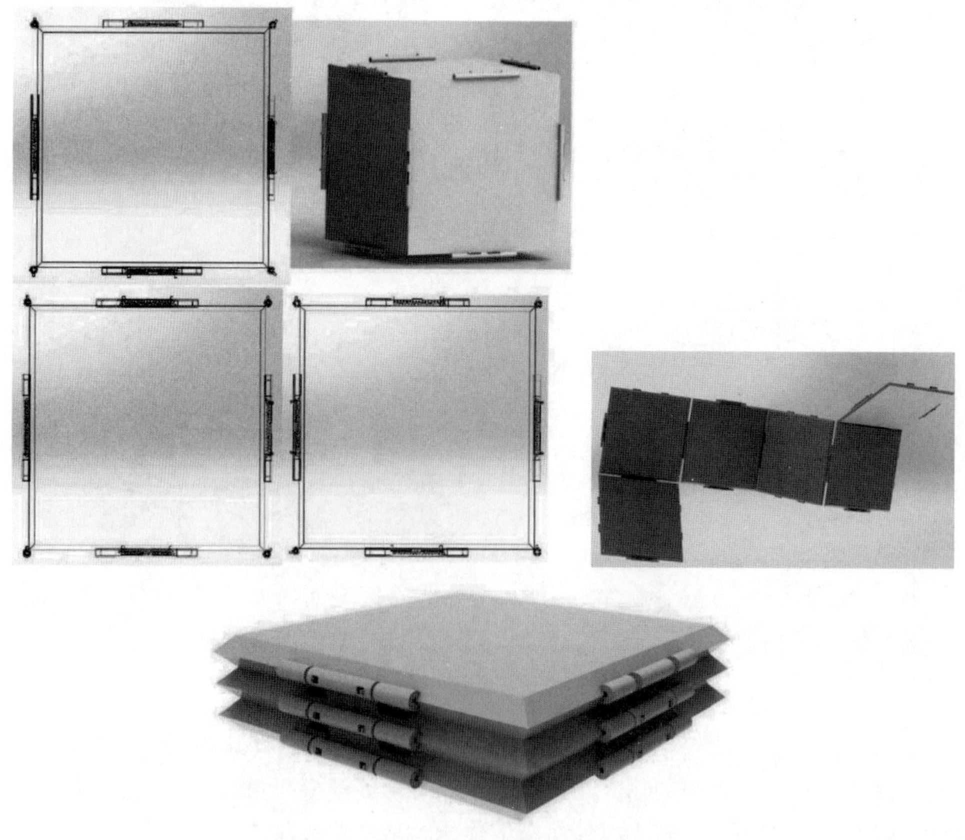

图 2-23　模块化可折叠优化设计案例二

第四节　包装设计流程

包装设计产生的重要根源是消费的需要。这个需要的内容是功能，需要的形式是包装，所以包装设计的本质就是消费需要。同时，包装设计对消费需要也有反作用。所以说包装设计是一种探寻满足消费需要的人造物活动。

从设计系统的角度看，包装设计活动的另一个起源是设计任务委托或设计需求项目立项，图 2-24 所示为常规的包装设计流程。包装设计活动需要明确的目标，需要制定确定的开发计划和经费预算，还需要对各阶段设计方案做出选择和决定。因此包装设计不仅需要从策划、管理、生产、销售、市场等环节考虑，还要求设计者具备一定的管理、生产、销售等方面的知识能力，设计活动应以委托方/项目方的要求为基础，从消费者利益出发，达到在满足消费者和委托方各自需求的前提下，完成解决方案。

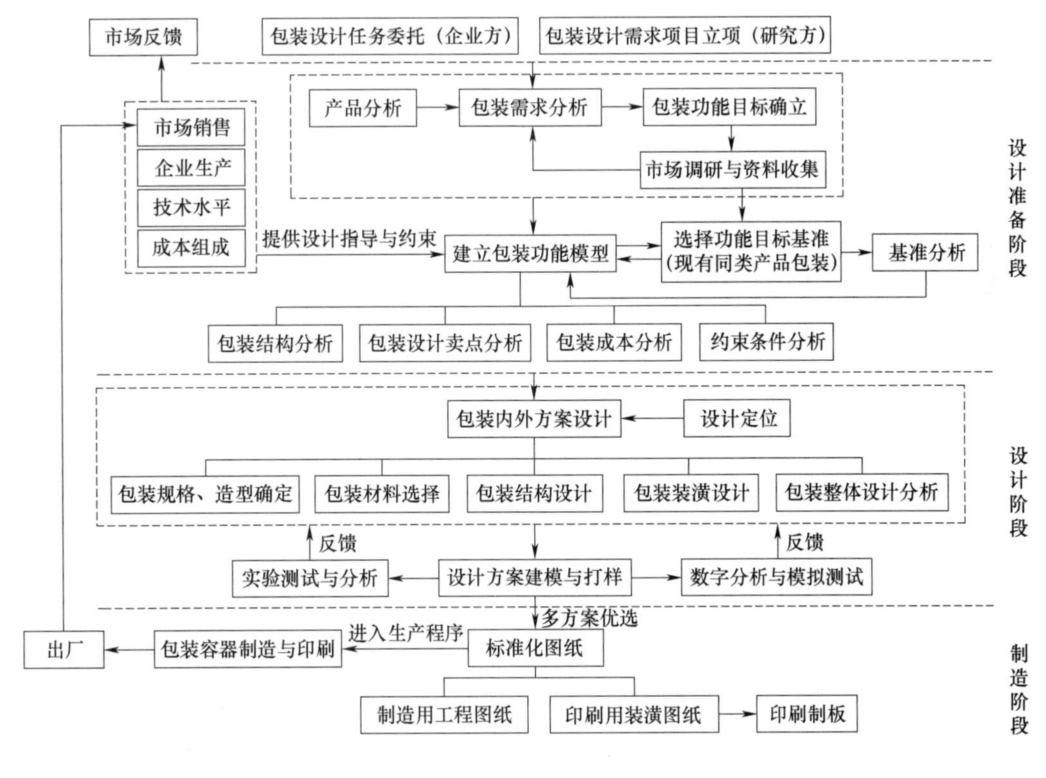

图 2-24　包装设计流程图

一、包装需求分析与包装功能目标确立

包装设计的第一步通常是对未来新包装产生希望和预见：希望设计生产什么包装？现有包装使用方面的问题在哪里？为什么现有包装不能实现用户希望的功能？简单说就是包装需求分析与包装功能目标确立。产品包装要求考虑到保护产品、美观性、可读性、品牌形象、环保性、可持续性、安全性和适应性等方面，以确保包装的质量和实用性。确立了

包装功能目标，就可以相应的确定包装设计的构思方法。在包装设计中可以强调特定消费群体，可以强调商品的质量，或是强调商品的某种特殊功能等，强调把商品的目标信息传递给消费者，给消费者留下深刻的印象。

二、包装功能模型建立

包装设计的第二步是分析设计的总目标与客观条件限制，进而建立包装功能模型。建立包装功能模型是在功能分析的基础上进行的，分析的结果就是确立包装的概念：包装对产品的工作原理、包装的结构特性、包装设计的卖点、成本、对参数的理解、约束条件分析等。将设计目标在头脑中形成尽可能清晰的概念，是这一阶段的标志性成果。

三、包装方案设计

包装设计的第三步是包装的内外方案设计，这是整个设计过程的核心阶段。这个阶段以实现包装设计的创意为目的，而实现包装设计的一个重要方面是进行包装样品建模，通过实际构建功能模型或以数字分析的方式建模，对执行的效果进行测试。这个阶段的标志性成果是将目标和形成的目标概念转化为视觉信息，一般来说由设计构思、方案综合、模型试验、反馈修正 4 个环节组成。

设计构思阶段的实际任务就是通过包装构思草图展开构想，产生具有创造性和新颖性的意向性方案，逐步将包装形象具体化。

方案综合是在构思草案研究和分析模拟的基础上，从可行方案中选出最优方案。而选定的最佳方案至此还只是原则上的东西，想要实现它，还要进行理论上的论证和实际设计，也就是方案具体化，同时，还要预测方案中涉及的技术性能和成本问题。

第三个环节是模型试验，主要是设计二维原型、试制三维尺度的模型，必要的时候要进行原型制造，也就是样品打样，通过样品来实验评价包装的技术性能。

最后是反馈修正。样品打样后，在检查实验过程中发现问题，通过对已提出的设想的确认和判断无法解决的部分，利用制作出的样品进行性能试验，反复修正设计方案。

四、图纸标准化及评价

包装设计的第四步是在反复打磨设计方案的基础上，将视觉化设计方案形成标准化工程图纸。在这个过程中，要研究目标设计已有的技术、标准和规范，包括国家标准、专业标准和企业标准等有关的包装标准、包装信息标准和检验标准。对目标设计的已有专利、商标等进行系统调研，搜集有关信息和各种相关资料。设计方案在标准化过程中应注意简化包装种类，防止将来出现不必要的多样化，以降低成本。应将同一品种或同一型式包装的规格按最佳数列科学排列，形成包装的优化系列；统一各种图形符号、代码、编号、标志、名称、单位、包装开启方向等；使包装的形式、功能、技术特征、程序和方法等具有一致性，并将这种一致性用标准确定下来，消除混乱，建立秩序。

在这个阶段还要进行更多、更具体的分析研究和评价，如人因学的分析评价；技术性能的分析评价（包括适用性、可靠性、有效性、适应性、合理性等）；经济性的分析评价（如成本、利润、附加值等）；还有市场的分析评价、美学价值的分析评价等，进行综合的系统性研究和优化后，形成最终方案。

第五节　现代产品包装设计策略

企业应根据不同的市场营销方式，采用不同的商品包装策略，满足不同层次消费者的需求，使商品在营销中处于主动地位。

一、产品包装设计策略

包装策略是多方面的，一般主要有以下策略。

1. 系列化包装策略

系列化包装策略即企业的产品包装采用相同或相近的材料、形态、图案、色彩，显示出共同的特色。这种商品包装策略可以突显品牌特点，在消费者心目中形成统一的品牌形象，在销售展示过程中具有较强的视觉冲击力，有利于产品的销售。

食品包装经常采用系列化包装策略，如饼干包装，以某品牌“3+2”饼干（图2-25）为例，它由多个包装组成系列包装，以颜色代表不同的口味，有蓝莓口味（紫色）、咖啡口味（咖啡色）、葱香奶油口味（绿色）、番茄味（橘红色）、巧克力味（红色）等，同时又与其他系列相结合，如甜酥饼干夹心系列等，共同组成一个完整的“大家庭”，以统一的视觉效果在货架上展示，起到了不错的促销作用。

图2-25　“3+2”饼干系列包装

2. 等级化包装策略

等级化包装策略即对一种商品根据不同层次的消费者需求而采用不同等级的包装，划分不同层次的消费者。层次的划分主要以购买力和购买动机来判断，有些商品是消费者买来自己消费，这类包装尽可能简化一些，一般可采用中、低档包装形式；有些消费者购物的目的是作为礼品馈赠亲朋好友，十分注重商品的包装，因此这类包装就应采用高档包装形式。针对不同的消费者对商品包装的不同要求，采用等级包装能促进商品的销售。

以粽子包装为例（图2-26），一般企业将粽子包装分为3个不同的等级。低档包装，如图2-26（a）所示，只是用芦苇叶将粽子单个包装，每个包装贴上简易的标签，标明产品的基本信息，以散装的形式进行销售，这类包装价格低廉，一般消费者拆去简易包装后即可食用。而中档的粽子包装如图2-26（b）所示，是将粽子打包成袋装，包装袋表面印有图形和文字，这类包装的粽子既可以供消费者在家中食用，又可以作为走亲访友的小礼品。而高档粽子，包装如图2-26（c）所示，则是在中档包装基础之上，采用更为精致的制作和印刷工艺，并配以金属或木质材料包装，设计风格或华贵或古典柔美，其作为一种高级礼品，符合消费者的消费心理。当然，很多时候应该讲究适度包装，避免造成资源的不必要浪费。

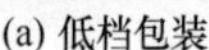
(a) 低档包装

(b) 中档包装

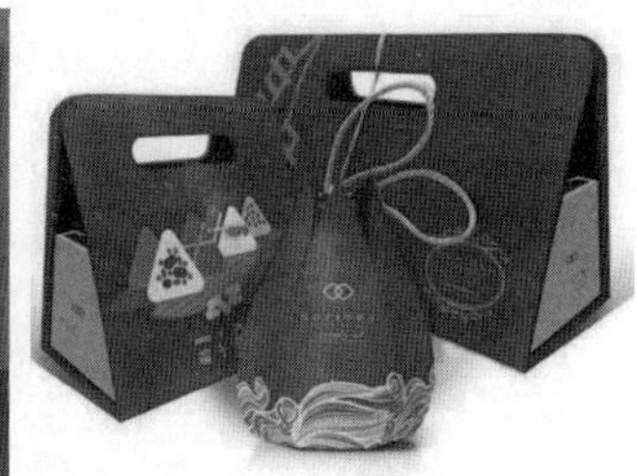
(c) 高档包装

图 2-26　粽子包装

(a) 玻璃瓶

(b) 利乐包装

图 2-27　葡萄酒包装

3. 便利性包装策略

设计师在设计产品包装时，应处处考虑给消费者带来购买、携带、使用等方面的便利。这里有一个案例很好地诠释了便利性包装策略。图 2-27（a）所示传统葡萄酒瓶体积大、易碎、不易打开，在一定程度上阻碍了葡萄酒的销售推广。某葡萄酒厂携手利乐公司引入利乐包装，如图 2-27（b）所示。之所以使用利乐包装，主要是因为这种包装具有安全、保质、不易碎的优点，而且方便携带又容易开启。一卡车利乐包盛装葡萄酒的重量，相当于 2 卡车玻璃瓶盛装葡萄酒的重量，极大地节约了运输成本。由于受传统因素影响，真正的葡萄酒爱好者在短期内不大可能放弃软木塞式瓶装酒，但从长远看来，简易、便捷、环保的包装设计将是未来葡萄酒包装的主要发展方向。

二、包装设计与整体包装解决方案

整体包装解决方案的名称，英文有两种叫法，一是 Integrated Packaging Solution（集成包装），简称 IPS；二是 Complete Packaging Solution（整体/完整包装），简称 CPS。它是将解决产品包装问题的知识“凝固”成方案销售给客户，即向客户提供“包装解决方案”，目的是把客户从产品包装问题中解放出来。这是整合供应链营销理念，向客户提供从包装材料选取、供应商遴选到包装方案设计、包装制品，直至物流配送到终端用户的一整套系统服务，如图 2-28 所示。该系统包括包装设计、产品生产、包装测试、仓储运输及其回收管理等环节，涵盖了整体方案设计及优化、包装制品加工及打包、产品包装运输及仓储等方面。包装设计是整体包装解决方案中的一个环节，不能将包装解决方案简单地理解为出具包装设计方案。

2011 年 3 月 14 日，包装行业被列入《中华人民共和国国民经济和社会发展第十二个五年规划纲要》（下称《纲要》），《纲要》明确提出：“包装行业要加快发展先进包装装备、包装新材料和高端包装制品。”这意味着包装行业的制造业“身份”正式得到国家层

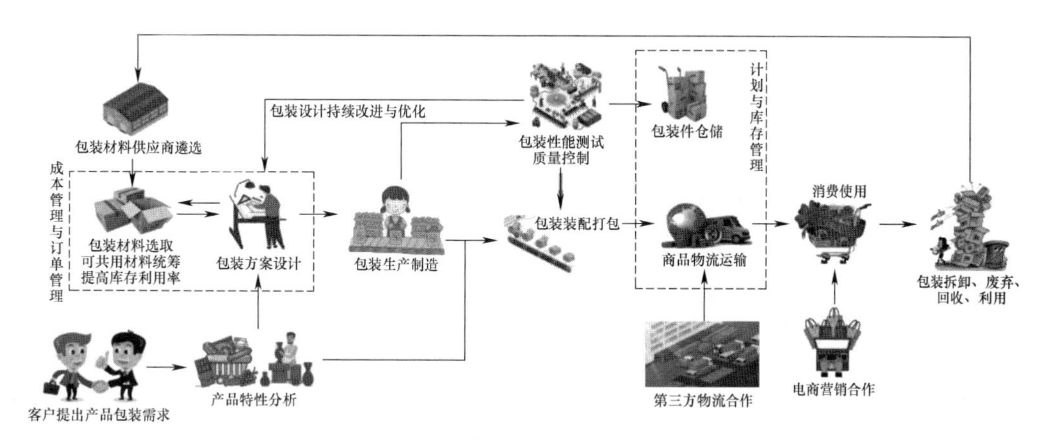

图 2-28　整体包装解决方案示意图

面的承认。此外，《工业和信息化部　商务部关于加快我国包装产业转型发展的指导意见》中，首次明确将包装产业定位为“服务型制造业”。

从包装工业的“服务型制造业”定位来看，可以把整体包装解决方案的核心思想做一个定义，即“制造包装服务”，它不仅是制造包装，还要提供一个一揽子的服务，这是制造“物”与制造“非物”的结合。

所以，整体包装解决方案的实质是一种系统化服务，是一种基于服务模式的包装系统设计。基于服务模式的包装系统是以物质产品包装为基础，以用户价值为核心，将完整的服务产品与服务提供系统有机结合，满足消费者需要的物质形态产品和非物质形态的服务产品。消费者的精神需求是通过无形的、非物质的手段来实现的，它远远超出了物质形态产品本身的价值。

三、绿色包装设计与生态包装设计

生态观念的引入对包装设计产生了巨大影响。首先表现在减少包装使用量，也就是包装的减量化原则，即包装在满足其保护、储运、销售等功能的条件下，尽量减少不必要的多余包装物的产生；其次是“绿色包装”理念的提出。

1. 绿色包装设计

从可持续发展的角度来看，绿色包装应包括两个方面的含义。一方面，以保护生态环境为原则，强调生态平衡，以达到生态环境损伤最小化；另一方面，以节约资源能源为目标，重视资源的再生利用，以利于保护自然资源；其目的只有一个，即保护环境，这与可持续发展的目标是一致的。

“绿色”一词应该理解为“对环境的影响最小化”，而不是“对环境无影响”。绿色包装实质上是人类为满足自身发展“需要”而进行自我“限制”的一种折中包装解决方案，是对未来与后代主动承担责任的一种承诺和体现。

包装设计者将绿色理念融入产品包装中，有利于提高包装消费者的环保意识。绿色包装在满足包装自身持续发展需要的同时，通过选择环境友好型材料，采用安全的包装及其废弃物加工方法，在整个产品生命周期内，将包装对环境的影响降至最低。

2. 生态包装设计

生态包装设计是在保证包装功能的前提下，充分考虑包装生命周期过程对矿产资源、生物资源、能量资源、生态环境和人类健康的影响，以维护自然资源可持续发展和促进生态环境良性循环为核心的现代包装设计技术和方法。

对于促进保护生态环境的包装设计而言，主要关注以下几方面。

（1）设计绿色消费商品包装　理想的绿色消费商品包装应当是在生产中不造成污染，产品废弃时可以回收，且取材有利于综合利用资源。设计者在设计中应考虑到包装的造型易于加工生产，节约能源减少材料消耗；提高包装的使用寿命；摒弃不必要的装饰和过分包装；选用无毒、易分解不危害环境的材料。

（2）设计可回收的环保包装　包装产品在生命周期中的最后过程是废弃或破坏。在这个过程可以分为可回收和不可回收两部分。如果一种包装产品，在完成保护和使用的任务后，继续保留它已为环境所不允许，那么设计时就应当考虑易于拆除和销毁（焚烧、压碎、熔化、切割等）。材料、组件和子系统若能回收，则应易于拆卸，或能分解。对于资源消耗的量，应尽量减少，并减少其对环境的污染。应开展废弃物再资源化的设计。

（3）设计可重复利用的包装　主要包括以下两个方面：

① 通过改造重复利用。让包装设计有更多的灵活性，最大的利用可能性，追求包装效用的最大化。因此，包装设计要具有开放性、动态性、可塑性，使用者可以根据自己的需要，随意地调整组合，达到灵活应用的目的。这是一种动态的设计思想，可以适应不同的需要，这也是整体系统设计观的一种体现，是系统思想的应用和体现。

② 利用功能转换重复使用。许多包装可通过功能转换实现重复利用。当它们完成预定功能后，可以移作其他用途。

（4）设计减量化的包装造型结构　在满足对包装的基本保护功能和方便销售的前提下，摒弃包装上多余的装饰，简化包装的附加物，争取少而精地用到包装材料，将包装的成本降低，成为用量最少的适度包装。另外，设计者要考虑包装结构的合理性，包装的结构直接关系到包装材料的使用量和废弃物的产生量。

3. 包装生命周期评价

联合国环境规划署给产品生命周期分析法的定义是：生命周期评价是评估产品整个系统的生命周期的全部阶段——从原材料的提取和加工，到产品生产、包装、市场营销、使用、再使用和产品维护，直至在循环和最终废物处置的环境影响工具，简称 LCA。在 ISO 14040 中，LCA 被定义为“在整个生命周期中对产品系统的输入、输出和潜在环境影响的汇总和评估”。因此，LCA 是分析产品在其生命周期各个阶段的环境负担的工具：从资源的提取、到生产材料、产品零件和产品本身，以及产品的使用，直到它被丢弃后的管理，无论是通过重用、回收或最终处置，即“从摇篮到坟墓”。

从包装系统设计的角度，使用 LCA 对包装系统方案或者包装解决方案进行评价，通过提供一个客观的评价，帮助判断一个包装系统的好坏或者一个包装设计方案的优劣，就是“包装生命周期评价”，生命周期范围可选择全过程或部分阶段，图 2-29 所示为产品与包装的生命周期过程。

四、产品包装设计中的智能化

包装结构设计在整个包装设计体系中占有重要位置，是包装设计得以实现的技术基础。在包装设计尤其是包装结构设计中实现特定的智能化需求，在包装设计市场中具有重

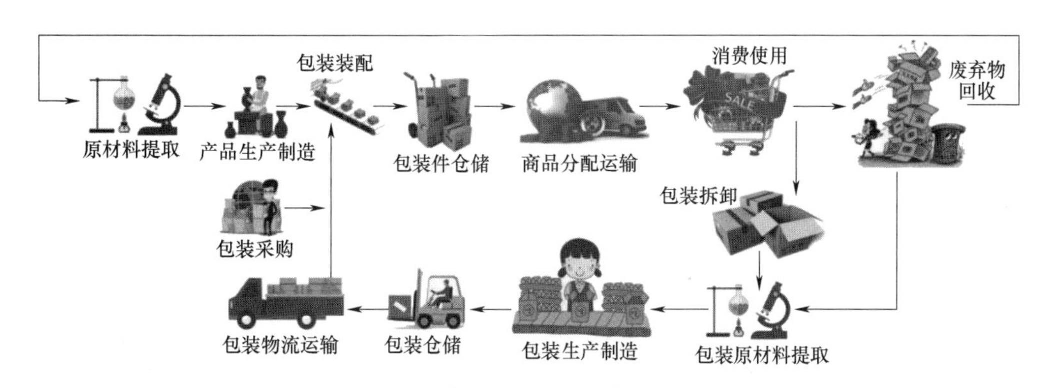

图 2-29　产品与包装的生命周期过程

要的推广价值。以包装结构设计作为智能化设计核心的智能包装，通常被称为功能结构型智能包装。

功能结构型智能包装，是指通过增加或改进部分包装结构，使包装具有某些特殊功能和智能型特点的包装。这类包装可以极大地提高包装的安全性、实用性、可靠性；提高包装的使用效率，使消费者在使用包装过程中能够更加方便快捷，使包装在使用过程中悄无声息地给消费者留下深刻印象，对于品牌形象的塑造有积极的作用。

另外，功能结构型智能包装设计和材料选取还能减缓目前市场包装利用率过低、包装材料难以循环使用等问题，为电子商务包装在流通的过程中创造更多的可能性。

功能结构型智能包装目前主要发展出防护类、显窃启类和自动化类。

1. 防护类结构型智能包装

这一类的结构型智能包装最具代表性的结构是儿童安全包装（Child Resistant Packaging，CRP）。CRP 比普通包装结构复杂得多，主要利用低龄儿童由于操作行为的不成熟或智力发展达不到要求而无法打开包装，从而可显著降低因包装不当造成的对儿童的伤害。

儿童安全盖是防止 5 岁以下的普通儿童在某一段规定时间内打开包装物，以避免儿童因误服某些药物、家用化学品及化工产品而损害健康甚至危及生命的事故。但是这种打开包装的障碍性设计是仅针对低龄儿童的，对于其他人群，尤其是老年人、智障者、触觉障碍等有正常智力判断能力的成年人群，这种包装结构的设计应该尽可能地不对打开与使用包装行为造成障碍。

目前，市场上出现的儿童安全瓶盖的形式较多，应用最多的是压旋盖，如图 2-30 所示。

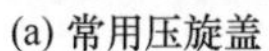
(a) 常用压旋盖

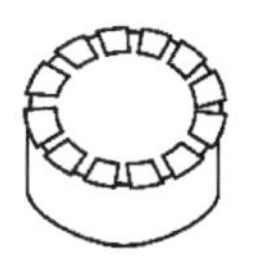
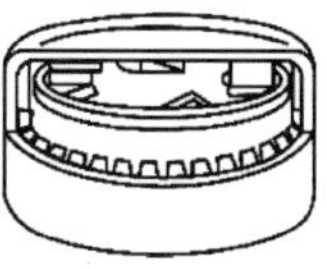

(b) 压旋盖基本结构

图 2-30　压旋盖

这种包装瓶盖由内外两层瓶盖组成，内层瓶盖的尺寸较外层瓶盖略小，内盖的内螺纹与瓶口的外螺纹相吻合，即内盖通过螺纹与瓶口配合，外盖的内部、内盖与外盖的顶端均设有一圈相互吻合的可活动齿轮，这些齿状结构使内外盖可以相互咬合。在开启时需向下按住瓶盖使内外盖顶部的齿轮扣合后再旋转瓶盖，这种开启结构的特点就是必须同时进行向下和旋转两个动作才能开启药瓶，而同时进行这两个动作对于低龄儿童来说是有一定困难的。

此外，还有挤旋盖、暗码盖、工具开启盖、拉拔盖、迷宫盖等形式，这些瓶盖结构的开启方式都是低龄儿童靠其智力或力量水平难以成功做到的，或是在短时间内无法掌握或学会的，从而可以降低儿童打开药品包装误食药物的概率。

2. 显窃启类结构型智能包装

显窃启包装是指只有通过打开或破坏一个显示物或障碍物才能取出内部产品的一种包装。这个显示物或障碍物一旦破损，就给后来的消费者提供可见的证据——原产品包装已被人干扰过（美国食品药品监督管理局于 1982 年 11 月 5 日在《联邦注册》中的 21CFR211-132 定义）。这类包装最典型的结构是可破坏盖，原称防盗盖（PILFER PROOF CAP）。这种金属或塑料盖可对密封的被破坏提供可见的痕迹，被大量用于 OTC 药品、饮料、食品等包装，也可辅以内封物（瓶口内封闭）以达到显窃启目的。

这类包装问世初期主要应用于医药包装领域，现已扩展到饮料、食品、电商等领域。例如，巴斯夫公司专门设计的一种用于农药产品的显窃启智能包装（图 2-31），该包装顶部是一个可取下的配套量杯，量杯下部是醒目的黄色冠盖，冠盖外侧设计有白色 T 型塑料封条，取用时，首先要取下配套量杯，然后扯断垂直方向的 T 型塑料封条，接着旋开黄色冠盖，此时会进一步破坏水平方向的 T 型塑料封条，最后倒出农药。双重的防窃启设计很好地解决了农药包装被不当使用的问题。

(a) 包装组成

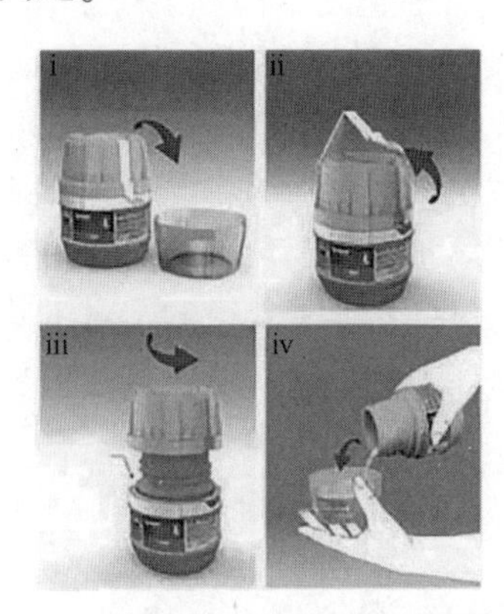

i—取下配套量杯；ii—扯断垂直封条；
iii—旋开冠盖；iv—倒出农药。

(b) 操作步骤

图 2-31 农药产品的显窃启智能包装

3. 自动化类结构型智能包装

自动化类结构型智能包装问世于 21 世纪初，又分为自加热和自冷却两种形式，都是通过改进包装的部分结构，使包装具备自动化功能。

自加热技术是目前包装上应用较为广泛的一种智能化包装技术，其产生热量的基本原理相差不多，主要是利用简单的化学反应，短时间内产生大量的热量，主要材料有碳酸钠、铁粉、铝粉、焦炭粉、生石灰等。一般是以袋装的形式制成发热包并放置于包装内，通过加入一定量的水使袋中的发热组分发生反应，产生热量。以自加热小火锅为例（图 2-32），当消费者需要食用自加热小火锅时，将发热包的外包装打开，加入凉水，再按照自加热小火锅的使用方式，将上层餐盒的食物装置好，最后扣好内嵌式盒盖，防止加热包散发出的热量对使用者造成危险。加热包所产生的温度可以蒸煮食物 20min 左右，使食物完全熟透，让消费者放心食用。

这类自加热包装最初应用于军事食品中，以满足战士们在特殊环境作战情况下对食物的需求。自加热小火锅与自加热米饭这类包装在市场中得到了消费者的青睐，有着可观的销量。其主要效用是它能够满足消费者在特殊环境下的需求，为消费者带来不一样的饮食体验。包装具备了方便、快捷、卫生等优势。

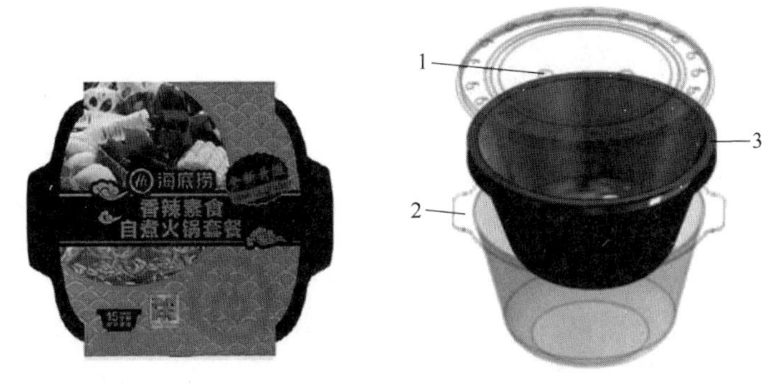

1—排气孔；2—防烫把手；3—航空餐内盒。

图 2-32　自加热小火锅

KIAN 设计的“Gogol Mogol”是一款鸡蛋包装的概念设计，如图 2-33 所示。这是一个能煮熟鸡蛋的包装盒设计，每个鸡蛋由多层回收纸板包装，第一层是普通回收纸板，第二层是催化剂，第三层是智能材料。当拉出标签时，催化剂与智能材料随即发生化学反应，鸡蛋开始升温，几分钟后就会煮熟一个鸡蛋。这种巧妙的设计不仅节约了煮鸡蛋的时间，还让随时随地吃上热乎乎的熟鸡蛋成为可能。它的设计概念很简单，就是鸡蛋在包装中自我加热，非常方便，随身携带在包包里，就能随时随地享用。

利用相似的结构，设计师们还推出了自动冷却型包装，并将其应用在啤酒等行业中。例如美国自冷罐有限公司（简称 CCNV）开发的自冷罐，使用起来非常方便，只要按一下饮料罐底部的塑料按钮，饮料罐温度就可以在 3~5min 内降低 15~20℃。自冷罐主要使用了一种热量交换系统（HEU）的专利技术，来达到饮料罐自动降温的功能。HEU 工作原理主要是使吸附 CO_2 的活性炭保持一定的稳定性，在内部压力下降的情况下有效地释放 CO_2 并达到吸热的效果。

智能化包装设计的研发与应用，是当今包装行业发展的新趋势，也是人类社会发展的必然趋势，其符合发展的客观规律，是科学发展观的具体要求，因而市场潜力巨大。

本质上说包装设计主要是为了服务于人，需要以消费者的需求为依据进行包装设计。功能结构型的智能包装在以人为本的设计需求方面具有巨大优势，能够有针对性地改进提

图 2-33　“Gogol Mogol” 自热鸡蛋包装概念设计

升产品包装。

功能结构型智能包装在满足消费者体验、提升消费情感共鸣的同时，还可以实现其他类型包装难以表达的人文情怀，即价值取向。任何一款产品最终都是要服务消费者，包装设计中充分考虑价值主体的价值取向对于现代包装设计的发展是至关重要的。功能结构型智能包装在结合产品属性、全面而又深入地分析消费者的购买心理、形成有意义且完整的产品包装设计方面正在起到引领作用。

第三章　包装材料与制品

本章导读

材料是包装实体的物质基础，通过材料的应用可以实现包装的造型结构。包装材料既包括纸、金属、塑料、玻璃、陶瓷、竹木、复合材料等主要包装材料，又包括缓冲材料、涂料、黏合剂、装潢与印刷材料等辅助包装材料。复合包装材料是利用层合、挤出贴面、共挤塑等技术，将几种不同性能的基材结合在一起形成的一个多层结构。材料是实现包装功能合理性、美观性的重要因素，可以根据材料的特点设计包装，也可以设计包装时选择合适的材料。

本章学习目标

通过本章学习，使学生们充分理解材料与包装制品的关系，认识到包装材料是实现包装功能合理性和美观性的重要因素。为达到此目的，需要选择合适的包装材料，基于包装设计理论进行包装制品设计，然后采取一定的加工成型方法制作包装制品。设计包装时，包装材料及制品对环境的影响，了解材料复合的必要性及推动包装材料发展的动力。

第一节　包装材料的定义

包装材料是指用于制造包装容器、包装装潢、包装印刷、包装运输等满足产品包装要求所使用的材料，它既包括金属、塑料、玻璃、陶瓷、纸、竹本、天然纤维、化学纤维、复合材料等主要包装材料，又包括捆扎带、装潢、印刷材料等辅助材料。材料作为包装的载体，在包装发展的全过程中起着重要的作用。首先，材料是包装实体的物质基础，通过材料的应用可以实现包装的造型结构。因此在包装设计中，必须分析材料的特点。其次，材料具有丰富的视觉和触觉肌理效果，具有历史性和时代性。随着社会的快速发展和科学技术的不断进步，材料的种类和技术都发生了巨大的变化，材料是实现包装功能合理性和美观性的重要因素。可以根据材料的特点设计包装，也可以设计包装时选择合适的材料。广泛利用新技术、新方法，改变原有材料的组成和结构，制成具有新功能和新性质的包装材料和容器，使它们更加科学化和系统化，从而促进包装材料和包装容器创新设计的出现。尤其是塑料包装材料的出现和工业化生产，更是使包装的工艺、结构发生了根本性的变化。

第二节　包装材料的分类与选择

一、包装材料的分类

包装材料可分为主要包装材料和辅助包装材料两个大类。主要包装材料是指用来制造包装容器本体或包装物结构主体的材料，其中纸、塑、金、玻（陶）4 种常被称为四大包装材料。辅助包装材料是指装潢材料、黏合剂、封闭物和包装辅助物、封缄材料和捆扎材料等。在实践中，常常是按照原材料的种类不同进行分类。

按照原材料种类进行分类，可分为：①纸质材料，包括纸、纸板、瓦楞纸板、蜂窝纸板和纸浆模塑制品等。②合成高分子材料，包括塑料、橡胶、黏合剂和涂料等。③金属材料，包括钢铁、铝、锡和铅等。④纤维材料，包括天然纤维、合成纤维、纺织品等。⑤玻璃与陶瓷材料、木材、复合材料等。

二、包装材料的选择

在包装设计时，材料的选择非常重要，如果材料选择不当，会给企业带来不必要的损失。包装材料的选择应根据产品的特点来确定，基本原则是科学、经济和环保。为了实现包装的功能，根据使用要求，包装材料通常需要具有如下性能：①机械性能和机械加工性能，包括拉伸强度、抗压强度、耐撕裂强度、耐戳穿强度、硬度等；②物理性能，包括耐热性或耐寒性、透气性或阻气性、对香气或其他气味的阻隔性、透光性或遮光性、对电磁辐射的稳定性或对电磁辐射的屏蔽性等；③化学性能，包括耐化学药品性、耐腐蚀性及在特殊环境中的稳定性等；④包装要求的其他特殊性能，如封合性、印刷适性等。

包装材料的选择要根据产品自身的特性来决定，并以具有科学性、经济环保性为基本原则。

选用包装材料应遵循的原则要求：

（1）以产品需求为依据　结合商品特点，如商品的形态，是否具有腐蚀性和挥发性以及是否需要避光储存等进行取材。

（2）考虑商品的档次　高档商品或精密仪器的包装材料应高度注意美观和性能优良，中档商品的包装材料则应美观与实用并重，而低档的包装材料则应以实用为主。

（3）能有效保护商品　具有一定的强度、韧性和弹性等，以适应压力、冲击、振动等外界因素的影响。

（4）经济环保　应尽量选择来源广泛、取材方便、成本低廉、可回收利用、可降解、加工无污染的材料，以免造成公害。

第三节　包装材料/制品的特点与加工

一、纸包装材料/制品的特点与加工

1. 纸包装材料的特点

纸、纸板及其制品占整个包装材料用量的40%以上，发达国家甚至达到50%。纸包装有着许多独特的优点，如原料来源广、生产成本低、保护性能好、加工储运方便、印刷适性好、安全卫生、易回收再处理等。根据定量和厚度不同，可将纸分为纸张和纸板。一般将定量超过250g/m^2，厚度大于0.5mm的称为纸板，如图3-1所示；定量和厚度低于这些值的则称为纸张。

作为专业工程师，对于纸材料的应用，应了解其材料特性及应用领域，也要了解其成型特点。纸和纸板具有较好的外观性能，物理机械性能，适印性能，化学性能和光学性能。纸包装材料拥有众多优点，但也有不足，比如其耐水性较弱，受潮易变形，强度下降厉害，使用时要注意防潮。

纸包装材料的一个非常大的优势就是可折叠成型，几乎可以根据产品包装需要折叠成任意形状，且易于实现自动化成型和包装工艺，如图 3-2 所示。不使用时折叠成平板状可节省储运空间。纸包装材料具有较好的印刷适性，能够印刷出各种精美的图案，在满足不同消费者的审美需求和激发消费者的购买欲望方面有较大的优势。另外，利用纸包装材料的可折叠性，纸包装可兼具展示架的功能，也可直接作为展示架使用。纸包装材料的形、色、纹理的美观性，能产生陈列效果吸引消费者关注。

图 3-1　纸板

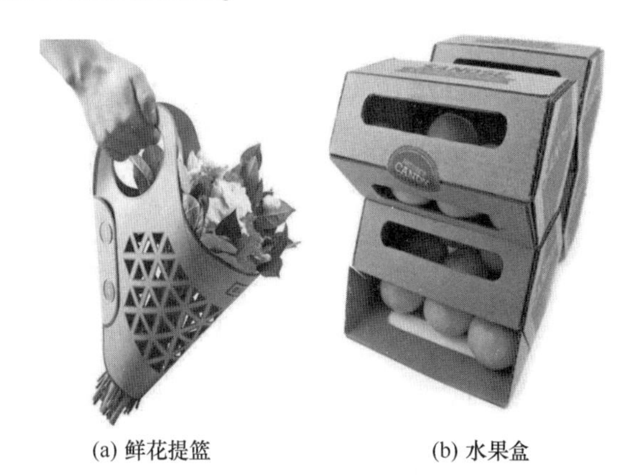

(a) 鲜花提篮　　(b) 水果盒

图 3-2　折叠纸包装

图 3-3 为利用纸包装材料制作的便携包装典型案例。通过折叠造型，形成组合包装，消费者使用起来非常方便。

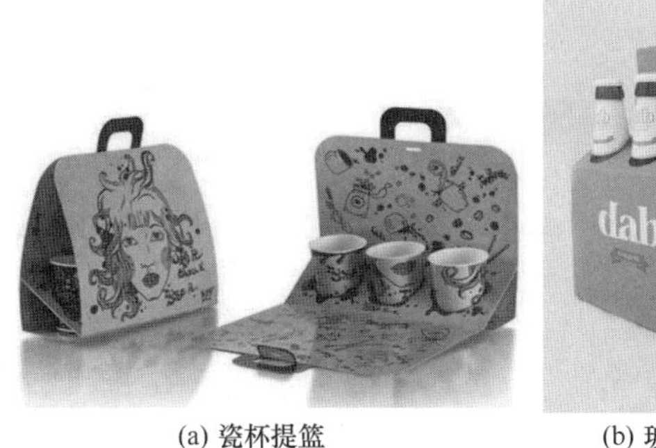

(a) 瓷杯提篮

(b) 玻璃瓶提篮

图 3-3　便携式纸包装

2. 纸包装材料的加工

（1）纸张加工　造纸生产分为制浆和造纸两个基本过程。制浆就是用机械的方法、化学的方法或者两者相结合的方法，把植物纤维原料离解变成本色纸浆或漂白纸浆。造纸则是把悬浮在水中的纸浆纤维经过调节 pH、溶解浆液等工序后，将其运输至纸张机，于多层网上进行纤维层压形成纸张，再送至干燥机进行水分脱除。最终，将纸张切割、验收、包装即可。如图 3-4 所示为纸张的制造过程。

（2）纸板制造　在纸包装材料中，瓦楞纸板［图 3-5（a）］和蜂窝纸板［图 3-5（b）］

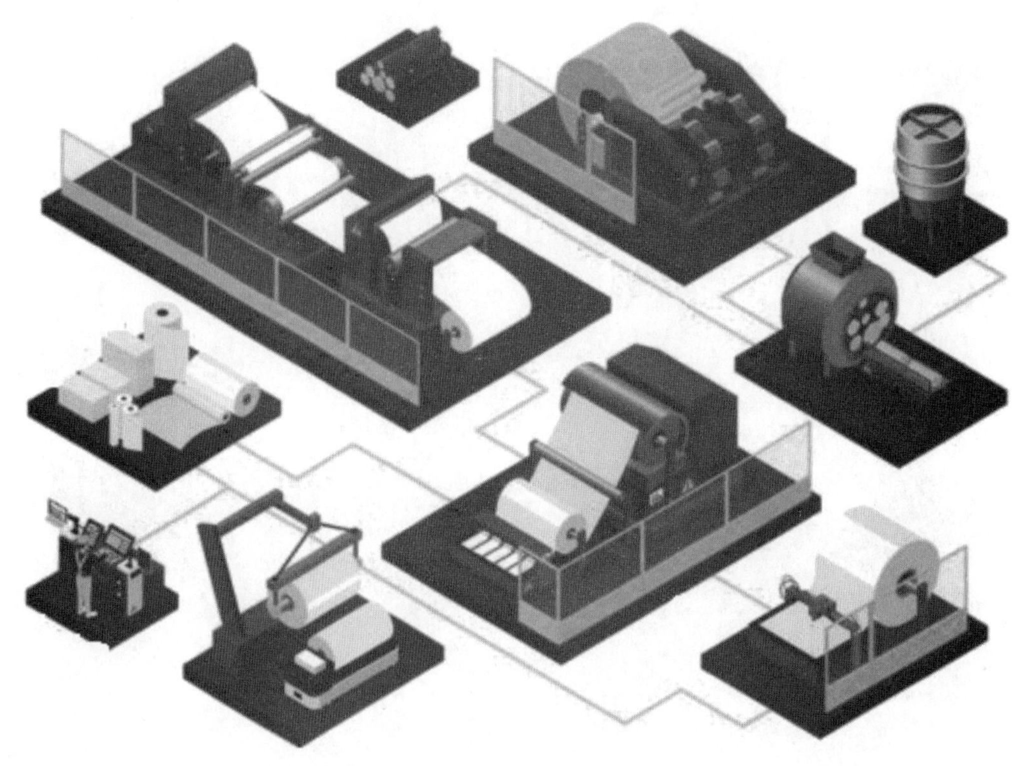

图 3-4　造纸工艺过程

是一类重要的复合纸板。瓦楞纸板最少由一层波浪形芯纸夹层及一层面纸构成，由图 3-6 所示的瓦楞纸板机制成。它具有一定的机械强度，能抵抗搬运过程中的碰撞和摔跌。瓦楞纸板的发明和应用已有 100 多年的历史，具有成本低、质量轻、加工易、强度大、储存搬运方便等优点，80%以上的瓦楞纸板均可通过回收再生，它可用作一般商品的运输包装，使用较为广泛。

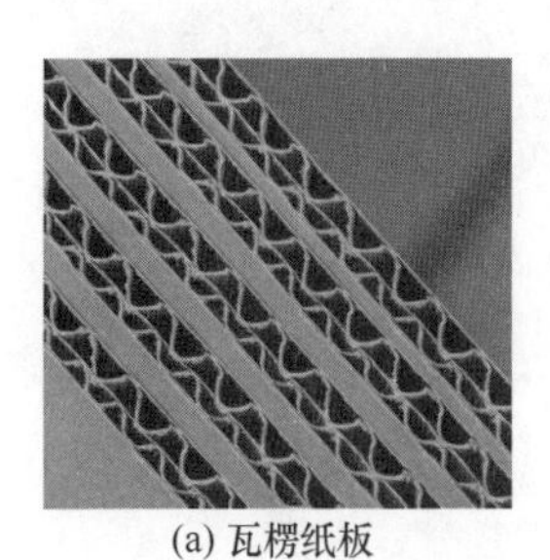

(a) 瓦楞纸板

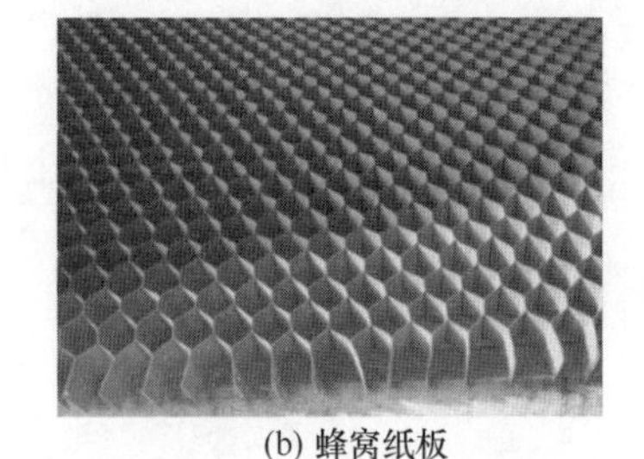

(b) 蜂窝纸板

图 3-5　复合纸板

瓦楞纸板不仅可用作如图 3-7（a）所示的运输包装纸箱，还可用作如图 3-7（b）所示的包装内衬，起缓冲作用。多层组合后，在重型包装中发挥着重要作用，也被认为是以纸代木的主力军。同时也可以作为大小不同产品的展示支架等。

蜂窝纸板是根据自然界蜂巢结构［图 3-8（a）］原理制作的，它是采用胶结方式在纸板内部形成无数个空心立体正六边形筒，并在其两面黏合面纸而形成的一种新型夹层结

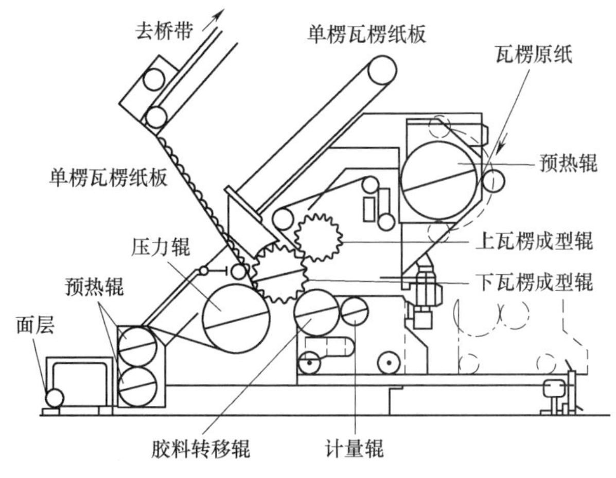

图 3-6　单面瓦楞纸板机示意图

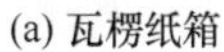
(a) 瓦楞纸箱

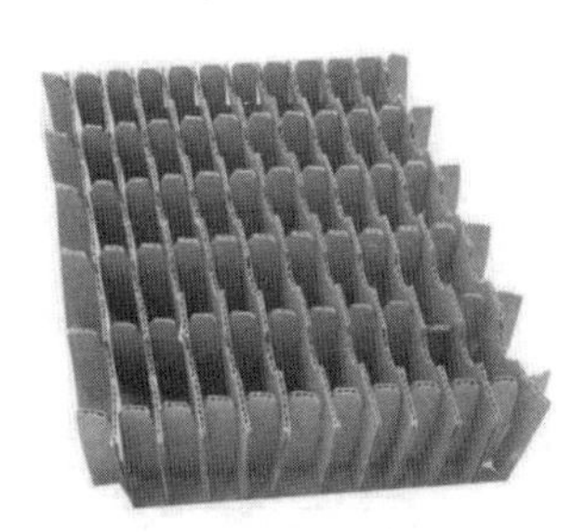

(b) 包装内衬

图 3-7　瓦楞包装

构材料，蜂窝纸芯如图 3-8（b）所示。蜂窝纸板具有较高的比刚度和比强度，是木包装箱的理想替代品，只有木包装成本的一半，而且坚固耐用，使用方便，可以解决物流运输中的产品破损问题。蜂窝纸板不仅可以作为重型产品包装箱（图 3-9），还可以作为红酒等小产品的包装盒（图 3-10）。

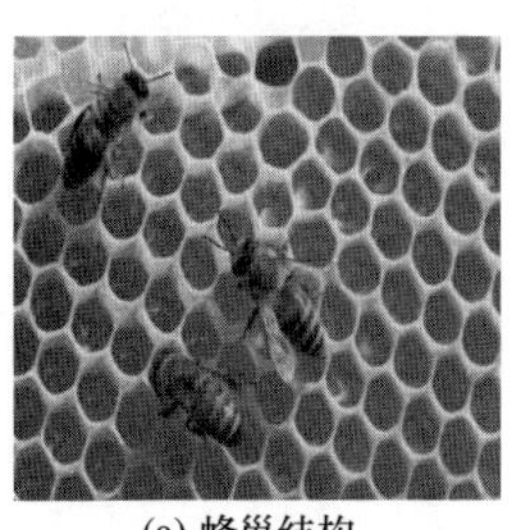

(a) 蜂巢结构

(b) 蜂窝纸芯

图 3-8　蜂窝结构及纸芯

（3）纸浆模塑　还有一类重要的纸包装材料是纸浆模塑。纸浆模塑是以纸箱边角料、新闻纸、白色纯木浆等为原料，经过碎浆并调配成一定浓度的浆料，在特制的模具上经真空吸附成型，再经过干燥而成的包装制品，其工艺流程如图 3-11 所示。这种包装制品具

图 3-9　蜂窝纸板箱

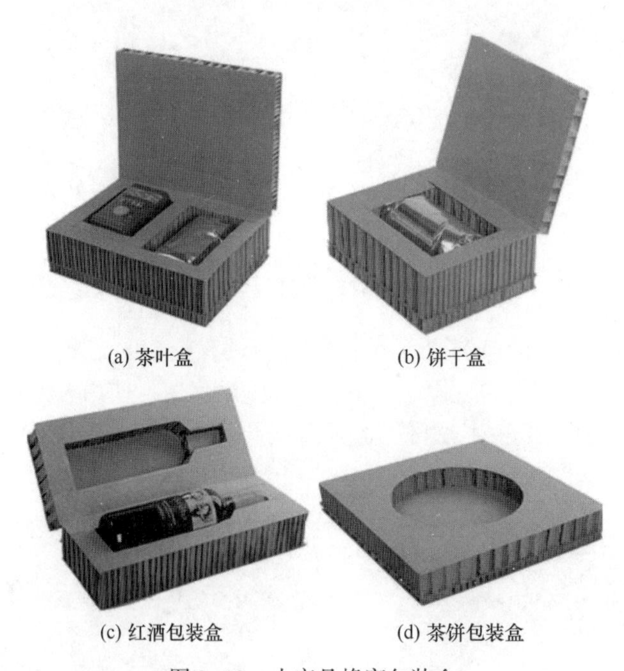

(a) 茶叶盒　(b) 饼干盒

(c) 红酒包装盒　(d) 茶饼包装盒

图 3-10　小产品蜂窝包装盒

有与包装物外形相吻合的几何形状和良好的防震、防冲击等保护效果。它具有以下优势：①原料为废纸，包括板纸、废纸箱纸、废白边纸等，来源广泛；②其制作过程由制浆、吸附成型、干燥定型等工序完成，对环境危害小；③可以回收再生利用；④交通运输方便。最初，其主要用作鸡蛋蛋托［图 3-12（a）］等粗糙的包装制品，随着加工工艺的不断革新，纸浆模塑逐渐应用于如红酒［图 3-12（b）］，电子、电器、工业仪表、机械零部件［图 3-12（c）］以及日用品等产品的包装。

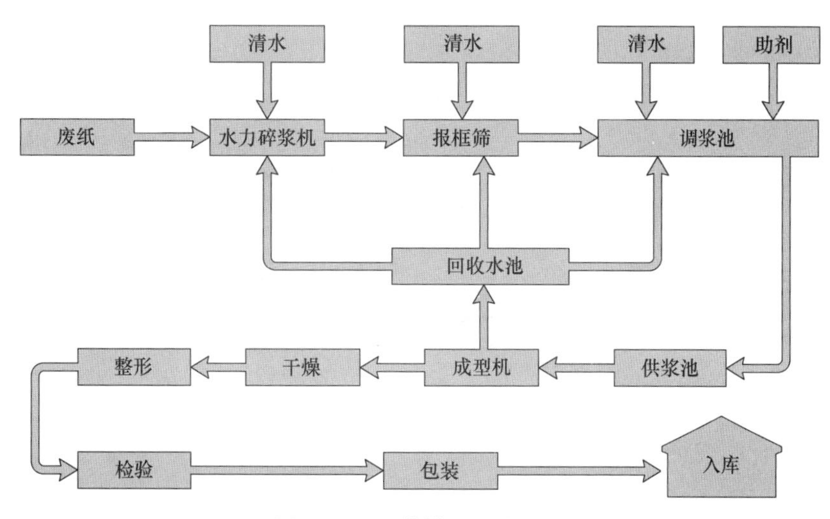

图 3-11　纸浆模塑工艺流程

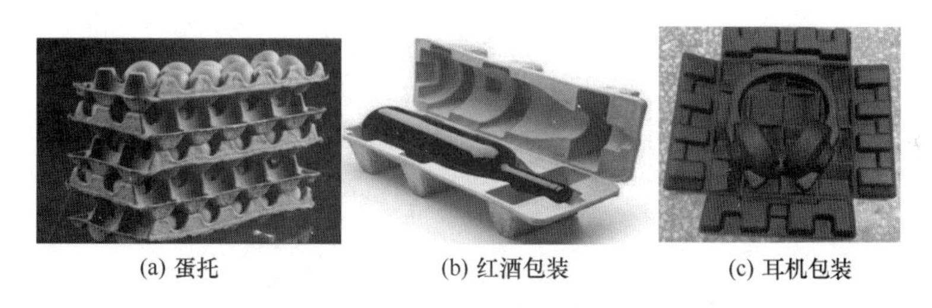

(a) 蛋托　(b) 红酒包装　(c) 耳机包装

图 3-12　纸浆模塑制品

3. 纸包装的成型

（1）纸质包装制品　如图 3-13 所示，纸包装制品包括纸盒、纸袋、纸杯、纸管、纸桶、纸板箱、瓦楞纸箱、蜂窝状瓦楞纸板箱、蜂窝纸板箱等，以及纸浆模塑和工业包装制品、植物纤维托盘或底盘，再者如纸质缓冲包装结构件等，也属于纸质包装制品。纸包装容器具有一定的弹性，尤其是瓦楞纸箱，根据需要可设计出不同样式的箱型，并且卫生、无毒、无污染。纸包装具有良好的印刷性能，字迹、图案清晰牢固，可以完全回收利用，环境污染危害小。纸制包装应用十分广泛，不仅用于百货、纺织、五金、电信器材、家用电器等商品的包装，还适用于食品、医药、军工产品等的包装。

（2）纸包装（折叠纸盒）的成型　纸包装制品种类繁多，现以折叠纸盒为例，阐述其加工特点。折叠纸盒的生产方法以机器生产为主，速度快、产量高、质量好，工艺也比较先进，适合大批量生产。折叠纸盒的原材料有两种：一种是一般的平纸板，另一种是彩面小瓦楞纸板。由于原料的不同，其生产工艺也略有不同。图 3-14 所示为平纸板制盒工艺。

按纸盒的展开图进行模切排版，如图 3-15 所示为纸盒模切排版图。

在纸盒的生产工艺中，对纸盒质量影响最大的工序是印刷与模切，因此印刷版和模切版的制作是控制印刷和模切质量的关键。印刷与模切的具体工序步骤如下：

(a) 纸盒　(b) 纸袋　(c) 瓦楞纸箱　(d) 纸管　(e) 纸桶　(f) 蜂窝纸板箱　(g) 纸浆模塑制品　(h) 纸托盘　(i) 纸护角

图 3-13　纸质包装制品

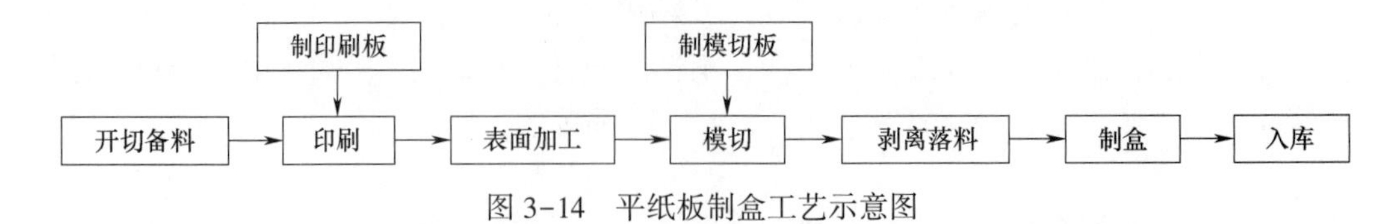

图 3-14　平纸板制盒工艺示意图

①印刷，包括以下步骤：制作菲林→出片打样→制作 PS 版→调油漆→上机印刷→磨光（过塑）。

②模切，包括以下步骤：绘制模切图→割板→装刀线和压痕线→模切胶条和压痕底模条的使用→校版。

一般情况下，往往把模切刀和压痕刀组合在一个版面内，由模切机同时进行模切和压痕加工。模切版上所用的刀具都呈带状，主要有两种类型，即模切刀与压痕刀，它们的截

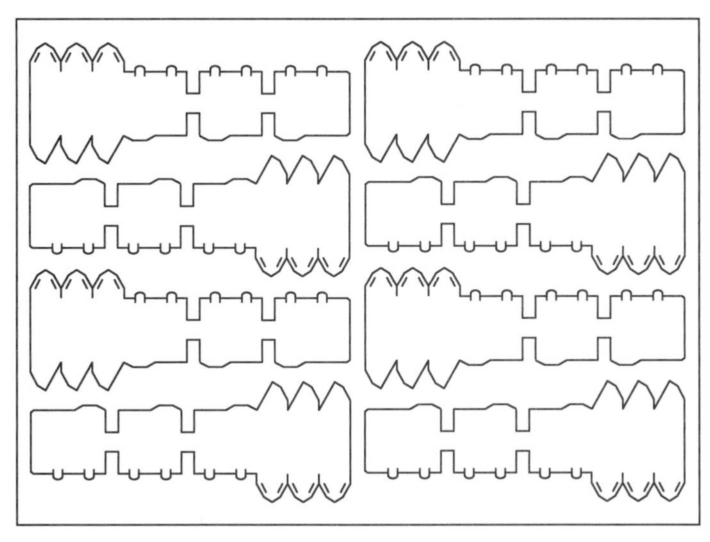

图 3-15　纸盒模切排版图

面形状如图 3-16 所示。模切刀亦称钢刀，其刃部比较尖锐，以切割纸板，而压痕刀又称钢线。图 3-17 所示为模切版实物图。

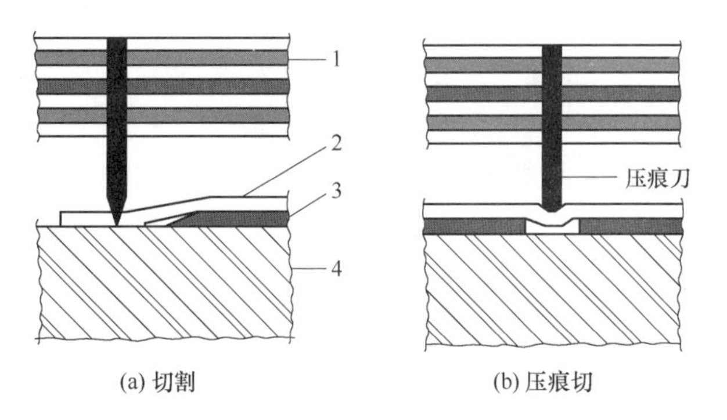

1—模具架；2—纸板；3—凹盘；4—压印（压盘）。

图 3-16　模具切割示意图

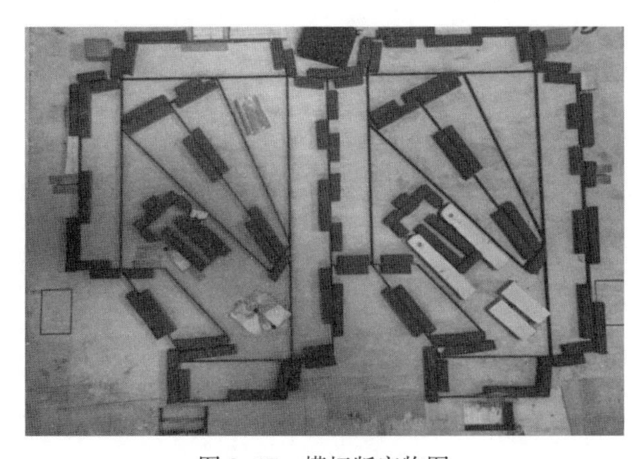

图 3-17　模切版实物图

印刷工艺相关知识在第七章予以叙述。其他纸质包装也有具体的加工工艺，如固定纸盒制造工艺、瓦楞纸箱制造工艺、蜂窝纸板箱制造工艺、纸浆模塑制品制造工艺，在今后的课程里会具体介绍。

现以便携式集合包装为例，来阐述纸质容器的成型过程。图 3-18 所示为一款便携式啤酒集合包装盒。

图 3-18　便携式啤酒集合包装盒

纸盒采用对移成型方式，通常用于多瓶饮料类容器的集合包装。图 3-19 所示为纸盒展开图；图 3-20 所示为纸盒成型直角胶黏机成型原理；图 3-21 所示为纸盒成型过程图。通过纸盒成型过程的演示，可以初步建立空间构图的概念，了解自动生产线的机械运动规律。

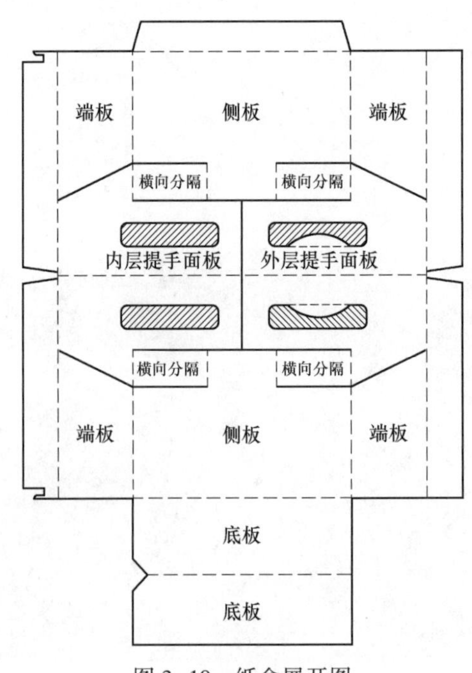

图 3-19　纸盒展开图

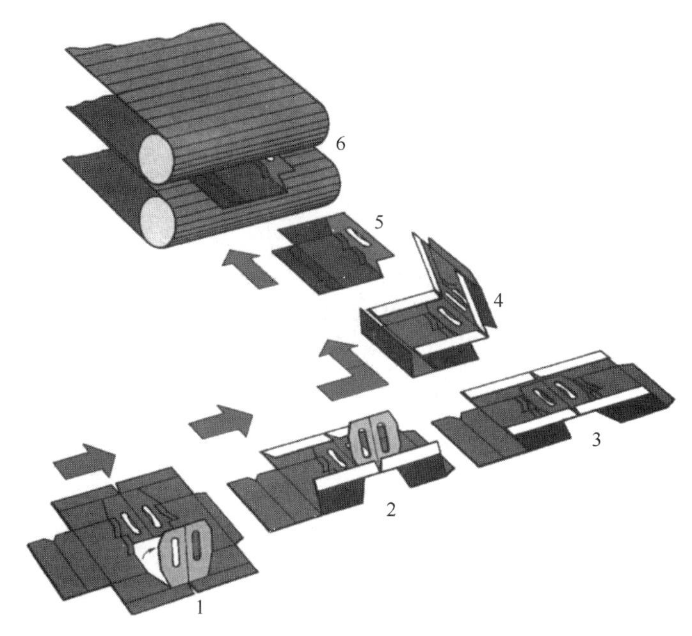

图 3-20　纸盒成型直角胶黏机成型原理

图 3-21　纸盒成型过程图

二、塑料包装材料/制品的特点与加工

1. 塑料包装材料的特点

塑料是以高分子树脂为主要原料，添加各种助剂如填料、增塑剂、稳定剂、润滑剂和色料之后，在一定温度和压力作用下具有延展性，冷却后可以固定其形状的一类材料。用于包装的塑料称之为塑料包装材料，比如人们常用的超市购物袋、大部分日化用品包装瓶，它们所使用的材料多为塑料。塑料包装材料占包装材料总量25%左右，仅次于纸包装材料。塑料包装材料之所以占比大，是因为它与其他包装材料相比，有很多优点。其优点包括：质轻，机械性能好；适宜的阻隔性与渗透性；化学稳定性好；光学性能优良；卫

生性良好；良好的加工性和装饰性。塑料包装材料也有许多缺点，如强度和硬度不如金属材料高，耐热性和耐寒性比较差，材料容易老化，某些塑料包装材料难于回收处理，包装废弃物易造成环境污染等。这些缺点使得它们的使用范围受到一定限制。

2. 塑料包装材料的加工

现以塑料薄膜为例，阐述其加工工艺特点。塑料薄膜制造工艺主要有流延法、压延法和挤出吹膜法等，流延法又分为挤出流延法和溶剂流延法，如图 3-22 所示为塑料薄膜挤出流延成型生产线生产流程。图 3-23 所示为塑料薄膜制品，如塑料袋、保鲜膜、气柱袋。

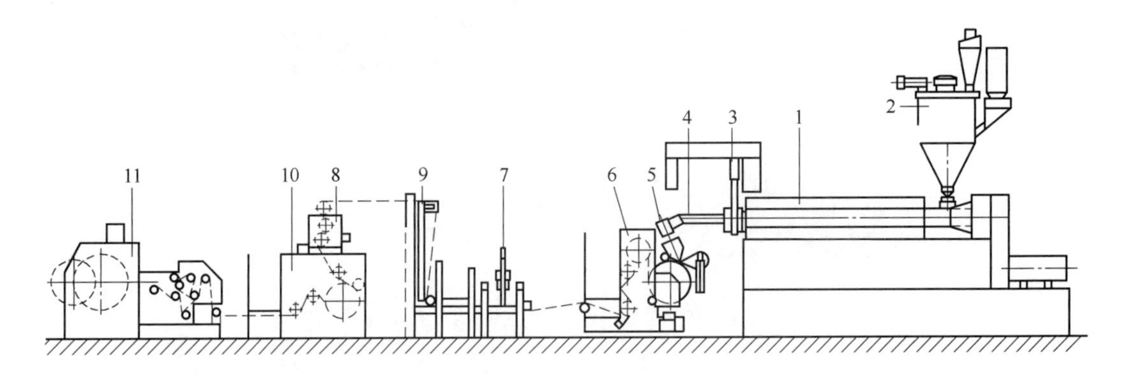

1—挤出；2—供料；3—过滤网；4—熔体管道；5—模头；6—流延冷却；7—薄膜测厚仪；8—电晕处理；9—摆幅；10—牵引切边；11—收卷。

图 3-22　塑料薄膜挤出流延成型生产线生产流程

(a) 塑料袋　(b) 保鲜膜　(c) 气柱袋

图 3-23　塑料薄膜制品

塑料包装材料的用量每年增长约 5%，高于其他类包装材料的增速。这是由于塑料包装材料具有一系列的优点，深受用户喜爱。

3. 塑料包装的成型

塑料包装是指各种以塑料为原料制成的包装的总称。塑料容器质轻、透明性较好、防水、防潮、耐腐蚀，有适当的机械强度，易于成型加工，价格较便宜。塑料包装材料的应用形式多样，塑料包装制品（图 3-24）包括塑料周转箱、钙塑瓦楞箱、塑料桶、塑料瓶、塑料软管、塑料盘、塑料盒、塑料薄膜袋、复合塑料薄膜袋、塑料编织袋以及泡沫塑料缓冲包装等。塑料包装的用途非常广泛，适用于食品、医药品、纺织品、五金交电产品、各种器材、服装、日杂用品等的包装。

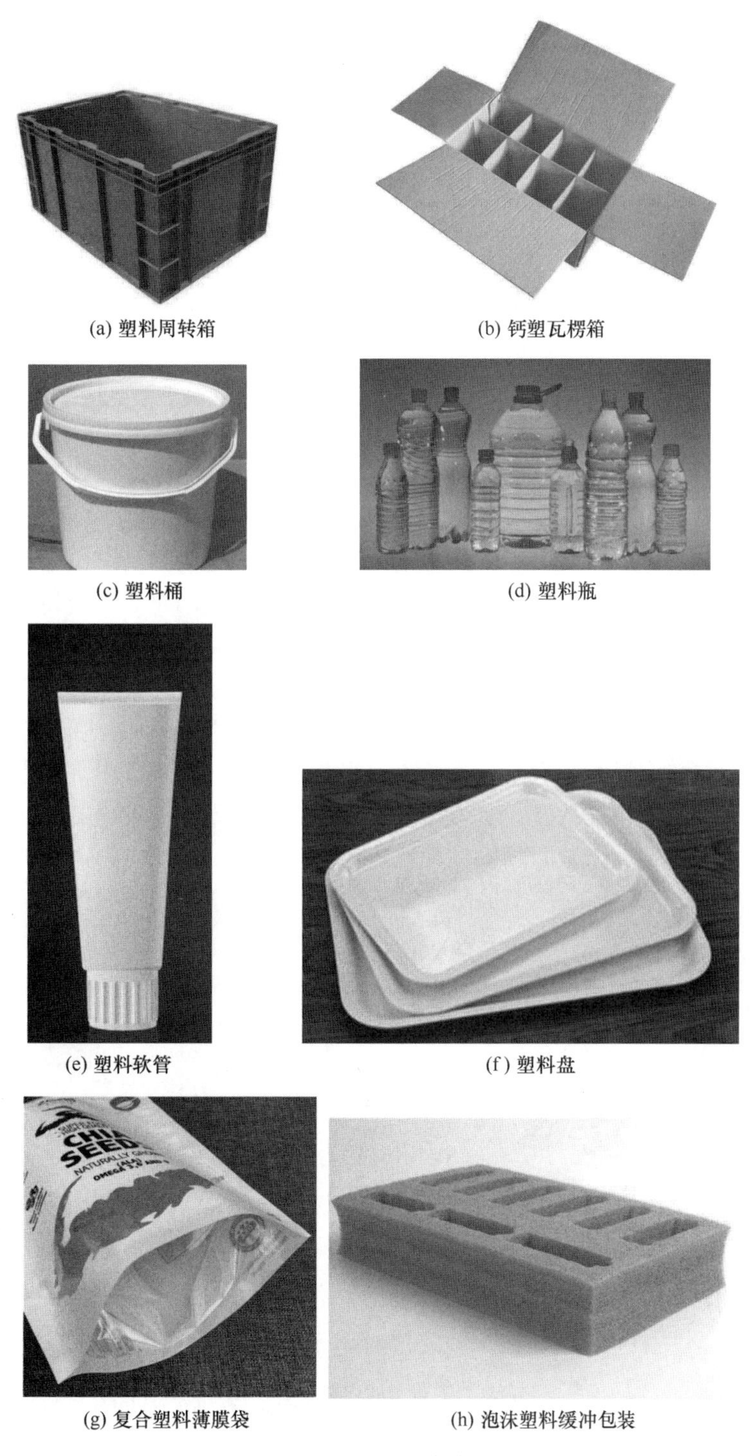

(a) 塑料周转箱　(b) 钙塑瓦楞箱　(c) 塑料桶　(d) 塑料瓶　(e) 塑料软管　(f) 塑料盘　(g) 复合塑料薄膜袋　(h) 泡沫塑料缓冲包装

图 3-24　塑料包装制品

各种类型的塑料容器均是通过适宜的成型工艺和方法制得的，其成型方法有许多种，用不同方法获得制品的性能和适用范围有所不同，常用的塑料容器成型方法见表 3-1。

表 3-1　　塑料容器成型方法及其包装制品

类别	成型方法		制品特性	制品
1	注射成型		尺寸精度高	瓶盖、广口瓶、罐、周转箱
2	模压成型		壁厚、开口容器	盘、盆、碟、小型托盘
3	挤出成型		尺寸精度低	管状制品
4	中空吹塑成型	挤出吹塑	外形不规则	小口瓶类，带把手的壶
		注射吹塑	外形不规则	化妆品，药剂大口瓶
		拉伸吹塑	形状简单的薄壁容器	薄壁饮料瓶
5	真空成型		开口薄壁容器	泡罩、贴体包装，一次性口杯
6	旋转成型		大型、奇特外形	大型容器
7	发泡成型		壁厚发泡、保温性	保温箱、盒，缓冲衬垫

从包装容器结构特征考虑，塑料包装容器可以分为箱、瓶、罐、管、袋以及大型容器等；从成型方法考虑，其又可分为注射、模压、挤出、中空吹塑、旋转和热（真空）成型容器等。从塑料的热学行为方面考虑，用于制造包装容器的塑料可以分为两大类，即热塑性塑料和热固性塑料，绝大多数用于包装的塑料容器都是由热塑性塑料构成的。塑料包装容器分为刚性和柔性两大类。刚性塑料容器是指器壁较厚，具有形状保持性较强和良好刚度的塑料容器；而柔性塑料容器则是指器壁较薄，形状保持性较差和刚度较低的塑料容器（常由塑料软片或薄膜形成），也常称为软包装。现以中空塑料包装容器（图 3-25）为例，阐述塑料包装容器的类型与结构特点。中空塑料瓶一般采用中空吹塑成型和旋转成型。常见的有瓶式、小口桶式，也有内胆式、复合多层式等。与玻璃容器相比，它们因质量轻、刚度和抗冲击性较高、阻隔性良好而得到极其广泛的应用，主要作为饮料、调料、油料等液体化妆品以及液体化工产品的包装。例如，目前市场中销售的饮料瓶和食用油壶（桶）。

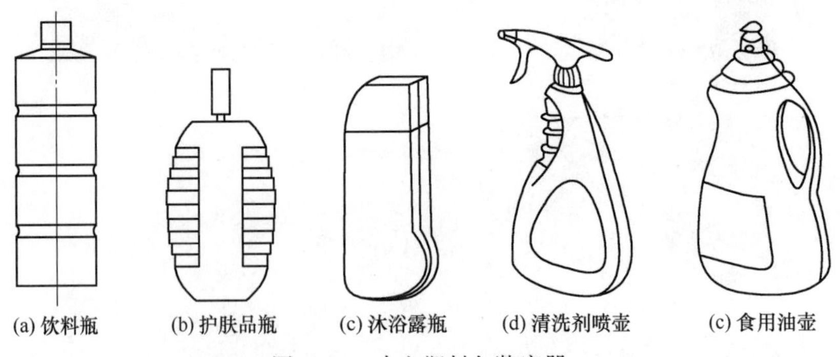
(a) 饮料瓶　(b) 护肤品瓶　(c) 沐浴露瓶　(d) 清洗剂喷壶　(c) 食用油壶

图 3-25　中空塑料包装容器

目前，吹塑成型已经成为仅次于注射成型和挤出成型的第三大塑料成型方法，也是发展最快的一类塑料成型方法。

中空容器吹塑工艺是将挤出或注射成型所得半熔融态管坯（型坯）置于各种形状的模具中，在管坯中通入压缩空气将其吹胀（与拉伸），使之紧贴于模腔壁上，把模腔的形状和尺寸赋予制品，再经过冷却脱模得到中空制品的成型方法。其成型过程包括塑料型坯的制造和型坯的吹塑（与拉伸）两个基本步骤。这种成型方法可生产口径不同，容量不同的瓶、壶、桶等包装容器，包装容器从容量几毫升的眼药水瓶到容量大到几千升以上的储运容器及许多工业制件，均可采用中空吹塑成型方法生产，并能成型其他方法不易生产的制品。吹塑成型已经发展成为多种成型方法并用的一大类成型方法。按型坯（管坯）成型工艺的不同，吹塑成型可分为挤出吹塑和注射吹塑两大类；按照吹塑拉伸情况的不同，又可分为普通吹塑和拉伸吹塑两大类；按照产品器壁的组成，又分为单层吹塑和多层吹塑两大类。

现以挤出吹塑为例，简述中空塑料容器制造的特点。挤出吹塑的优点：①适合多种塑料；②生产效率高；③管坯温度均匀，制品破裂减少；④适合生产大容器；⑤壁厚可连续控制。其缺点为：①螺杆及机头对制品质量影响大；②制品重量受加工因素影响大；③制品有飞边，需要修整。

挤出成型是使受热熔融塑化的塑料在压力推动下连续通过机头口模，冷却定型而得到具有特定断面形状的连续制品的成型方法。挤出吹塑设备主要由挤出机（图 3-26）和吹塑模具（图 3-27）构成。如图 3-28 所示，挤出中空容器的工艺过程为：先通过挤出机将塑料熔融并成型为型坯，然后闭合模具夹住管坯，并将吹塑头插入管坯一端，管坯另一端被切断，再通入压缩空气吹胀管坯成型制品，通过冷却吹塑制品，冷却吹塑制品后启模取出制品，切断尾料。所以，挤出吹塑工艺流程为：塑料→塑化熔融→挤出型坯→吹胀→制品冷却→脱模→后处理→制品。

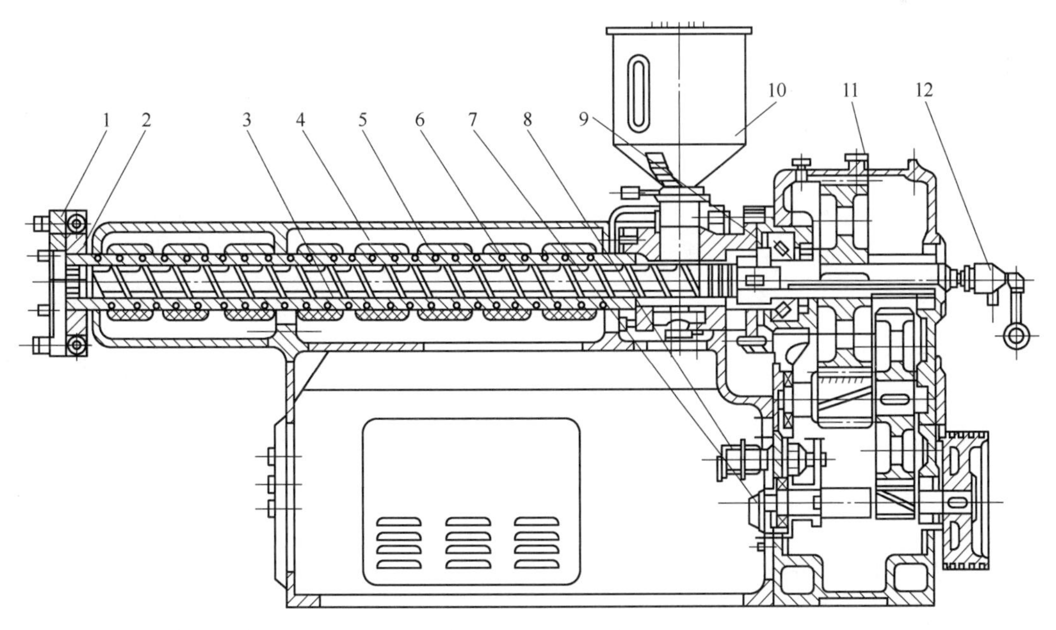

1—机头连接法兰；2—滤板；3—冷却水管；4—加热器；5—螺杆；6—机筒；7—油泵；8—电机；9—直推轴承；10—料斗；11—减速箱；12—螺杆冷却装置。

图 3-26　单螺杆挤出机结构示意图

三、金属包装材料/制品的成型与加工

随着我国经济的不断发展，居民可支配收入增加推动消费升级、全国城镇化率提高，

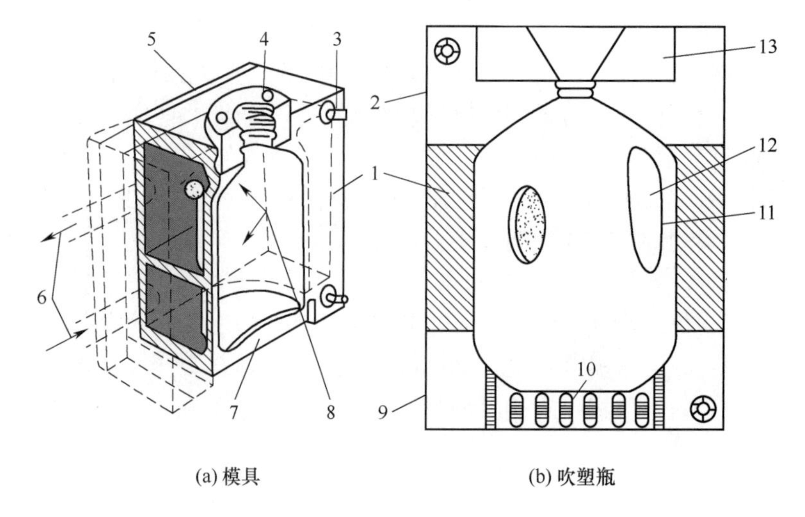

(a) 模具　　(b) 吹塑瓶

1—模体；2—肩部夹坯嵌块；3—导柱；4—模颈；5—端板；6—冷却水出入口；7—模底夹坯口刃；8—模腔；9—模底嵌块；10—料尾模；11—把手夹坯口刃；12—把手孔；13—剪切块。

图 3-27　吹塑模具结构示意图

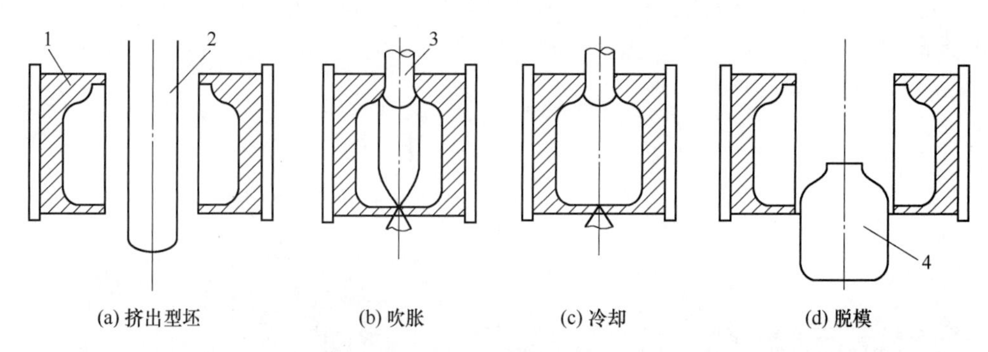

(a) 挤出型坯　(b) 吹胀　(c) 冷却　(d) 脱模

1—吹塑模具；2—型坯；3—压缩空气入口；4—制品。

图 3-28　挤出吹塑工艺流程示意图

社会绿色健康意识增强，这些将推动我国金属包装行业及其下游应用领域食品、罐头、饮料、油脂、化工、医药及化妆品等产业的发展。近年来国家陆续颁发多部绿色环保法规、限塑政策和双碳政策，随着限塑令的持续推进以及环保管控力度的加强，金属包装的安全稳定、绿色环保、可持续等优势将越发突显，在包装行业中的竞争力逐渐增强。未来金属包装产品向创新性的高端化和智能化的方向发展与突破，从而有效增强产品竞争实力。

1. 金属包装材料的特点

金属包装材料具有鲜明的优势：

① 强度高，不易损坏、储存运输方便。

② 有金属光泽，涂装、印刷效果好。

③ 阻隔性好，综合性能优良。

加工工艺成熟，自动化生产效率高。

由于以上原因，金属包装材料的应用面较广，在中国、日本和欧洲等国家和地区，用量仅低于纸和塑料，居第三位。用于包装的金属材料主要有两大类，主要是薄钢板，其次是铝合金与铝箔，图 3-29 所示为薄钢板及铝合金卷材。

(a) 薄钢板

(b) 铝合金卷材

图 3-29　薄钢板及铝合金卷材

值得注意的是，薄钢板作为包装材料的一个主要缺点就是不耐腐蚀，容易氧化生锈。为了满足包装要求，常常会在钢板表面镀一层锡、锌或铬。镀锡薄钢板又称之为马口铁，我们常看到的玻璃罐头的盖子材质就是马口铁，一般用于食品、饮料的包装。镀锌薄钢板又称为白铁皮，硬度相对较高，抗大气腐蚀能力强，一般用作钢桶，通常不与食品直接接触，因为锌是重金属，易导致中毒。由于锡比较稀缺，经常采用镀铬来替代镀锡。镀铬薄钢板的耐蚀性不如镀锡薄钢板，当要求不是特别高时，镀铬板完全可以替代镀锡板。

除了薄钢板，铝也是一种非常重要的包装材料。铝包装材料主要有两种形式，即铝合金薄板和铝箔，其主要区别在于厚度。当厚度要求不高时，也可以在纸或塑料上蒸镀一层薄薄的铝，分别称为镀铝纸或镀铝膜。

目前金属包装材料的应用形式主要有以下几种（图 3-30）：①金属桶，用于盛放粉体、油类等产品。②两片罐与三片罐，用于盛放饮料、熟食以及茶叶等产品。③金属软管，用于盛装金霉素等医药试剂、颜料等。④铝箔还可以用于制作啤酒标签等各类标签，作为阻隔层，铝箔还用于复合软包装袋、利乐包等包装结构中。

(a) 钢桶

(b) 金属罐

(c) 金属软管

(d) 啤酒标

(e) 铝箔复合袋

(f) 利乐包

图 3-30　金属包装

作为专业工程师，对于金属材料的应用应达到如下要求：①了解各种金属包装材料的性能。②会为拟包装产品选择合适的材料。③能对包装中出现的材料问题提出针对性措施。④能根据材料特性制定合理的工艺。以沙丁鱼罐头为例（图 3-31），要根据货架寿命、包装规格等要求选择合适的包装形式，根据包装形式选用合理的材料种类和厚度。对于生产过程中出现的与材料有关的问题，如达不到规定的保质期，复合材料之间气密性不良，易开盖难开启等，制定相应的对策。

(a) 椭圆形罐　　(b) 圆柱形罐

图 3-31　沙丁鱼罐头

2. 金属包装材料的加工

金属板材是通过将矿石冶炼后浇铸获得的金属锭，采用轧制工艺加工而成，即是一种将金属坯料通过一对旋转轧辊的间隙，如图 3-32 所示。它是压力加工方法，因受轧辊的压缩使材料截面减小，长度增加。这是生产金属板材最常用的生产方式，主要用来生产型材、板材和管材，分热轧和冷轧两种。

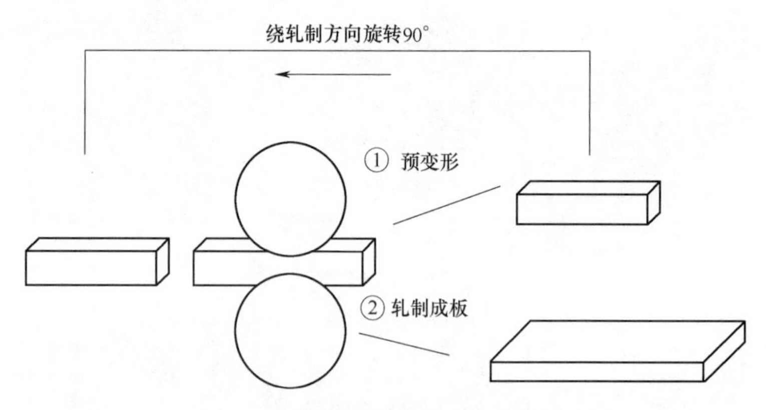

图 3-32　金属板材轧制工艺示意图

3. 金属包装的成型

（1）金属包装容器　主要采用金属薄板冲压成形的薄壁容器，有别于其他金属材料制品。它广泛应用于食品、医药品、日用品、仪器仪表、工业品、军火等产品方面，其中用于食品包装的数量最大。金属包装制品（图 3-33）可以分为金属桶、金属罐头空罐、异形罐、金属气雾罐、金属封闭器、金属铝箔制品、金属托盘、金属周转箱等。金属包装容器企业主要为食品、饮料、油脂、化工、药品及化妆品等行业提供包装服务。近年来，随着居民生活水平的提高及国民经济的增长，食品、饮料、医药等相关行业的消费需求呈增长态势，中国金属包装容器制造行业发展迅速，2021 年中国金属包装容器及材料制造行业营业收入达 1384. 22 亿元，较 2020 年增加了 300. 96 亿元，同比增长 27. 78%。

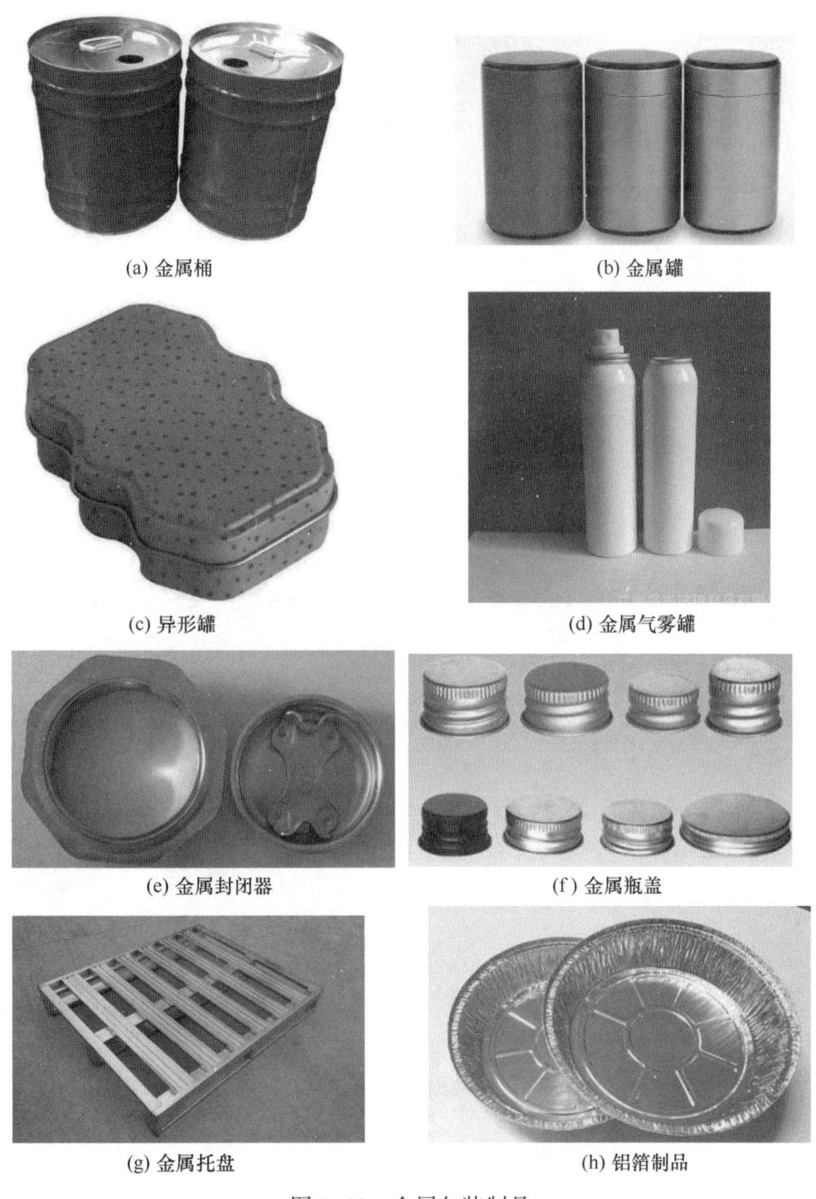

(a) 金属桶　(b) 金属罐　(c) 异形罐　(d) 金属气雾罐　(e) 金属封闭器　(f) 金属瓶盖　(g) 金属托盘　(h) 铝箔制品

图 3-33　金属包装制品

在金属容器制造过程中，包括许多加工工序，这些工序形成了工艺流程。从制造工艺而言，最重要的就是冷冲压工艺、焊接工艺和粘接工艺三大加工技术。

（2）金属容器加工　金属容器加工工艺主要有冲裁工艺、弯曲工艺、拉深工艺、焊接与粘接工艺等。冲裁是利用冲模使材料分离的一种冲压工艺。金属板料的弯曲主要由模具及其装备来完成，滚弯件的加工形式如图 3-34 所示。拉深工艺（图 3-35）是将平板毛坯通过拉深模具制成开口筒形或其他断面形状的零件，或将开口空心毛坯减小直径扩大高度的加工工艺。在包装工业上，两片结构型金属罐结构件几乎都是拉深出来的。因此，它在金属冲压生产中占据着很重要的地位。

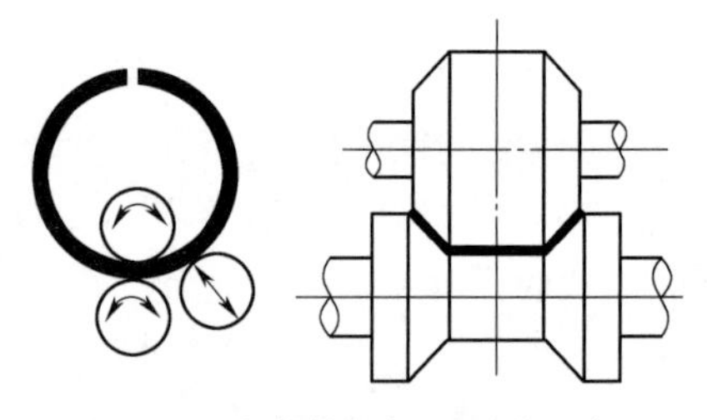
图 3-34　滚弯件的加工形式示意图

目前制罐业普遍采用的是电阻焊罐身焊接技术，比较先进的已采用激光焊技术。现以钢制两片气雾罐罐身成型工艺为例，对金属包装容器成型的特点予以阐述。图 3-36 所示为钢制两片气雾罐。

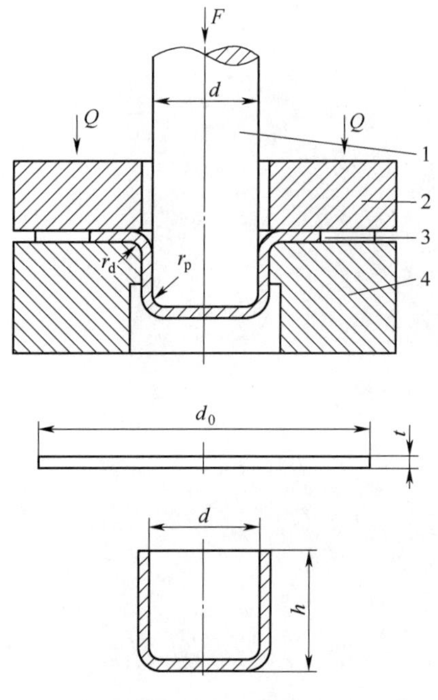

1—凸模；2—压边圈；3—毛坯；4—凹模。
图 3-35　毛坯的拉深示意图

图 3-36　钢制两片气雾罐

两片气雾罐主要是利用镀锡（铬）薄铁的延展性，在冲模的挤压作用下产生塑性变形，制成所需的容器形状及高度，工艺流程比较简单（图 3-37），关键工序为罐身冲拔拉伸、冲孔、卷编和修边，在冲床或液压机上利用不同的冲拔模具来完成。

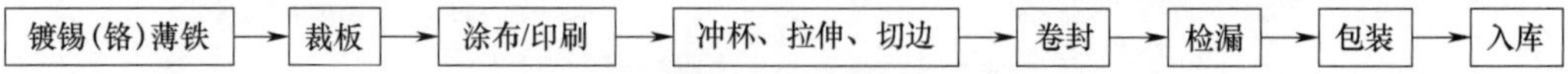

镀锡(铬)薄铁 → 裁板 → 涂布/印刷 → 冲杯、拉伸、切边 → 卷封 → 检漏 → 包装 → 入库

图 3-37　两片气雾罐生产工艺流程

两片气雾罐成型为深冲罐，又称多次拉伸罐（简称 DRD 罐），其罐身和顶或底部用多次拉伸法制成，即先将镀锡（铬）薄铁冲剪成圆片落料并制成杯体。通过多级拉伸，杯体的直径逐步变小，使顶或底的部分材料流向罐壁，而不是将罐壁部分的材料拉薄，从而使罐身高度逐步升高。这样制成的最终高度与罐径之比大于 1，而成品罐壁和底或顶部

与落料总面积基本一致，其成型过程结构变化如图 3-38 所示。

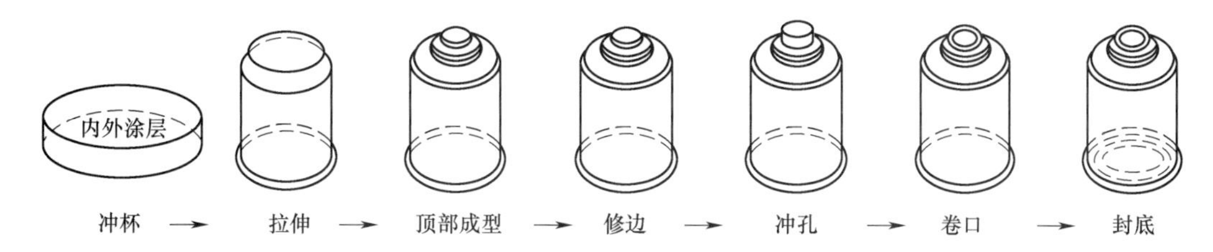

图 3-38　两片气雾罐成型过程

顶盖成型：顶盖的形状较为复杂，需要控制的尺寸很多，一般采用多工位级进冲压生产。所涉及工序一般为：下料→顶盖冲压（多次拉伸）→顶盖冲孔→切边→罐口卷缘及最后的整形成型，其中拉伸成形部分相对比较重要，而且复杂。图 3-39 所示为某一顶盖前五工位拉伸的工件图，反映了顶盖拉伸的特点，属于非直壁旋转体，其变形区的位置、受力情况、变形特点等与圆筒形件不同。图 3-40 所示为多工位级进模具中最重要和最典型的第 V 工位（成形拉伸）装置的结构图。

图 3-39　顶盖前五工位拉伸的工件

四、玻璃、陶瓷包装材料/制品的特点与加工

1. 玻璃、陶瓷包装材料的特点

（1）玻璃　玻璃是一种非晶无机非金属材料，一般是用多种无机矿物，如石英砂、硼砂、重晶石、碳酸钡、石灰石、长石等为主要原料，另外加入少量辅助原料制成的。它的主要成分为二氧化硅和其他氧化物。

玻璃包装材料的特点非常鲜明：①阻隔性非常好；②化学稳定性好，耐腐蚀；③透明度高，卫生安全；④易于清洗，可反复使用。正是玻璃的上述特点使其在包装领域获得较好的应用。但是其缺点也是非常明显的，即比较“重”，且易碎。其对策主要是发展强化玻璃和轻量化玻璃。强化玻璃技术分为物理方法和化学方法。物理方法是通过加热-急冷-形成预应力，得到的制品有钢化玻璃和半钢化玻璃；化学方法是把普通玻璃放入高温铯或钾的盐溶液中，以半径较大的铯钾离子替换玻璃中半径较小的钠离子，从而形成预应

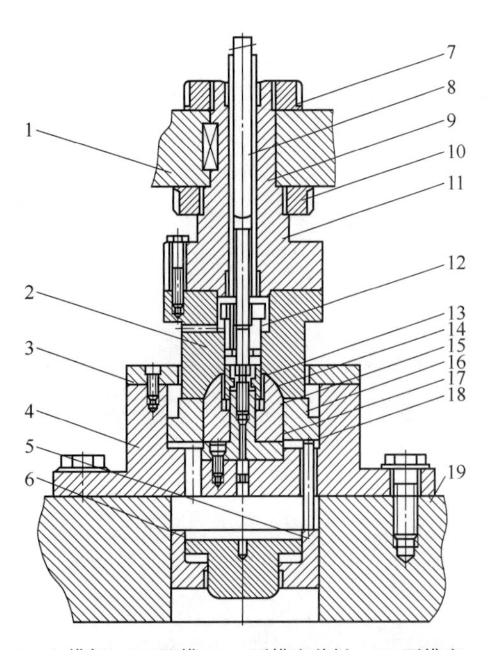

1—上模架；2—凹模；3—下模座盖板；4—下模座；5—气缸滑块Ⅰ；6—气缸滑块Ⅱ；7—螺母Ⅰ；8—打杆；9—钢套；10—螺母Ⅱ；11—模柄；12—滑动芯；13—下模芯Ⅰ；14—下模芯Ⅱ；15—下模柱；16—压边圈；17—凸模；18—顶杆；19—下模架。

图 3-40 顶盖第Ⅴ工位（成形拉伸）

力的效果，这种玻璃称为化学钢化玻璃，制品如餐桌上常见的钢化杯（图 3-41）。所谓轻量化玻璃，主要是通过钢化技术或表面处理技术来提高比强度的玻璃。

（2）陶瓷包装材料的特点　陶瓷和玻璃一样，也是以黏土矿物为原料烧结而成。与玻璃不同，陶瓷为多孔结构，且不透明。正是由于陶瓷的多孔结构具有吸附、过滤等功能，在延长某些酒类、食品等的货架寿命并提高其品质方面有独特的效果。陶瓷还可以通过雕花上釉等工艺进行装饰，以提高其美观性。除了纸、塑料、金属、玻璃陶瓷四大类包装材料之外，还有几种非常重要的包装辅助材料。这些材料主要包括胶黏剂、涂料与油墨。

2. 玻璃、陶瓷包装制品的成型

玻璃与陶瓷同属于硅酸盐类材料，其包装是具有很近“血缘”关系的两种古老的包装形式。二者共同点是材质相仿，化学稳定性好。但在制作工艺（如成型、烧制等）上却有一定的区别。前者是先成材后成型，后者是先成型后成材。玻璃与陶瓷包装容器是指以普通或特种玻璃与陶瓷制成的包装容器。玻璃瓶罐种类繁多，用途广泛。

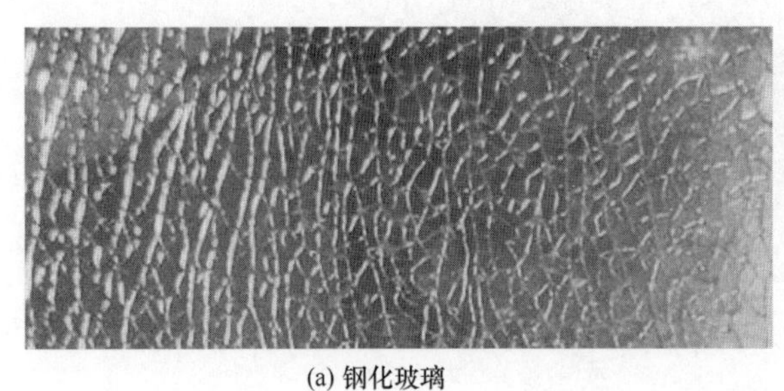

(a) 钢化玻璃

(b) 制品

图 3-41　钢化玻璃及制品

（1）玻璃包装制品及成型　图 3-42 所示为玻璃包装制品，包括玻璃瓶、玻璃罐、玻璃壶、安瓿瓶等。在同等条件下，一般用玻璃包装的产品货架寿命高于塑料包装。

玻璃容器的制备过程是：首先将无机矿物黏土等原料加热至黏稠的流体，在模具中吹胀成型，退火冷却后就得到想要的玻璃容器。现以吹-吹法制瓶为例，其作业成型雏形和瓶子的过程如图 3-43 所示。料滴通过漏斗落入封闭的初型模中，闷头下落；倒吹气成型雏形，成型模关闭；口模打开，雏形翻转到成型模中；吹气头向下，开始吹气，在成型模内瓶罐成型；然后用钳瓶机取出瓶罐，落在停置板上，再把瓶子拨到输瓶机网带上。

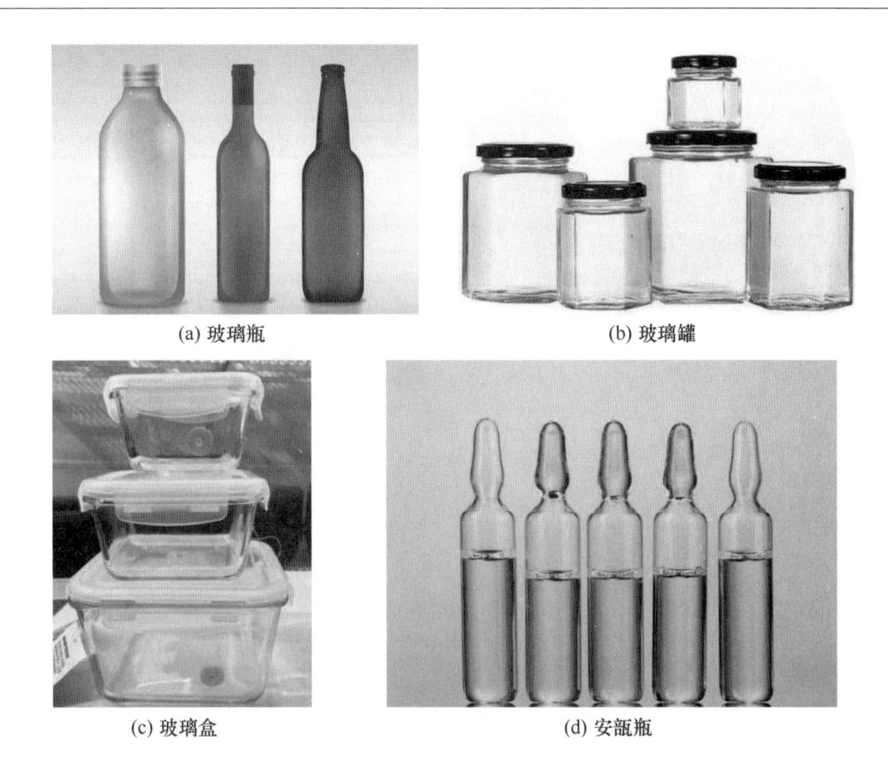
(a) 玻璃瓶　(b) 玻璃罐　(c) 玻璃盒　(d) 安瓿瓶

图 3-42　玻璃包装制品

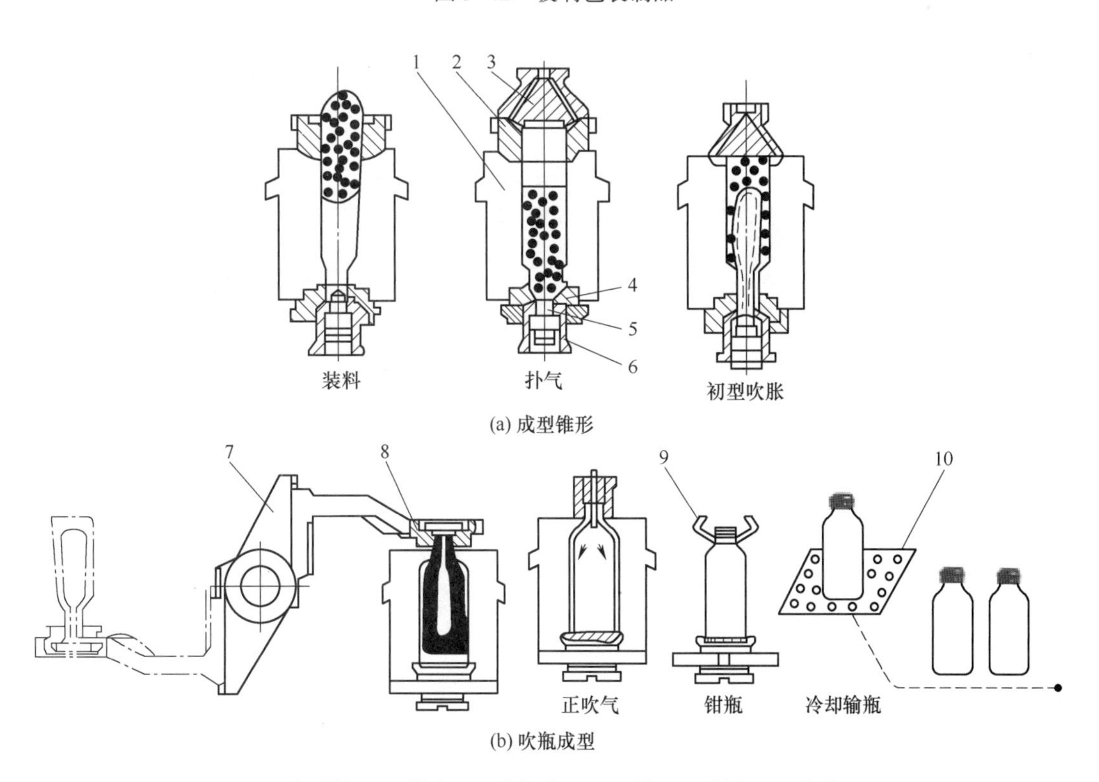

(a) 成型锥形

(b) 吹瓶成型

1—初型模；2—漏斗；3—扑气头；4—口模；5—芯子；6—套管；
7—翻转装置；8—吹气头；9—钳瓶器；10—冷却风板。

图 3-43　吹-吹法作业成型雏形和瓶子的过程

（2）陶瓷包装制品及成型　我国是世界上最早发明和使用瓷质包装容器进行食品封存保鲜的国家，陶瓷包装容器按其包装造型可分为缸、坛、罐、钵和瓶等。如图3-44所示为陶瓷瓶、缸、坛、壶等容器，作为硬质包装材料，其用于物品和食物包装的历史悠久，而且品类纷繁复杂，技艺精美绝伦，形态绮丽多姿，内涵广泛深厚，为举世所誉。

(a) 陶瓷瓶

(b) 陶瓷缸

(c) 陶瓷坛

(d) 陶瓷钵

图3-44　陶瓷包装制品

陶瓷的烧制分为以下几个过程：首先是采集矿石并破碎，之后将碎石搅拌成泥，经摔泥、利坯、补水晾干、雕绘、上釉之后再烧窑，冷却后出窑就获得了想要的陶瓷制品。陶瓷容器成型采用的是旋坯机（图3-45），当容器坯料旋转时，通过成型刀的进给去除多余材料，成型容器。

五、包装辅助材料及其适性

1. 胶黏剂

胶黏剂是借助表面黏结及其本身强度，使相邻两种材料连接在一起的材料总称，又称为黏合剂。胶黏剂应用非常广，如瓦楞纸板、蜂窝纸板、纸盒、复合软包装膜的黏结，以及书刊装订等，图 3-46 所示为经黏合而成的三层复合材料的组成。

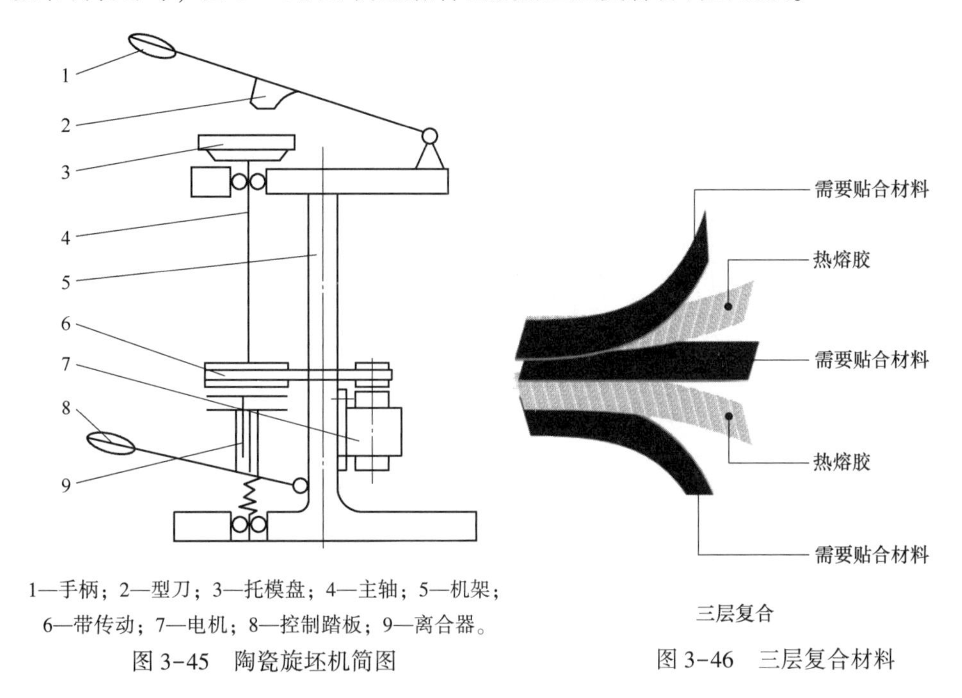

1—手柄；2—型刀；3—托模盘；4—主轴；5—机架；
6—带传动；7—电机；8—控制踏板；9—离合器。

图 3-45　陶瓷旋坯机简图

图 3-46　三层复合材料

胶黏剂一般由黏合物质、溶剂和固化剂等组成（图 3-47）。其中，黏合物质又叫基料，是构成黏合剂的主体材料，它决定黏合剂的性能。黏合物质可以是高分子物质如淀粉，也可以是无机材料如水玻璃。溶剂是用来溶解黏合物质或调节黏度的物质，它能影响胶黏剂的浸润性和渗透能力，是改善胶黏剂工艺性能的组分。除了这些物质外，还有可能添加增塑剂、交联剂等其他助剂。

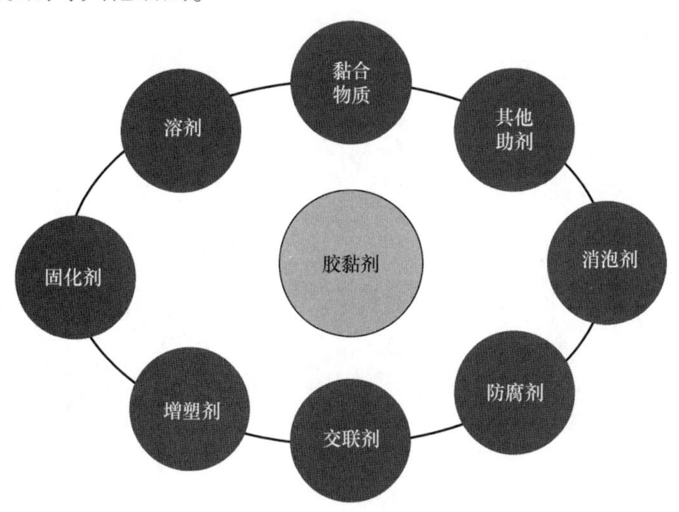

图 3-47　胶黏剂的组成

影响黏结效果的因素很多，主要因素不外乎以下 5 个方面：黏合物质结构、黏结界面内应力、被黏物质特性、黏合层厚度和黏结工艺。掌握影响黏合效果的主要因素的目的在于，学会合理选择胶黏剂并优化黏结工艺，以达到较好的黏结效果。常规包装领域中，用量大的胶黏剂有淀粉胶黏剂，由于淀粉胶氧化呈黄褐色，与纸的主要成分纤维素结构相近，主要用于瓦楞纸板、蜂窝纸板等纸包装材料和包装盒、箱的黏合。而要求较高的纸材胶黏剂，通常使用白乳胶。白乳胶的主要成分为聚醋酸乙烯酯，可用于香烟包装、高档纸盒、纸塑复合等包装的黏结。

2. 油墨

第二种重要的包装辅助材料是油墨。油墨是由有色体（如颜料、染料等）、连结料、填（充）料、附加料等物质组成的均匀混合物。它是包装装饰的重要材料，也是包装某些功能的重要载体。像精美的茶油包装图案，都是通过油墨印刷实现的（图3-48）。在欧美和日本等发达国家及地区，水性油墨已经逐步取代油墨，成为除胶印外的其他印刷方式的专用墨，图3-49为水性油墨的组成分解图。

图3-48　茶油包装图案

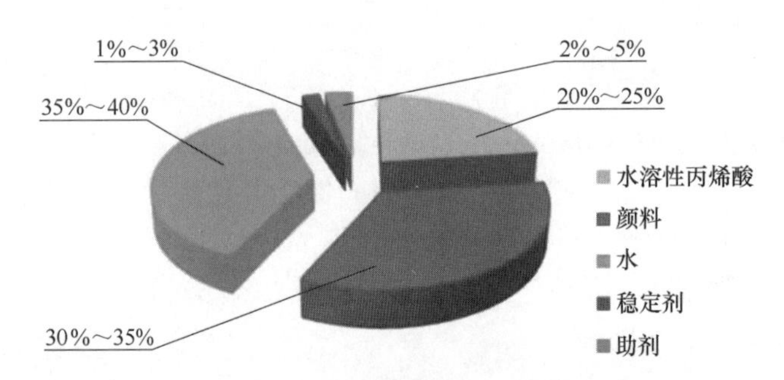

图3-49　水性油墨组成分解图

不仅包装装潢要通过印刷来实现，很多特殊功能也能通过印刷实现，如有机发光照明器件、柔性电池等（图3-50），特别是近年来物联网及智能包装的迅速发展，包装信息溯源、物流追踪等所用标签都必须依赖油墨来印刷实现。

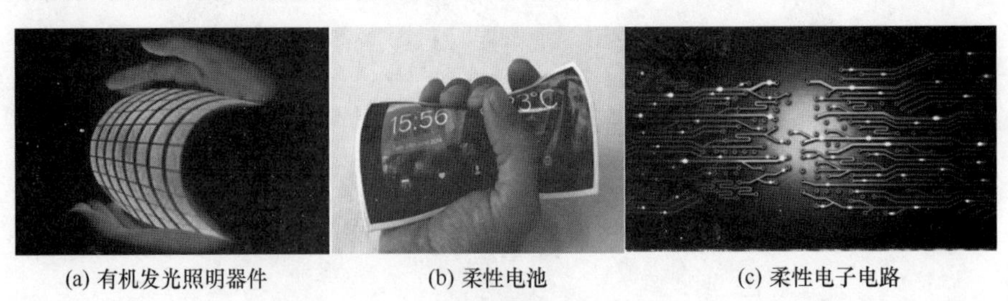

(a) 有机发光照明器件　(b) 柔性电池　(c) 柔性电子电路

图3-50　功能性油墨印刷制品

3. 涂料

涂料是一类重要的包装辅助材料。涂料也称为油漆（图3-51），在包装领域主要起防腐和装饰作用。涂料一般由成膜物质、辅助成膜物质以及溶剂组成。成膜物质通常为油脂或高分子。

好的涂层不仅可以起到防腐蚀、装饰作用，还可以延长产品货架寿命。有研究显示，海藻酸钠等构成的涂层可以有效地延长鲜奶酪的保质期。此外，苜蓿淀粉等经过一定处理作为纸箱等包装的内涂层时，具有湿度调节功能，更有利于延长内装物的货架寿命和产品品质。

(a) 涂料

(b) 油漆

图 3-51　涂料与油漆

尽管胶黏剂、油墨、涂料等材料不像纸、塑料、玻璃陶瓷以及金属等一样是主要包装材料，但是它们的地位一样非常重要。特别是在智能包装成为重要发展趋势之一的今天，油墨等辅助材料将会在包装行业中扮演越来越重要的角色。

第四节　包装材料的复合

一、包装材料的复合方式

复合包装材料是利用层合、挤出贴面、共挤塑等技术，将几种不同性能的基材结合在一起形成的一个多层结构，以满足运输、储存、销售等对包装功能的综合要求及某些产品的特殊要求。品种包括纸/塑、纸/铝箔/塑、塑/塑、塑/无机氧化物/塑等，其中的塑料和其他组分可以是一层或多层，也可以是相同品种或不同品种。根据多层复合结构中是否含有加热时不熔化的载体（如铝箔、纸等），可以将复合材料分为层合软包装复合材料和塑料复合薄膜。复合包装材料分为基材、层合黏合剂、封闭物及热封合材料、印刷与保护性涂料等组分。

基层主要起美观、印刷、阻湿等作用，如 BOPP、BOPET、BOPA、MT、KOP、KPET（各类薄膜材料基材塑料的英文简称）等；功能层主要起阻隔、避光等作用，如 VMPET、AL、EVOH、PVDC（各类薄膜材料基材塑料的英文简称）等；热封层与包装物品直接接触，具有适应性、耐渗透性、良好的热封性，以及透明性、开口性等功能，如 LDPE，LLDPE，MLLDPE，CPP，VMCPP，EVA，EAA，E-MAA，EMA，EBA（各类薄膜材料基材塑料的英文简称）等。纸张由于价格低廉、种类齐全、便于印刷黏合，能适应不同包装用途的需要，在层合材料中被广泛地用作基材。

如透明软材料玻璃纸，未涂布防潮树脂时很容易吸潮变软并变形。在其一面或两面涂布聚偏二氯乙烯，在层合结构中的黏合剂使用聚乙烯，则这种层合材料能形成高强度的气密性封合，可用于立式成型-充填-封合的糖果包装，以提高包装的气密性和防潮性。

如铝箔及蒸镀铝材料，在层合材料中被广泛地用作阻隔层。一方面，铝箔闪光的表面和良好的印刷适性，使它成为理想的包装装潢材料；另一方面，铝箔对光、空气、水、微生物具有优良的阻隔性能，并可以高温杀菌，能较好地保持食品的风味，并可长时间保存食品。

如双向拉伸聚丙烯，它是层合软包装中使用最广的塑料薄膜材料。这种材料可以像玻璃纸一样被涂布，但又与玻璃纸不同，它可以与其他树脂共挤塑，生产出具有热封合性的复合结构，以满足各种不同的需要。用 PVDC 涂布的 BOPP 能提供良好的阻隔功能，并具有热封合性。

如双轴取向聚酯，具有极好的尺寸稳定性、耐热性及良好的印刷适性，因而它是广泛应用的层合结构中的外层组分。

二、包装材料的复合方法

将各类包装材料复合在一起，形成一个多层复合结构的方法有层合（包括湿法、干法和热熔层合）、挤出贴面和共挤塑等。新型的挤出贴面层合技术使以往用黏合剂形成层合材料、再用热封合涂料使材料形成包装的两种完全不同的工艺过程统一起来。这是因为在挤出贴面和挤出层合工艺中，同一种材料既可以作黏合剂使用又可以作热封涂料使用，这种新技术导致各种新型包装不断出现。

1. 复合膜薄和软包装复合材料的性能

（1）复合材料的结构　在包装技术中，经常用简写的方式表示一个多层复合材料的结构。图 3-52 所示的典型层合结构，可以表示为纸/聚乙烯/铝箔/聚乙烯，即由外层至与产品接触的内层依次表示。外层纸在这里提供了拉伸强度和印刷表面，铝箔提供了阻隔性能，聚乙烯提供了黏合和热封性能。由于将各层结合在一起的方式很多，所以很难用一种体系来说明所有的不同的复合结构，但在一个复合材料中却经常可以分为外层、阻隔层、黏合层、内层等这样一些有鲜明界面的结构。

图 3-52　典型层合结构

（2）复合包装材料性能特点

① 综合性能优良。具有高阻隔、高强度、良好热封性、耐高低温性和包装操作适应性。

② 卫生安全。可将印刷装饰层处于中间，具有不污染内容物并保护印刷装饰层的作用。

2. 包装材料复合技术

（1）层合技术

① 湿法黏结层合。湿法黏结是指将任何液体状黏合剂加到基材上，然后立即与第二层材料复合在一起，从而制得层合材料的工艺。如果黏合剂是溶剂型的，薄材中必须有一层是渗透性的，以便能蒸发掉溶剂。如果用水基黏合剂，则至少要有一种吸水材料层。纸是常用的基材，缺点是耐水性差。

② 干法黏结层合。在涂布黏合剂于基材上之后，必须先蒸发掉溶剂，再将这一基材在一对加热的压辊间与第二层基材复合。干法黏结层合通常使用溶剂型黏合剂，如聚醋酸乙烯、丙烯酸酯聚合物等热塑型树脂。

③ 热熔或压力层合。它是利用热熔黏合剂将两种或多种基材在加热加压下形成多层复合材料的方法。它以熔融态施用，冷却固化后即完成黏合。最广泛应用的热熔黏合剂是乙烯-醋酸乙烯共聚物，它可以用多种添加剂改性以适应不同的需要。热熔黏结层合中需要较高的压力和温度。

（2）挤出贴面层合技术　挤出贴面或挤出涂布，是一种把挤出机挤出的熔融的热塑性塑料贴合到一个移动的基材上去的工艺方法。基材提供多层结构的机械强度，而聚合物则提供对气体、水蒸气或油脂的阻隔性。在挤出贴面层合技术中，使用的聚合物材料有聚乙烯、聚丙烯、离子键聚合物、尼龙、乙烯-丙烯酸共聚物、乙烯-甲基丙烯酸共聚物、乙烯-醋酸乙烯共聚物等。

（3）共挤塑层合技术　共挤出薄膜通过一个模头，同时挤出形成有明显界面层的多层薄膜。由于共挤塑技术可以把不同包装功能的不同材料一步成型，大大降低了包装成本。例如，高密度聚乙烯和乙烯-醋酸乙烯共聚物的共挤塑薄膜，可以代替取向聚丙烯和低密度聚乙烯的层压复合膜。以前，这个层压膜需要 4 道工序：聚丙烯薄膜的制造，聚丙烯薄膜的取向、聚乙烯薄膜的制造和两种材料的黏结层压复合。共挤塑层合技术是用最低的材料成本生产最佳性能包装材料的新技术，具有非常好的发展前景。

3. 包装材料复合面临的新挑战

环境保护意识的强化和政策引领对复合包装材料发展的挑战，如强度与分离回收的兼顾、复合层数的强制性缩减等。复合包装材料的发展在整个包装工业中占有举足轻重的地位，许多新技术、新工艺将在复合包装材料中得到应用，并继续推动包装科学的进步。然而，多层复合材料的出现也带来了包装废弃物回收方面的新问题。为了方便回收，应该尽量采用单一材料的包装，而为了满足包装多功能的需要，又需采用多种材料的组合。包装工作者为使二者相协调做了很多工作，开发了性能更好的多功能单层材料和便于回收的复合材料。

第五节　包装新材料的开发

包装新材料的研发与变革发展，是与人们的生活期许密切相关的。如阻隔抗菌包装材料，为提高食品保质期，降低外界环境的影响作用，高阻隔性、抗菌性强的食品包装材料就成为研究的热点方向。目前新型高阻隔食品包装材料的研发以塑料材质为主，主要技术手段有结构调控、多层复合、表面涂覆、纳米改性等。在高分子食品包装材料加工过程中，加入抗菌色母微粒，使包装材料的抗菌能力大大提升的同时，增加了材料的机械强度、阻隔、热稳定、透明性等性能；提高了包装材料的生产效率，在防止食品变质、延长食品保质期方面，也具有更加优越的性能。

食品包装材料中有毒有害物质的迁移问题导致的包装安全隐患，使对有毒有害物质迁移规律的研究越来越深入，相关标准体系也更加完善，为监管食品包装材料安全提供了科学依据。而各类新型包装材料的研究和应用，又对满足人们不断提高的生活水平和营养健康要求具有重要意义。下面以可食性包装材料、可降解材料、功能化包装材料、智能包装材料为例，阐述新材料研发的必要性。

一、可食性包装材料

食品安全一直是人们较为关注的问题，食品包装材料直接接触食物，其安全问题同样不容忽视。选择安全、健康、绿色的包装材料十分重要。因此，食品包装材料安全问题的研究成为促进新材料研发的动力。

自 2000 年 1 月 1 日开始，我国推行“可降解”的食品包装材料，逐步禁止非降解材料的使用，以控制令人困扰的“白色污染”，为下一步“可食性包装”的发展奠定基础。可食性包装，即可以食用的包装。可食性包装材料的基础原料以蛋白质、淀粉、多糖、植物纤维、可食性胶及其他天然物质等人体能消化吸收的天然可食性物质为主，通过不同分子间的相互作用而形成具有多孔网络结构的包装薄膜，此类包装薄膜直接接触食品不影响食品风味，且具有质轻、卫生、无毒无味、保质、保鲜效果好等优点。可食性包装材料在包装的功能实现后，可转变为一种动物或人可食用的原料，是一种可实现包装材料功能转型、无废弃物、资源型和环保型的特殊包装材料。

1. 可食性包装材料分类

（1）淀粉类可食性包装材料　该种包装材料是以玉米、红薯、土豆、魔芋及小麦等淀粉为主要原料制得的。制作时，将淀粉成形剂与天然无毒的植物胶或动物胶，如明胶、琼脂、天然树脂胶等胶黏剂按一定比例配置，然后充分搅拌均匀，再通过流延或热压等方式加工制得的包装薄膜，或具有一定刚性的包装容器。

（2）蛋白质类可食性包装材料　该种包装材料以蛋白质为基料，利用蛋白质的胶体性质，同时加入其他添加剂改变其胶体的亲水性而制得，多为包装薄膜。

（3）多糖类可食性包装材料　主要是利用食物多糖的凝胶作用，以多糖食品原料为基料所制得的包装材料。

（4）脂肪类可食性包装材料　利用食物中脂肪组织纤维的致密性制得的包装材料。

（5）复合类可食性包装材料　利用多种基材如淀粉、蛋白质、多糖物质、脂肪材料及其必需的添加剂组合，采用不同的加工工艺制得的包装材料。

（6）可食性油墨　使用符合食用标准的天然色素、粘接料及其他添加剂，按一定比例混合制得的满足特殊印刷工艺的油墨。其可以直接印刷在食品和药品表面，具有提高食欲、改善儿童挑食偏食、对病人心理起到安慰和辅助治疗的功能。

2. 可食性包装材料的应用

（1）保鲜膜　利用从大豆中提炼出来的蛋白质，加入甘油、山梨醇等对人体或动物无害的增塑剂和成膜剂等，通过流延等方法制成类似于塑料薄膜状的可食性包装材料。此种包装薄膜具有良好的防潮性、弹性和韧性，强度较高，同时还有一定的抗菌消毒能力，对于保持水分和阻止氧气渗入、防止内容物的氧化等均有较好的效果。这种包装材料用于含脂肪较高的油性食品时，能保持食品的原味，是一种较理想的油性食品包装材料，可做成肠衣、豆腐衣、肉类等包装外皮。

（2）包装薄膜　这类包装材料主要以从玉米中提取到的蛋白质为原料制得，主要产品有包装薄膜、包装板材和液体膜 3 种。具有很好的防潮、阻氧、阻气、保香和防水效果，可用来包装大米、爆米花、涂膜鸡蛋、番茄等，还可与纸等复合，制作可食性纸杯、纸盒等。

（3）包装板材　在玉米蛋白原料中加入纸浆纤维或其他纤维，再使用挤出或类似于造纸工艺的方法制成具有一定刚性和挺度的薄型板材，它具有较好的耐热性和防油效果，可用于多种水果、禽蛋类生鲜食品的包装。该种材料只能供家畜作饲料，而不能供人食用。

（4）液体包装膜（涂层或涂料）　这类包装膜以玉米蛋白经改性制成，具有较好的成膜性、耐热性等，能与其他材料产生较好的亲和性。可作为食品包装材料的内层涂料，或直接涂覆在水果、禽蛋等食品表面，达到保鲜和防渗透的目的。

（5）可食性包装容器 图3-53所示的可食性包装容器，主要用于土豆片的包装。在制造过程中模仿土豆片的加工工艺，添入不同风味的调料，以满足不同消费者的口味。

二、可降解包装材料

图3-53 可食性包装容器

可降解材料是在一段时间内，在热力学和动力学意义上均可降解的材料，影响因素主要有温度、相对分子质量、材料结构等。可以通过太阳光的作用而降解。或由于真菌、细菌等自然界微生物的呼吸作用或化学能合成而降解，最终分解为二氧化碳和水生物而降解，以及在光、热、水、污染化合物、微生物、昆虫、机械力等自然环境条件作用下而降解。下面介绍几种可降解材料的应用。

（1）聚乳酸（PLA） 聚乳酸是以微生物发酵产物乳酸为单体化学合成的，使用后可自动降解，不会污染环境。聚乳酸可以被加工成力学性能优异的纤维和薄膜，其强度与尼龙纤维和聚酯纤维相当。聚乳酸在生物体内可被水解成乳酸和乙酸，并经酶代谢为CO_2和H_2O，故可作为医用材料。日本、美国已经利用聚乳酸塑料加工成手术缝合线、人造骨、人造皮肤等。聚乳酸还被用于生产包装容器、农用地膜、纤维型运动服和被褥等。

（2）淀粉塑料 淀粉塑料是指含淀粉在90%以上的塑料，添加的其他组分也是能完全降解的。已有日本住友商事公司、美国Wamer-Lamber公司、意大利Ferrizz公司等宣称，成功研究含淀粉量在90%~100%的全淀粉塑料，在一个月至一年内完全生物降解而不留任何痕迹，无污染，可用于制造各种容器、瓶罐、薄膜和垃圾袋等。其潜在优势在于：淀粉在各种环境中都具备完全的生物降解能力；塑料中的淀粉分子降解或灰化后，形成二氧化碳气体，不对土壤或空气产生毒害；采取适当的工艺使淀粉热塑性化后，可达到用于制造塑料材料的机械性能；淀粉是可再生资源，取之不绝，开拓淀粉的利用有利于农村经济发展。

（3）光降解塑料 光降解塑料是指在光的作用下能发生降解的塑料。如乙烯/一氧化碳共聚物（E/CO）的光降解速度和程度与链所含的酮基的量有关，含量越高，降解速度越快，程度也越大。美国科学家曾对E/CO进行过户外曝晒实验，在阳光充足的六月，E/CO最快只需几天便可降解。其缺点是，一旦见光就开始发生降解，几乎没有诱导期，需要加入抗氧剂以达到调节诱导期的目的。

若在聚合物中添加少量光敏剂，在低浓度时是光氧化降解催化剂，经日光（紫外光）辐照而发生反应，使聚烯烃高分子断裂。在PE、PP等聚合物中添加酮类、胺类等光敏剂都可取得较好的光降解性。这类光降解塑料的降解诱导期可控制在2个月以上，但降解时间可控性较差。

三、功能化包装材料

功能材料是指具有优良的电学、磁学、光学、热学、声学、力学、化学、生物学功能及其相互转化的功能，被用于非结构目的的高技术材料。功能材料的研究成果迅速向包装行业转化，并成为包装学科研究的热点。包装减量化和环保意识的增强等因素激发了包装材料的功能化发展，如单一材料的高阻隔性、自粘性、单向渗透性、水溶性、超疏水（图 3-54 所示的超疏水纸）、超疏油、导电性等。包装材料按其功能和特性分类，可分为：①阻隔性包装材料，包括气体阻隔型、湿气（水蒸气）阻隔型、香味阻隔型和光阻隔型等。②耐热包装材料，包括微波炉用包装材料、耐蒸煮塑料材料等。选择渗透性包装材料，包括氧气选择渗透、二氧化碳气选择渗透、水蒸气选择渗透、挥发性气体选择渗透等功能。③保鲜性包装材料，如既有缓熟保鲜功能又有抑菌功能的材料等。④导电性包装材料，包括抗静电包装材料、抗电磁波干扰包装材料等。⑤降解性包装材料，包括生物降解型、光分降型、热降解型包装材料等。⑥其他包装材料，如防锈蚀包装材料、可食性包装材料、水溶性包装材料、环保性包装材料、绝缘性包装材料、阻燃性包装材料、无声性（静音性）包装材料、耐化学药品性包装材料、热敏性包装材料、吸水保水性包装材料、吸油性包装材料、抗菌防虫性包装材料、生物适应性包装材料等。

(a) 疏水性

(b) 疏油性

图 3-54　功能化包装材料的应用（超疏水纸）

四、智能化包装材料

智能化包装材料是指在食品储藏流通过程中可以自动检测包装内部环境和食品质量，并依此做出信息显示和记录的新型包装材料。包装材料中加入氧气指示剂，利用颜色变化指示包装内氧气浓度的变化，可用于需要低氧环境保存的食品包装；另有研究依据气体传感原理制造的，根据食品变质与否呈现不同颜色，并将多种技术相结合的智能食品包装薄膜。具有信息显示功能的包装材料在显示食品品质方面效果明显，是一种高端食品包装材料，为未来食品包装材料的发展提供新思路。

智能化包装材料在药品、食品、日用化品、物流等领域的应用越来越广泛（图 3-55）。目前，主要应用于食品智能包装，如指标食品是否变质（TTI 技术），可延长保存期；药品智能包装，有利于保证药品质量，提高药品使用的准确性和便利性；其他智能包装应用，如库存管理、购物导向和互动、防伪和品牌保护、质量和安全、防止产品包装更换等功能。

由不同材料制成的智能包装系统可以满足不同功能的需要，因此金属、玻璃、纤维素、多孔纤维材料和含有丙酸钠的醋酸纤维素薄膜等材料，可以作为智能化包装材料使用。然而，尽管金属、玻璃和有机材料已经应用于智能包装系统，但塑料在灵活性、耐久性、量轻、经济效益等方面的突出优势，使其在众多智能化包装材料中脱颖而出。当然，同种类的塑料和聚合物在智能包装上也有不同的应用。如果应用于温度控制，聚对苯二甲酸和无纺布是不错的选择；在除氧方面，共聚酯、芳香聚酰胺和酯共聚物可作为合适的应用材料；在抗菌应用方面，HDPE、LDPE 和离聚物更适合。

此外，由于智能包装在许多领域都占重要地位，特别是在食品和饮料领域。食品和饮料包装中使用的添加剂也成为新包装技术发展的主要因素。在这些添加剂中，具有显色功能的添加剂非常重要，它们主要用于指示产品的新鲜度。另一个值得注意的是，具有除氧功能的添加剂，该添加剂通过控制氧气的渗透来确保包装中材料的新鲜度。由于用户对食品保存的需求不断增加，智能包装对芳香保护聚合物添加剂的需求也增加了。这种添加剂可以减少外部环境中的气体渗透到包装中，从而保持包装中物品的新鲜度。

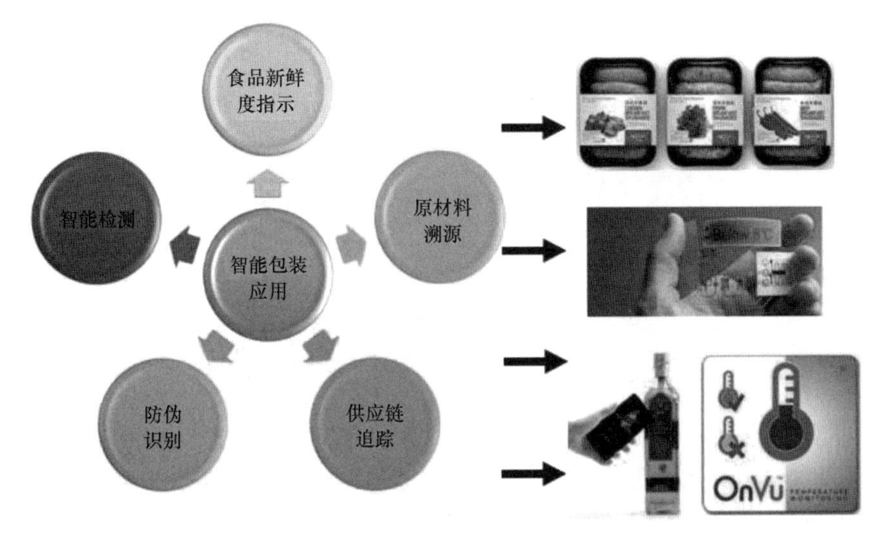

图 3-55　智能化包装材料的应用

第六节　包装材料的四大挑战

一、包装材料的生态化

由于包装材料生态循环周期很短，使用量大并且难以集中，容易对城市环境和人体造成严重的危害，发展生态包装材料是实现环境可持续发展的有效手段。生态包装材料主要是指有利于物质的生长、生存和循环再生的包装材料，图 3-56 展示了材料降解的过程。国外对生态包装材料的要求是：包装材料减量化、废弃物处置的合理化、设计使用可再生包装材料或可重复循环使用的包装等。生态包装材料不仅要求具有优良的使用性能，而且要求材料的制造、使用、废弃直到再生的整个寿命周期中，必须具备与生态环境的协调共存性。生态包装材料通常要满足“4R1D”的量化指标，即减量化（reduce）、回收重用（reuse）、循环再生（recycle）、再填充使用（refill）和可降解（degradable）的绿色包装要求。

按照材质来分，生态包装材料主要包括天然材料、金属材料、非金属材料、高分子材料以及复合材料等。生态包装材料应用领域广泛，其中食品生态包装材料使用量大、应用面最广。截至目前，食品生态包装材料主要分为可降解包装材料、可回收包装材料、可食性包装材料和纸质包装材料这 4 大类。

未来食品生态包装材料的发展趋势以下。

（1）安全无毒化　安全无毒化的主要途径有：塑料中采用柠檬酸酯类无苯型增塑剂；开发淀粉黏合剂、水溶剂型黏合剂和无溶剂复合黏合剂等环保型黏合剂；开发预涂涂料、

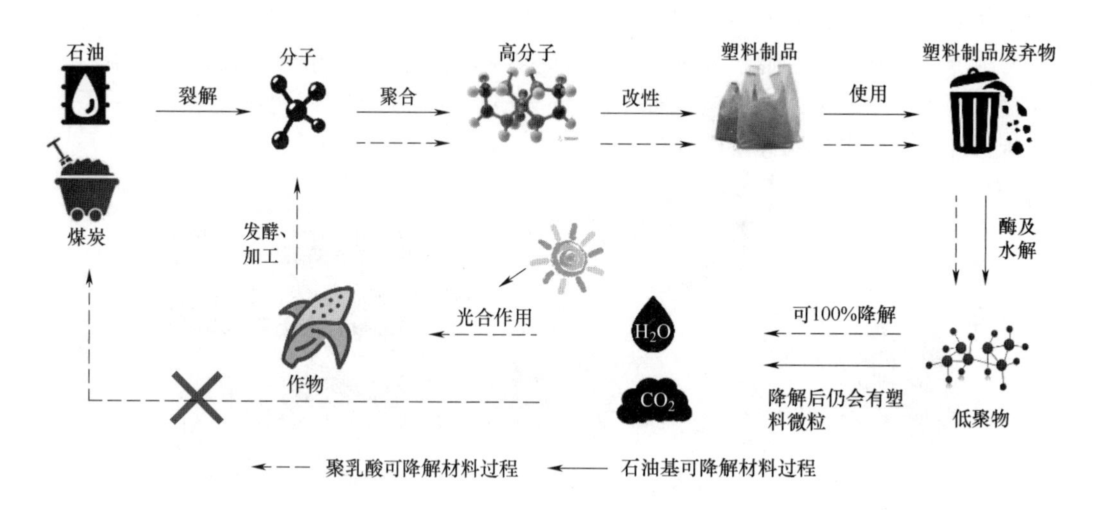

图 3-56　材料降解过程

水性涂料、粘贴涂料和粉末涂料等环保涂料；开发无苯无酮环保型油墨等。

（2）纳米功能化　纳米材料的尺寸效应，使其具有宏观材料不具备的优势。如纳米颗粒（1~100nm）与生物基聚合物材料混合制备而成的包装材料，就具有更强的抗菌杀毒性能，更低的水分透过率和氧气透过率，更高的防紫外线性能、阻隔性能和机械性能等特性。

（3）用材轻量化　发泡是使包装材料轻量化的一种有效方法，发泡材料具有低密度、轻量化的显著优势；同等体积的材料中，发泡材料所需要的原料最少，成本也较低，非常适用于生态包装材料领域。

未来的食品生态包装材料，不仅需要具有可降解性、再回收性等特性，还需要具有无毒化、多功能化和轻量化等特性。

随着国家“限塑令”与“禁塑令”的推行，塑料替代品的研制成为当前研究的热点。现有的生物包装材料主要为生物质基包装材料，主要包括淀粉基生物包装材料、纤维素基合成材料、蛋白质膜材料、纸浆模塑包装材料、甲壳素及壳聚糖基复合材料等。相对于非生物质基包装材料，生物质基包装材料具有良好的生物可降解性，能够在自然界中依靠微生物分解；此外还具有原材料可再生、来源丰富、成本低廉、无污染等特点，可以大幅度减少对环境的污染，具有广阔的应用前景。

在所有生物质基包装材料中，以天然纤维为基础的包装（图 3-57）其材料正日益成为主力军。天然纤维通常包括竹纤维、麻纤维、木纤维等。这些天然纤维常被用于复合材料的增强，比如麻纤维增强聚乳酸、竹纤维增强塑料等。因此，以天然纤维为基础的绿色复合包装材料具有很大的发展潜力。

绿色包装材料的广泛应用，对解决我国包装领域的白色污染问题有着举足轻重的影响。尽管现在绿色包装材料还难以完全取代塑料，但纤维素基塑料替代品、纸浆模塑基塑料替代品等绿色包装材料的开发已经得到了大力发展。未来可能需要进一步结合纳米、电化学等技术，使绿色包装材料朝着轻量化、高阻隔性、可降解、智能化的方向发展，世界生物材料包装工业将会有更广阔的发展。

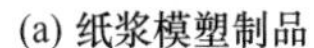

(a) 纸浆模塑制品

(b) 纸基饮料杯

图 3-57　天然纤维包装制品

二、包装材料的单一化

目前，使用后的塑料包装处理途径，一是回收再利用，二是降解。可在回收中遇到的问题是：国内软包企业的复合基本上是多种不同材质的薄膜复合，如 PA/PE，BOPP/VMPET/PE，VMPET/CPP，PET/AL/PE 等结构，这些复合材料的回收是一个很大的难题。按照目前的分离技术处理，要花费大量的经济成本，而且处理效果也不尽如人意，因此，行业的解决方案基本向“单一材质化”发展。包装采用的材料尽量不混入其他材料，以便回收利用。复合材料包装设计成可拆卸的结构，利于拆卸后回收利用，图 3-58 为其牛奶包装对比示例。

(a) 材质单一

(b) 复合材料

图 3-58　材质单一化与复合材料包装

全球碳排放有 3.3×10^{10}t 的规模，中国占了三分之一，包装产业规模及产量也是全球最大。碳中和、碳达峰与包装产业链的每一个环节都有密切关系。未来，预计会有数百万亿美元的碳资产，从炼油到下游相关的生产制造流程和设备，都会因为碳中和的进程而搁浅。与此同时，一个新的零碳新工业体系加快成型落地。作为塑料包装薄膜生产制造大国，出于食品保质、保鲜、保香、食品安全性、运输便利性等方面的考虑，中国对包装材料抗穿刺性、抗跌落性、阻隔性等功能性要求越来越高。

目前，绝大多数塑料软包装是采用多种不同材质的薄膜通过胶水紧密贴合（复合）制成的，例如大米的复合包装结构之一是BOPA薄膜黏合剂/PE薄膜。包装材料需求量及产量在增长，但多材质复合包装在完成包装生命周期被丢弃后，进行分类、回收却不易。目前缺乏有效的方法分开复合了不同材料的包装材料并分类回收。因此，研究和开发包装结构，既具有优异的阻隔性、抗穿刺性和高性价比，其功能和外观又符合市场需求和环保趋势，具有重要意义。

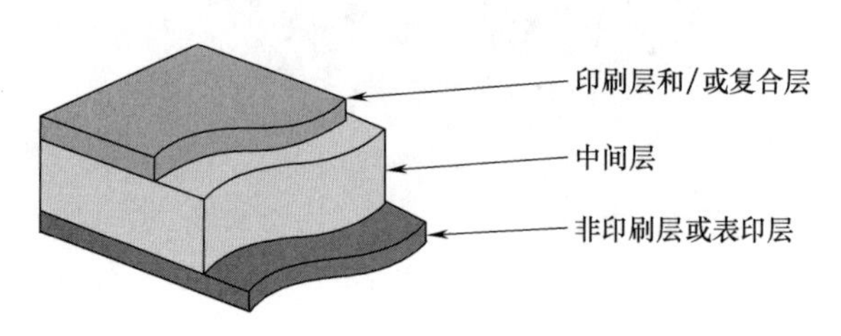

图3-59　BOPE基材膜结构图

图3-59所示为BOPE基材膜结构图，图3-60所示为MTPE薄膜结构图。BOPE薄膜采用多碳线型低密度聚乙烯材料，而MTPE薄膜热封层及电晕层PE采用添加茂金属催化线型聚乙烯材料，与高熔体强度线型聚乙烯材料复配。研究表明：BOPE薄膜/多层共挤高阻隔吹塑（MTPE）薄膜，可获得优异的耐穿刺性能、阻隔性能，在包装领域上实现了取代“非聚烯烃材质/黏合剂/聚烯烃材质”的包装结构，从而实现包装材料单一材质易回收，可再塑化造粒、循环利用的环保目的。

三、高分子的解聚技术

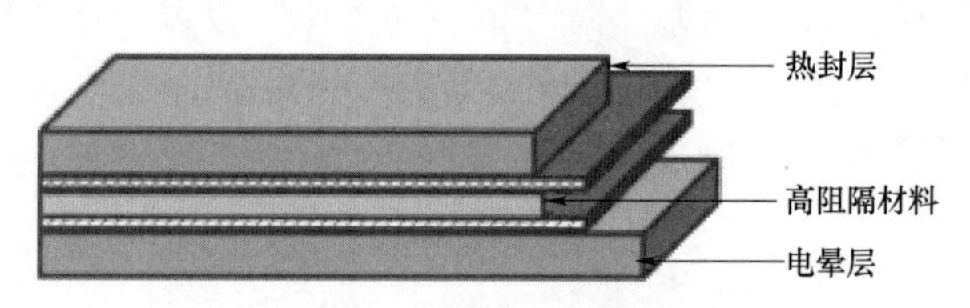

图3-60　MTPE薄膜结构图

塑料废弃物已逐渐成为化石燃料、CO_2、生物质外的另一类重要的碳资源，在分子水平上探索塑料高分子的化学转化过程，有助于寻找合理处置塑料废弃物的方案，是缓解塑料制品大量生产并大量废弃所导致能源及环境问题的重要基础。

不断增长的塑料生产和其引起的对塑料废物积累的关注，刺激了废塑料化学品稳定回收的需要。目前回收的反应方法和反应条件恶劣，反应时间长。研究表明采用一种非热等离子体辅助方法，在环境温度和大压力下能快速氢解聚苯乙烯（PS），在1~10min产生高产率（>40重量%）的C_1~C_3碳氢化合物和乙烯气体产物。高活性的氢等离子体，在温和的条件下可以有效地打破聚合物中的键并引发氢解。利用该方法可对消费后的PS材料进行有效的氢解，实现了从塑料材料中快速提取小分子烯烃，以及在复杂条件下处理废塑料的良好能力

四、玻璃陶瓷增韧技术

陶瓷是一种脆性材料，在制备、机械加工以及使用过程中，容易产生一些内在和外在缺陷，作为结构材料使用时缺乏足够的可靠性。因此，改善陶瓷材料的脆性、提高陶瓷材料的韧性成为影响陶瓷材料在高技术领域中应用的关键。

陶瓷基复合材料（Ceramic Matrix Composite，CMC）是在陶瓷基体中引入第二相材料，使其增强、增韧，又称多相复合陶瓷或复相陶瓷。它具有耐高温、耐磨、抗高温蠕

变、热导率低、热膨胀系数低、耐化学腐蚀、强度高、硬度大及介电、透波等特点，作为理想的高温结构材料，使其在有机材料基和金属材料基不能满足性能要求的工况下得到广泛应用。

国内外科研人员在积极开展陶瓷基复合材料的研究，大大拓宽了其应用领域并相继研究出各种制备新技术。如 SiC 薄片与石墨片层交替叠层结构复合材料与常规 SiC 陶瓷材料相比，其断裂韧性和断裂功提高了几倍甚至几十倍，成功地实现了仿贝壳珍珠层的宏观结构增韧。陶瓷基层状复合材料力学性能的优劣，关键在于界面层材料，其基体层与界面层之间结合强度低的问题还有待进一步解决。

陶瓷基层状复合材料的制备工艺具有简便易行、易于推广、制备周期短且成本低廉等优点，不仅可应用于制备大或形状复杂的陶瓷部件，其层状结构还能与其他增韧机制相结合，产生不同尺度多级增韧机制协同作用，实现了简单成分多重结构复合，从本质上突破了复杂成分简单复合的旧思路。这种新的工艺思路是对传统陶瓷基复合材料制备工艺的重大突破。

近期的研究表明，无机钙钛矿单晶（CsPbX3）物质，可以在环境条件下通过连续的“多米诺骨牌式”多重翻转，提高变形性能（图 3-61），并能够很容易地变形成不同的几何形状，而不损害其晶体完整性、晶格结构或优异的光电特性。与其他延展性半导体的塑性变形机制相比，微离子 CsPbX3 钙钛矿作为一类固有的延展性无机半导体，在制造下一代可变形电子、光电子和能源器件方面具有巨大的应用潜力。同样，也拓展了陶瓷在包装领域的应用。

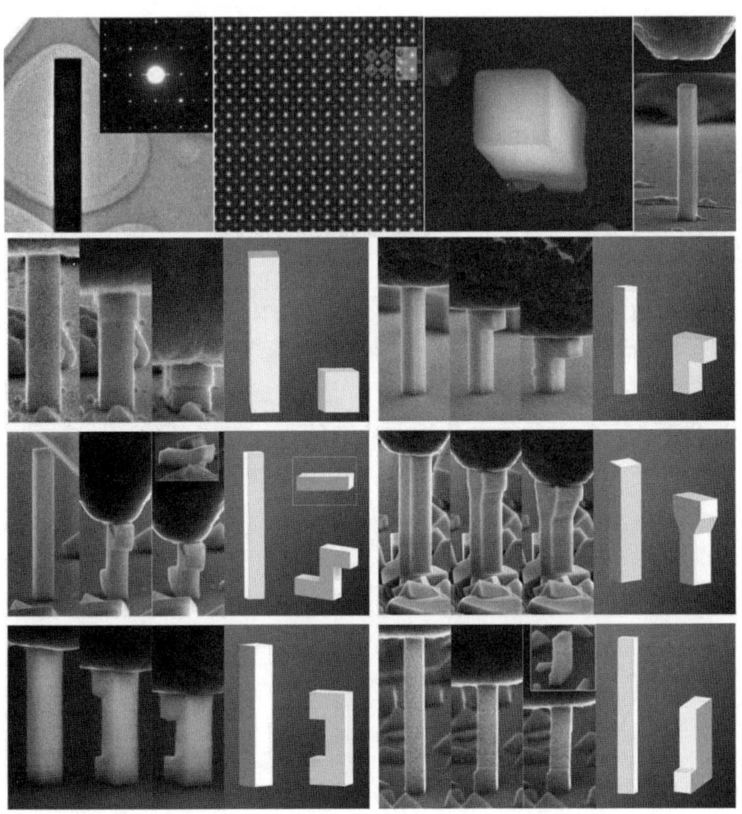

图 3-61 无机钙钛矿单晶（CsPbX3）物质的变形特性表征

第七节　包装材料的环境影响评价

随着经济的迅速发展和人们生活水平的不断提高，包装在国民经济中的地位越来越重要，与此同时包装所造成的环境污染和生态环境破坏也日趋严重。包装废弃物是固态废弃物的重要组成部分，人们越来越清楚地认识到它对环境的危害。因此，包装制品从原材料采集、材料加工、制造产品、产品使用、废弃物回收再生，直到其最终处理的全过程，均不应对人体及环境造成危害。如柔性版印刷可广泛使用无毒、无残留溶剂、无环境污染的油墨和 UV 油墨，纸材料在国内外包装印刷领域中异军突起；许多企业包装时已考虑使用中型、重型的瓦楞纸箱或白色板箱，并使用各种防潮保鲜纸张代替塑料薄膜进行包装。包装设计时应尽量避免选用多种不同材料，这样可以简化包装的制造工艺，便于包装拆卸及回收、分类和再利用；对于复杂包装，宜采用易拆卸分离的结构设计。在设计金属包装箱时，结构上应避免采用不同金属的焊接结构，宜将包装箱设计成可分拆、由多个独立分箱组成的结构，每个独立分箱宜用一种材料。

包装设计减量化可从源头减少包装废弃物，是世界公认的包装绿色化的首选途径。随着生产生活中一次性塑料制品的日益增加，废弃塑料的回收是我国在绿色包装和环保领域的重大课题。近年来，国家出台的“限塑令”和在大城市试行的垃圾分类政策，已经提升了人们对包装塑料回收的环保意识，但仍需向外国学习先进的处理技术以提升废塑料资源的利用率。

一、包装材料/制品的循环化应用

包装材料/制品的循环化应用成为包装界研究发展的方向。包装应在完成某项使用功能后，经过适当处理，能够重复使用。

如玻璃包装容器，目前大量应用的有啤酒瓶、酒瓶、可乐瓶、饮料瓶、药瓶等，其中啤酒瓶的回收再使用是废弃物循环再生较成功的例子，主要是因为有合理的回收机制，且消费者形成了良好的意识。日本啤酒瓶回收率可达到95%以上。

如塑料包装，推行可重复使用容器，这是塑料容器最佳回收方式。通过容器的重复使用，降低环境负载，减少废弃塑料垃圾量，并可降低成本，各国及大型公司都在积极努力推行。目前工业和商业部门采取重复使用工业液体原材料或部分液体商品大型塑料容器的措施。对于饮料容器及其他液体商品容器，尤其周转量大的容器包装，工业和商业部门通过制定标准瓶、容器大型化标志化功能化、开发灭菌洗涤技术、建立有效回收机制、普及回收网点、押金制等措施，得以实现重复使用。

如托盘的循环再利用，在发达国家，托盘租赁/共用系统的有效利用和普及成为主流。托盘租赁/共用系统能对托盘统一管理，执行统一的托盘生产、维修、检验标准，保证流通的托盘满足使用要求。在托盘出现损坏维修后，须经过维修认证部认证，才能重新投入系统完成托盘的循环使用。

二、包装材料/制品的回收再利用

包装材料/制品应易于回收再生，如通过生产再生制品、焚烧利用热能、堆肥改善土壤等措施，达到再利用的目的。包装废弃物也可以降解腐化，其最终不形成永久垃圾，可达到改良土壤的目的。包装材料对人体和生物应无毒无害，包装材料中不应含有毒性的元素、病菌、重金属等，或这些的含量应控制在有关标准以下。

（1）废损玻璃瓶的回收　废损玻璃瓶可用来作为玻璃原材料，代替硅土砂、石灰石和苏打灰。据计算，可节省由原材料开采、加工、包装和运输而发生的能耗100kg石油或其当量。另外，还可降低熔化炉的废气和粉尘排放量。回收废玻璃容器重新熔融利用，其回收物要经过处理和分离，分离出有色玻璃、硬质玻璃、铁、重金属和陶瓷类，以达到制瓶质量要求。废玻璃与异物分离很难采用常规方法，磁选可除去磁性物料，经破碎和风力分选机，最后可得到28目、含量90%的玻璃粉。

（2）纸包装的回收　纸包装使用量较大的为包装用纸板和包装箱纸板。我国旧瓦楞纸有稳定的回收机制，基本上可以得到回收，但总体上还落后于发达国家。要充分考虑材料的再生利用，这不仅节约了原材料，还有利于资源的循环利用。

（3）包装钢桶、铝桶和铝易拉罐的回收　我国工业、商业用大型包装钢桶、铝桶和铝易拉罐因其残值高，基本上都被回收。大型桶以复用为主，铝易拉罐受回收机制、分选和冶炼技术限制，再生铝工艺处于初级水平，一般只能熔融后做成其他铝制品。我国包装容器领域的废铝回收率显著高于世界平均水平，尤其是易拉罐回收率已基本达到100%。食品金属原级再生利用面临食品接触包装材料合规性、政策法规不清晰、标准支撑缺少以及税收优惠政策等问题。

在2022年的全国两会期间，有关专家就提出要完善产业链回收再生利用相关法规。例如，完善《固体废物污染环境防治法》，明确针对食品接触包装废弃物的分类回收和再生利用的规定；完善《中华人民共和国循环经济促进法（2018修正）》，明确鼓励食品接触金属包装的原级再生利用；完善《资源综合利用产品和劳务增值税优惠目录》规定，废旧铝质易拉罐原级再生利用的增值税优惠比例由30%修订为100%。回收商采取“进园管理”，加强回收处理；在税收政策上降低行业整体税负和成本等建议。业界希望国家财政支持《食品接触材料及制品的回收与原级再生利用研究》科技专项，支持食品接触材料原级再生利用过程中的关键技术突破，开展再生食品接触材料的风险评估、碳排放及标准体系等研究，以实现食品接触材料的原级再生利用尽快在国内落地。

三、塑料的回收技术

1. 塑料回收技术

在日常生活垃圾中存在各种各样的塑料包装废弃物，其中回收的重点是聚烯烃、聚苯乙烯、聚氯乙烯和聚酯等，常用塑料及用途的分类见表3-2。

表3-2　　常用塑料及用途

材料名称	用　途
聚乙烯(PE)	包装膜、包装袋、中空容器、缓冲材料等
聚丙烯(PP)	编织袋、打包带、捆扎绳、周转箱等
聚氯乙烯(PVC)	包装膜、饮料瓶、化妆品包装瓶等
聚苯乙烯(PS)	医药包装瓶、泡沫制品、缓冲材料等

续表

材料名称	用途
聚对苯二甲酸乙二醇酯(PET)	饮料瓶、食品的包装膜、包装袋等
聚氨酯(PU)	缓冲材料等
有机玻璃(PMMA)	透明包装容器等
聚乙烯醇(PVA)	隔音材料等
尼龙(PA/NY)	隔音材料等
聚碳酸酯(PC)	透明包装容器等
丙烯腈共聚物(CPAN)	食品及医疗卫生品的包装

目前，先进的化学回收技术正越来越多地成为机械回收的补充方案，在对消费后回收成分的使用方面，化学回收技术发挥了开拓性的作用。由不同种类的塑料和不同的聚合物组成的塑料废物是复杂的，这种复杂性决定了先进回收方案的多样性。

目前，通过使用气化或热解的热化学方法，可以获得最大的回收产出。它可以处理混合的聚烯烃废弃物，并转化为适合食物接触应用的与原生树脂性能相当的再生材料等级。同时通过采用新型催化剂来降低工艺温度从而降低能耗，以及缩短处理时间，来尽可能减少对环境的影响。

先进的回收技术主要分为3大类：

（1）原料的回收利用　如热解和气化。热解是一种热化学回收过程，可在有热和无氧的情况下，将混合塑料废物（主要是聚烯烃）和生物质转化或解聚成液体、固体和气体。获得的产品包括油、柴油、石脑油和单体等液体馏分，以及合成气、木炭和蜡。根据获得的产品类型，这些可以用作生产新聚合物的可再生原料。气化是另一种热化学过程，可用于在热量和氧气存在的情况下，将混合塑料废物和生物质转化为合成气和二氧化碳。

（2）解聚　如溶解和酶解。酶解提供了另一种途径，酶解是一种基于生化过程的技术，它使用不同类型的生物催化剂将聚合物解聚成其结构单元。

（3）溶剂提纯　目前已经开发出一种有效的新催化剂，可以将混合塑料分解成丙烷，然后丙烷可以作为燃料燃烧或用于制造新的塑料，从某种意义上实现了塑料的闭合回收循环，这样也就能够将塑料利用做到更加环保的高度。

2. 塑料回收示例（以PET为例）

随着经济发展和人们环保意识的增强，减少塑料污染，提高废旧塑料的回收率和利用率是大势所趋。聚对苯二甲酸乙二醇酯（PET）是全球产量最大的聚酯，2020年全球PET产能突破1×10^8t。PET具有渗透性低、质量轻、强度高、无异味和耐污染性高的特点，被广泛应用于包装、织物和饮料瓶等领域。在PET的回收利用上，可实现环保、低能耗、无污染的PET资源化利用。

PET按回收过程可分为：工厂回收（一级回收）、物理回收（二级回收）、化学/生物回收（三级回收）、能量回收（四级回收）。PET作为一种可循环利用的材料，其回收价值仅次于金属铝。许多国家制定了PET回收计划：日本计划在2030年实现PET塑料瓶的100%回收，欧盟提出到2030年回收90%的PET塑料瓶。然而，实际上大部分废旧PET都被堆积在垃圾填埋场或被抛弃在自然环境中。

随着我国经济腾飞，PET 的消费量越来越大，废旧 PET 的污染问题也日益严重。我国提出加强生态环境保护和生态文明建设，要求全社会共同努力，实现废旧塑料的资源化回收利用，变“白色污染”为“绿色资源”。

近年，美国国家可再生能源实验室提出将回收 PET 和可再生植物废料相结合，生产出纤维增强 PET 塑料（FRP），其价值比 PET 高 2~3 倍，而生产 FRP 所耗费的能源比现有化学回收法低 57%。还有研究者发现，未清洗的废旧 PET 塑料瓶经过破碎、研磨，可代替混凝土中的天然砂，流变学表征和力学性能测试表明，这种新型混凝土与普通混凝土无明显差异，具备良好的施工性能。这些研究为废旧 PET 环保升级回收提供了新途径，既可以激励废旧塑料的升级回收利用，又可以促进循环经济的发展。

因此，改进物理回收法，减少 PET 在回收过程中的性能衰减，探索 PET 的梯级利用；开发新的环境友好型化学回收法，降低回收能耗和成本，实现闭环回收和分子回收；推动生物回收法和废旧 PET 的高附加值利用，是 PET 回收的发展方向。

四、包装材料的全生命周期评价

包装废弃物对城市造成的污染在总的污染中占有较大的份额，有关资料统计显示，包装废弃物的排放量约占城市固态废弃物重量的 1/3，体积的 1/2。例如在中国，包装废弃物占比城市固态废弃物重量的 15%，体积的 25%。

随着包装工业的日益规模化，一次性塑料包装材料被广泛应用。手提塑料袋、一次性泡沫饭盒等材料一旦被人们随手丢弃，就形成了大量难以处理的垃圾。各种带病菌废弃物包装严重危害了人们的身体健康。

包装废弃物造成的自然资源的浪费与损耗同样也是一个值得关注的问题。国家邮政局统计显示，2016 年我国快递业务量为 313.5 亿件，2017 年快递业务量达到 400 亿件。快递包裹至少要产生 8×10^6t 的固态垃圾，快递用塑料包装多为不可降解的劣质塑料制品，其成分和数量对环境产生了严重的影响。2018 年快递业务量超 507.1 亿件，快递业务量以每年 100 亿件的速度持续增长，资源浪费和污染现象已经引起人们的关注。

可以说，实行绿色包装是世界包装整体发展的必然趋势。保护蓝天碧水、绿色资源，已成为人类生活追求的共同目标。

1. 包装的生命周期评价

生命周期评价（Life Cycle Assessment，LCA）是一种用于评估产品在其整个生命周期中，即从原材料的获取、产品的生产直至产品使用后的处置，对环境影响的技术和方法。它也被称为“从摇篮到坟墓”的分析技术，是把包装产品从原材料提取到最终废弃物的处理的整个过程作为研究对象，进行量化的分析和比较，以评价包装产品的环境性能。这种方法的全面、系统、科学性已经得到人们的重视和承认，并作为 ISO 14000 中的一个重要的子系统存在，评价能源材料利用和废弃物排放的影响以及评价环境改善的方法。随着国际上保护环境、爱护地球、节约资源的呼声越来越高，国际市场对产品包装的要求也越来越严格。无害化、无污染、可再生利用的环保包装，在商品出口贸易中起着举足轻重的作用。

2. 环保包装材料

据不完全统计，大约 90% 的商品需经过不同程度、不同类型的包装，包装已成为商品生产和流通过程中不可缺少的重要环节，每年消耗的包装品数以亿计。目前鉴别环保包装的依据是 ISO 14000，各国均以此为标准推广环保包装模式。

ISO 14000 系列明文规定，凡是国际贸易产品（包装）都要进行环境认证和生态评估（LCA），并使用环境标志。从 1999 年起，ISO 实施绿色“环境标志”，把产品包装的绿色革命推向新层次。环保包装材料大致包括可重复使用和可再生的包装材料、可食性包装材料、可降解材料和天然纸质材料等。环保包装体现在用料省，废弃物最少且节省能源，易于回收再利用，包装废弃物不产生二次污染。因此，环保包装材料的选择应符合无害化、无污染、可再生利用的基本原则。纯天然的环保包装材料虽然无污染，但商业成本较高，对地球资源也是一种严重浪费。而复合环保材料因具有成本低、无污染、易回收再生等特点，将成为未来环保包装的主流。

第四章　包装工艺与技术

本章导读

包装工艺与技术主要是研究包装工艺过程中的具有共同性的规律，它是包装工程学科的重要基础之一，对推动包装行业发展和保护产品安全等方面具有重要作用。不同的产品具有不同的理化特征，在流通环境中可能遭受环境的影响发生质量的改变，需要采用相应的包装工艺技术对产品进行保护，这里的技术方法既包括适用于各类产品通用的方法，也包括适用于某些特定行业、特定产品属性的专用工艺方法。

本章学习目标

通过本章学习，使学生初步了解通用包装工艺技术的类型，了解影响产品货架寿命的主要因素及解决相应问题的专用防护方法，让学生熟悉包装自动化生产中现有的工艺技术，并对包装工艺日后的发展趋势有所认识。

第一节　包装工艺与技术概述

包装工艺过程是对各种包装原材料或半成品进行加工和处理，采用包装材料或容器，将一件或多件产品进行包装，成为一个包装件的全过程。

研究包装技术与工艺主要是解决 3 个问题。第一，保证实现包装的功能。保证产品按规定质量和数量实时包装，并且为产品在储存、运输、销售和消费者的使用等方面提供方便。第二，提高劳动生产率。依靠先进技术与工艺作为保障，采用与之适应的新材料，并提高包装设备的机械化、自动化程度，实现高效生产。第三，提高包装的经济效益。在提高生产率的同时，降低包装生产成本，提高包装经济效益，增强市场竞争力。

综上所述，包装工艺与技术是实现包装功能的技术方法，只有依靠包装技术体系，采用系统工程方法，通过各技术领域相关知识的交叉融合，才能科学合理地解决要求各异的各类商品的包装问题，满足商品包装的多元性功能要求，达到较好的综合目标。研究包装工艺与技术的目的就是得到优质、高产、经济的包装件，使产品满足生产者与消费者的要求，更加具有市场竞争力。

第二节　包装技术与产品流通

产品从生产出来到流通到消费者手中的这一过程中，会受到外部环境各种因素的影响。将产品保质保量地输送到消费者手中，包装工艺技术起到了非常关键的作用。

以膨化食品为例：货架上常见的膨化食品多采用塑料软包装工艺。其工序涉及包装材料分切复卷、预制塑料袋、物料的供送、物料的计量与充填、真空充气包装、热封合、贴标、打印、装箱等。这其中涉及的包装方式、充填方法、防护方法、封缄方式、集合储运模式等技术方法，统称为包装工艺技术。这些技术方法的合理优化配合，使消费者购买到手中的膨化食品无论外形还是口感都得到了保证，同时在数量上达到均一，并在运输和储存过程中提供了方便。

一、产品流通中的包装要求

1. 质量要求

产品的包装要求能够对内装物的质量起到保护作用。其自身应具有一定的承载力，在装卸、运输和储存的过程中，能够防止外界力的作用对产品的破坏；此外，包装应具有一定的阻隔性能，防止外界的气体、光照和微生物对产品质量造成影响。

为了保证产品质量，要根据产品自身的性质选择合适的包装技术。例如，采用一定厚度的瓦楞纸箱作为产品的外包装，在储运过程中承载外界的碰撞和挤压；采用泡罩技术包装药物胶囊，清洁卫生又方便使用；采用金属罐包装充气饮料和食品，密封效果好、抗压能力强、保质期长。

2. 精度要求

产品的包装要求具有一定的内在品质，即包装的精度。对于低廉的产品，包装精度的要求不高，可以允许有一定范围的误差；但对于昂贵的产品，为了保护生产者和消费者共同的利益，就应该采取适当的技术措施，尽量减少数量不达标的问题，将其控制在生产者与消费者都能接受的范围内。

例如，在较贵重的液体灌装时采用精度较高的隔膜容积式灌装方法；采用两段式充填系统精确控制产品流的大小，从而使一个系统既满足充填精度，也满足充填速度的要求。

3. 方便性要求

产品的包装要求便于生产者和消费者。对生产者要方便加工、方便储运；对消费者要方便使用、方便鉴别。

例如，采用捆扎工艺、收缩裹包工艺等，将原本松散的产品集合、打包成一件容易叉举和起吊的整体；采用喷雾罐包装工艺，方便液体产品的均匀分散；采用贴标打印等工艺，方便消费者识别产品信息。

以上对于产品在流通中的各方面要求，需要不同的包装工艺技术去实现，下面就介绍一些常规的通用类包装技术。

二、产品流通中的包装技术

1. 袋型包装工艺

袋装作业即将粉末料、半液体料充填到用柔性材料制成的袋型容器中，再根据包装内容物质量要求做排气或充气，最后做袋口封缄和切断，完成对物料的包装。

袋装是软包装中应用最为广泛的工艺方法之一，所有的软包装材料都可以用于袋装。袋装具有很多优越性，例如适用范围较广，既可包装固体物品也可包装液体物品，既可用于销售包装也可用于运输。包装工艺操作简单，包装成本较低，包装件毛重与净重比之小，空袋所占空间少，销售和使用都十分方便。但与硬包装相比强度较差，容易受环境条件影响，包装储存期较短。

包装袋容器有许多种形式，如图 4-1 所示有扁平袋、枕形袋、自立袋等。

袋装工艺包括预制袋包装工艺和在线制袋包装工艺两种。预制袋工艺一般由取袋、开

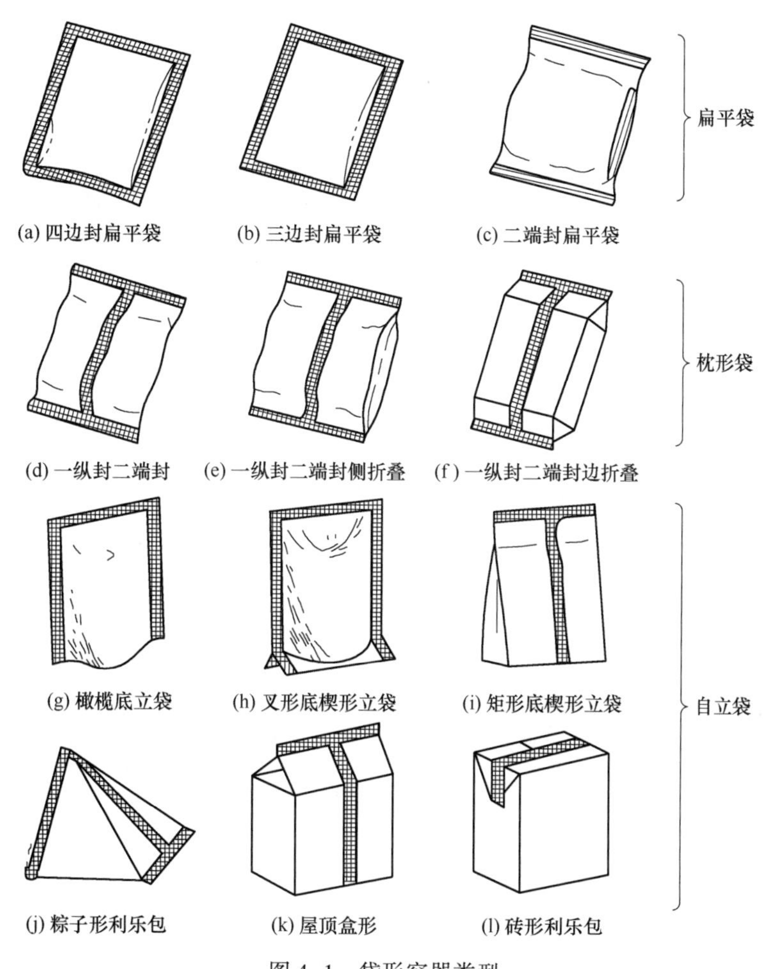

图 4-1　袋形容器类型

袋口、充填、封口等工序组成，常采用间歇回转式或移动式多工位开袋充填封口机；在线制袋工艺则直接由制袋充填封口机完成。

2. 裹包包装工艺

裹包就是使用天然或人工制造的柔性材料，对被包装物品进行全部或局部的包封，是人类最早采用的包装方式。裹包包装形式多样，灵活多变，所用包装材料较少，操作简单，包装成本低，流通、销售和消费都非常方便。

裹包的类型较多，适用性广，既适用于个体包装，也适用于集合包装，既可用于销售包装，也可用于运输包装。裹包技术按裹包形式，可分为折叠式裹包、扭结式裹包、收缩裹包，拉伸裹包等。

(1) 折叠式裹包　折叠式裹包是裹包中使用最普遍的一种方法，其基本工艺过程是从卷筒材料上切取一定长度的包装材料，或从储物架内取出一段预切好的包装材料，然后将材料包裹在被包装物品上。折叠式裹包工艺有多种，按接缝的位置和开口端折叠的形式与方向分类可分为两端折角式、侧角接缝折角式、两端搭折式，两端多褶式、斜角式等，如图 4-2 所示。

图 4-2　折叠式裹包

（2）扭结式裹包　扭结式裹包，就是用一定长度的包装材料将产品裹成圆筒形，然后将开口端的部分向规定方向扭转形成扭结，其搭接接缝不需要黏接或热封。扭结形式有单端扭结和双端扭结两种，如图 4-3 所示。扭结式裹包要求包装材料有一定的撕裂强度与可塑性，以防止扭断和回弹松开。

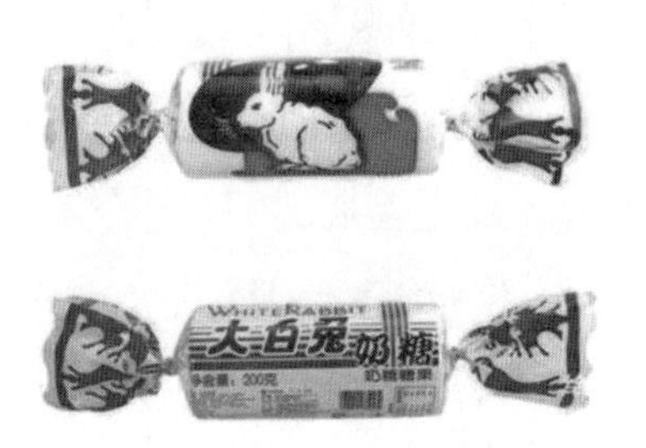

图 4-3　扭结式裹包

（3）收缩裹包　收缩裹包是利用有热收缩性能的塑料薄膜裹包被包装物品，然后进行加热处理，包装薄膜即按一定的比例自行收缩，紧密贴住被包装物品的一种方法。

热收缩薄膜制造过程中，在其软化点以上的温度拉伸并冷却，得到具有分子取向的薄膜，当重新加热时，其有恢复到拉伸以前状态的倾向。收缩裹包就是利用塑料薄膜的这种热收缩性能发展起来的。将大小适度的热收缩薄膜套在被包装物品外面，然后用热风烘箱或热风喷枪短暂加热，薄膜会立即收缩，紧紧裹包在物品外面，物品可以是单件，也可以是有序排列的多件罐、瓶、纸盒等，如图 4-4 所示。

图 4-4　收缩裹包

（4）拉伸裹包　拉伸裹包是利用可拉伸的塑料薄膜，在常温下对薄膜进行拉伸，对被包装物品进行裹包的一种方法。拉伸包装始创于 1940 年，主要为满足超级市场销售禽类、肉类、海鲜产品、新鲜水果和蔬菜等产品包装的需要。拉伸包装过程中，不需要对塑料薄膜进行热收缩处理，适于某些不能受热物品的包装，能够节省能源；用于托盘运输包装，能降低运输成本，是一种很有前途的包装技术。如图 4-5

所示分别为用于销售包装和运输包装的拉伸裹包。

收缩包装与拉伸包装这两种包装方法的原理并不相同，但包装的效果基本相同，都是将被包装物品裹紧，都具有裹包的性质。

3. 盒（箱）包装工艺

纸盒与纸箱是主要的纸质包装容器，两者形状相似，习惯上小的称为盒，大的称为箱。

图 4-5　拉伸裹包

包装纸盒和纸箱的装填物，绝大多数是以各种个体包装形态出现。纸盒的内容物有经纸塑材料裹包的块体产品，袋装的散体、粉料、液料产品，还有瓶装的颗粒料、液料产品等。纸箱的内容物有各种盒装、袋装、裹包、瓶装的产品，还有较大型的缓冲包装结构的机电产品。纸盒与纸箱的充填以自动化程度分，目前有手工、半自动和全自动 3 种方法。

按照纸盒（箱）特征与自动装盒（箱）的功能分类，有多种装盒（箱）工艺。

（1）开盒（箱）成型—充填—封口装盒工艺　开盒（箱）成型—充填—封口装盒工艺（图 4-6）是应用最广的装盒工艺，采用预制盒包装，其基本的工艺流程（图 4-7）为：

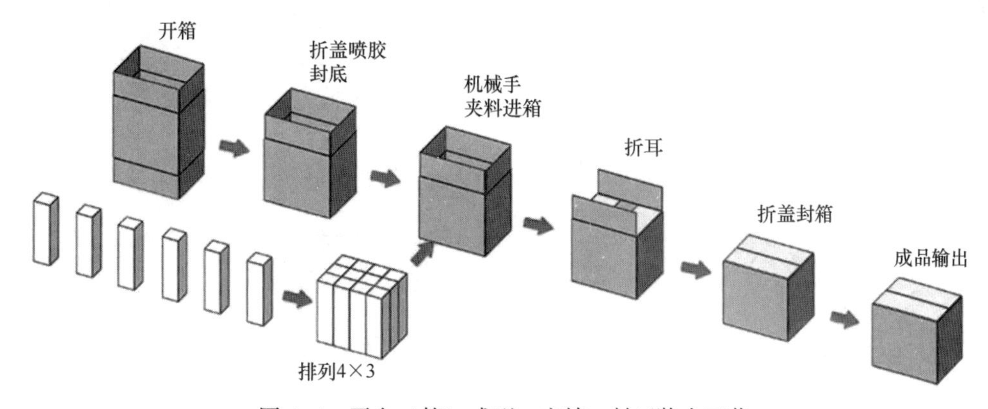

图 4-6　开盒（箱）成型—充填—封口装盒工艺

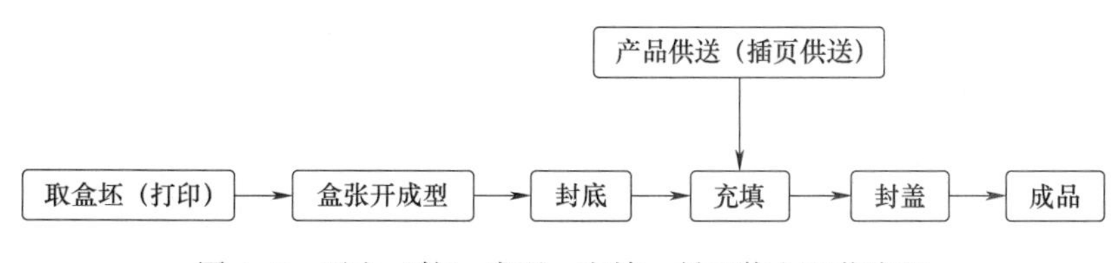

图 4-7　开盒（箱）成型—充填—封口装盒工艺流程

（2）制盒（箱）成型—充填—封口装盒工艺　近年来，制盒（箱）成型—充填—封口装盒工艺正逐步得到推广应用，特别在液体类食品的无菌包装中应用最为典型，其基本工艺流程（图 4-8）为：

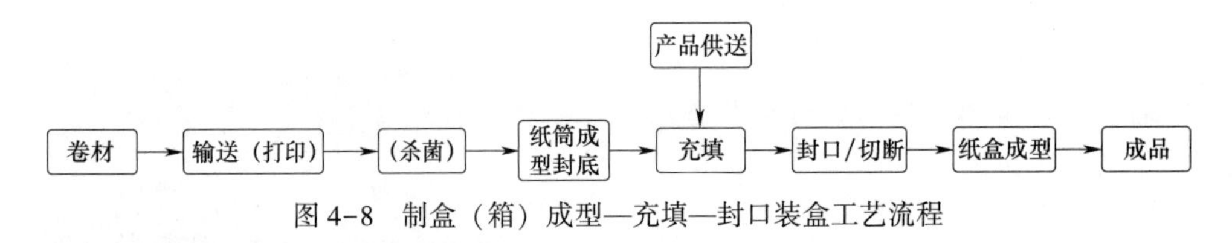

图 4-8　制盒（箱）成型—充填—封口装盒工艺流程

（3）裹包式装盒（箱）工艺　裹包式装盒（箱）工艺是将内容物按规定数量排列好，放置到模切好的纸盒片或瓦楞纸板上，而后进行各边盖的折叠、粘搭，最终将被包装产品四周裹包起来。如图 4-9 所示为半成型盒折叠式裹包工艺过程。工作时首先把模切压痕好的纸盒片折成开口向上的长槽形插入模座，已排列好的成组内装物被推送到纸盒底面上，而后进行各边盖的折叠、粘搭等裹包过程。图 4-10 所示为纸盒片折叠裹包工艺过程。现将内装物按规定数量放置到模切纸盒片上，然后通过向下的推压使之通过型模，一次完成翻转折叠，然后沿水平移动折合完成上盖和侧盖的黏合封口，经稳压定型后排出机外。

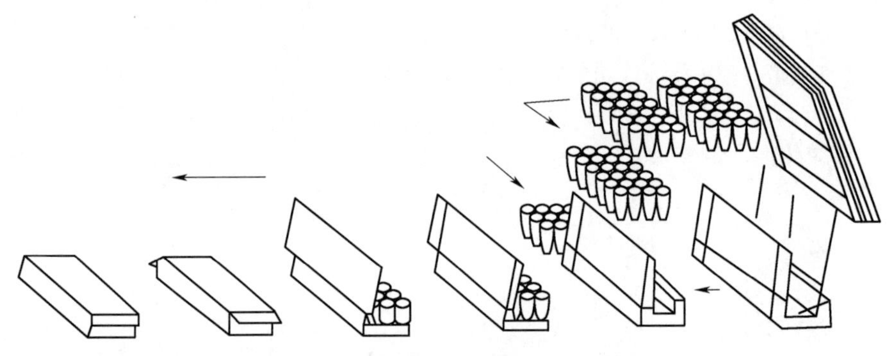

图 4-9　半成型盒折叠式裹包工艺过程

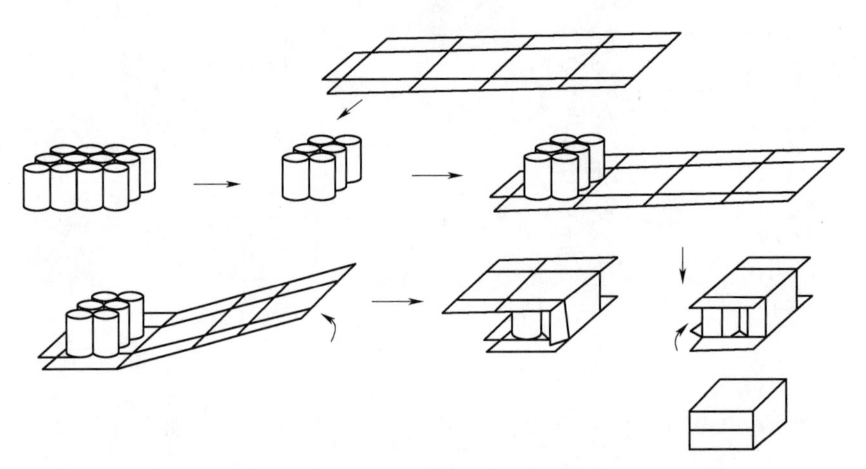

图 4-10　纸盒片折叠裹包工艺过程

4. 瓶、罐包装工艺

瓶和罐属于硬包装，主要有玻璃（陶瓷）容器和金属罐包装容器等。这类容器属于刚性包装容器，质量偏大，质地致密坚硬不容易变形，被广泛应用于食品、化工等领域。

以小口玻璃瓶（啤酒）包装工艺为例。小口玻璃瓶主要用于液体产品的包装。在这里需要说明的是，不同种类液体所使用的灌装工艺技术不同。选择灌装方法时需要考虑以下3点：①液体本身的特性，如黏度、密度、含气性、挥发性等。②产品的工艺和质量要求。③灌装设备的结构、能力和运行特点等。

图4-11所示是小口玻璃瓶装啤酒的包装工艺过程。

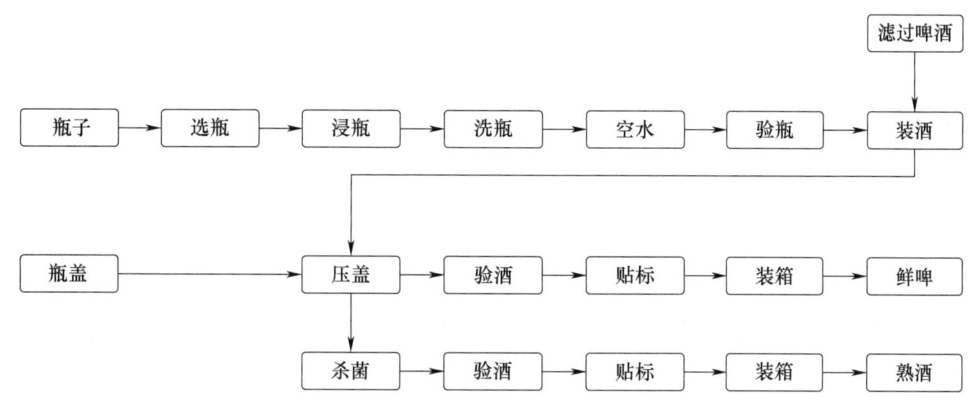

图4-11　小口玻璃瓶装啤酒的包装工艺过程

这里啤酒采用的是等压灌装工艺。

常用的液体灌装方法有：

（1）常压法灌装　常压法灌装（图4-12）是在大气压力下，依靠液体的自重自动流进包装容器内，其整个灌装系统属于敞开状态下工作。常压灌装法主要可用于灌装那些黏度不大，不含二氧化碳，不散发不良气味的液体产品，如酱油、牛奶、白酒、果汁等。常压灌装法因定量方法和容器的不同，又可分为液面传感式灌装、溢流式灌装、虹吸式灌装、活塞式灌装、隔膜泵式灌装、称重式灌装、计时式灌装等。

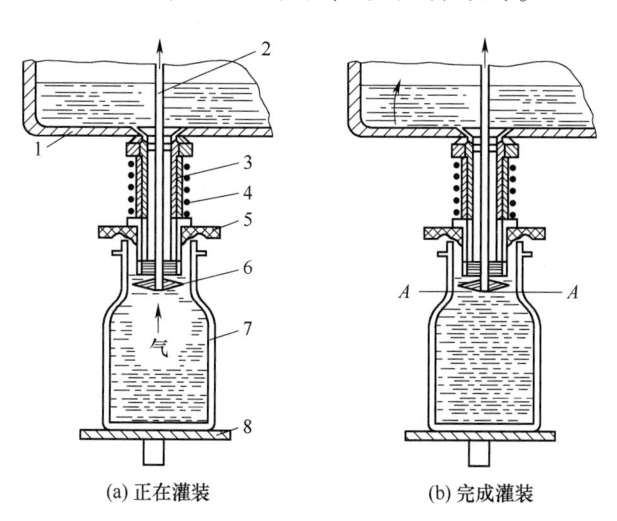

1—储液缸；2—排气管；3—灌装阀；4—弹簧；
5—密封装置；6—灌装头；7—包装容器；8—升降机构。

图4-12　常压法灌装

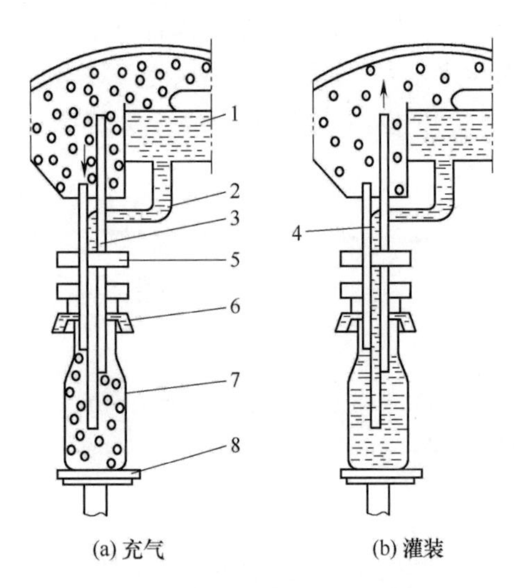

1—储液缸；2—进液管；3—排气管；
4—进气管；5—旋塞式灌装阀；
6—密封装置；7—包装容器；8—升降机构。

图 4-13　等压法灌装

（2）等压法灌装　等压法灌装（图 4-13）是利用储液箱上部气室的压缩空气，先给空容器充气，使两者内部压力接近相等，然后液料在此密闭系统中靠自重流进容器内。因为啤酒中含有大量的二氧化碳气体，为了减少二氧化碳的损失，保持含气饮料的风味和质量，并防止灌装中过量泛泡，保持包装计量准确，一般采用等压灌装工艺。

（3）真空灌装　真空灌装（图 4-14）是先将包装容器抽真空后，再将液体物料灌入包装容器内，这种灌装方法不但能提高灌装速度，而且能减少包装容器内残存的空气，防止液体物料氧化变质，可延长产品的保存期。此外，还能限制毒性液体的逸散，并可以避免灌装有裂纹或缺口的容器，减少浪费，适用于不含气体且怕接触空气而氧化变质的黏度稍大的液体物料以及有毒的液体物料，如糖浆、油类、农药、果酱等。真空灌装包括真空压差式灌装和真空等压式灌装。

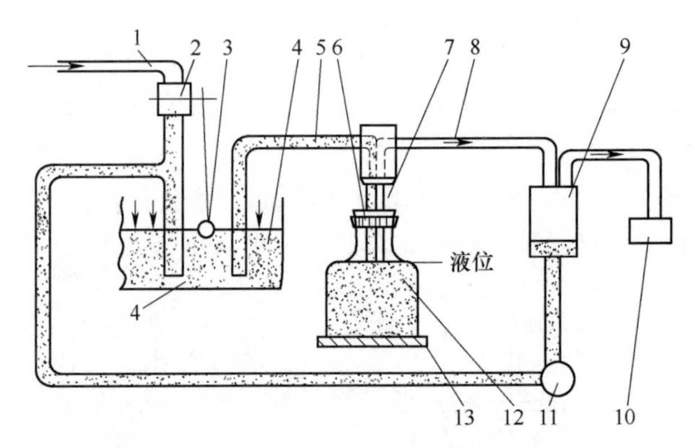

1—供液管；2—供液阀；3—浮子；4—储液缸；5—吸液管；6—密封装置；7—灌装阀；
8—真空管；9—真空室；10—真空泵；11—供液泵；12—包装容器；13—升降机构。

图 4-14　真空灌装（真空压差式）

5. 卡式包装工艺

目前市场上，用塑料片材加热模压成型后，与纸板、铝箔等封合成的卡式、浅盘式、蛤式包装十分流行。这类包装以衬底作为基础，因此叫做卡式包装或衬底包装，它包括泡罩包装和贴体包装。图 4-15 所示为泡罩包装，是将被包装物品封合在由透明塑料薄片形成的泡罩与衬底之间的一种包装方法。这里的衬底材料可以选择纸板、铝箔或者是复合材料等。

图 4-16 所示为贴体包装，它是将被包装物品放在能透气的衬底上，上面覆盖上加热软化的塑料薄膜或薄片，然后通过衬底抽真空，使薄膜或薄片紧密地包住物品，并将其四

周封合在衬底上的一种包装方法。

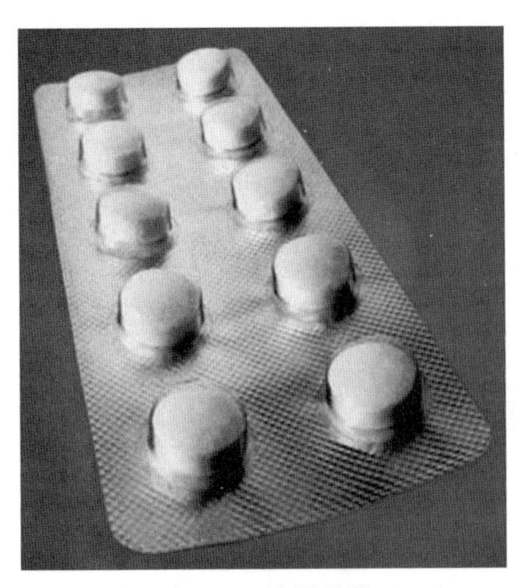

图 4-15　泡罩包装

图 4-16　贴体包装

这两种包装方法制成的包装件具有透明的外表，可以清楚地看到物品的外观，同时衬体上可印刷精美的图案和商品使用说明，便于陈列和使用。另一方面，包装后的物品被固定在薄膜、薄片与衬底之间，在运输和销售中不易损坏。这种包装方法既能保护物品延长储存期，又能起到宣传商品扩大销售的作用，主要用于包装形状比较复杂、怕压易碎的物品，如医药、食品、化妆品、文具、小五金工具和机械零件以及玩具、礼品、装饰品等物品。

第三节　包装与货架寿命

一、影响产品货架寿命的因素

包装产品在流通过程中会受到装卸条件、道路状况、气候变化、储存环境等因素的影响，在产品运输和储存各个环节中会由于各种原因，导致包装产品出现不同程度的损坏，从而降低产品的品质和价值，影响企业的经济效益，因此在包装中必须考虑流通环境的各种影响因素。

（1）物理因素　被包装产品与包装品都具有一定程度的物理易损性。当它们受到外界的冲击、振动、摩擦等力的作用，以及辐射场、电场、磁场等外界场强的作用时，都有可能形成一定程度的损坏。

（2）化学因素　产品都具有一定的化学成分，不同的化学成分具有不同的化学性质，这造成了各种被包装产品以及包装品具有不同的化学稳定性、毒性、腐蚀性、燃烧爆炸性等。在一定的条件下，有些产品会相互发生化学反应，这样的变化会引起产品的质量下降。比如食品与空气中的氧接触，被氧化后产生色泽和风味的改变。

（3）生物因素　自然界的生物种类繁多。微生物、昆虫以及啮齿类动物均会对包装产品造成一定影响。特别是微生物，包括细菌、霉菌、酵母菌在内的微生物对被包装产品及包装材料进行侵蚀，造成其腐败、变质，会给生产和生活带来很大的损失。

（4）气象环境因素　包装件在运输、装卸、储存的过程中，会受到自然界的温度、湿度、气压、光照、雨雪、风力等气象环境因素的影响。尤其是食品、饮料等产品，由于其来源与成分的特殊性，包装受气象环境因素的影响尤为突出。

二、产品在流通中的质量变化

为了减少产品在流通过程中的质量变化，防止产品的损失和变质，必须掌握产品在流通过程中质量变化的现象和规律，研究和正确选用科学合理的包装技术和方法，才能保证产品在流通中的安全。

在流通过程中产品的变化有多种形式，概括起来有物理变化、化学变化、生理生化变化等。

1. 物理变化

产品在流通中发生物理变化时，只改变了产品中物质本身的外表形态，而不改变其本质，没有新物质生成，产品发生物理变化后，会产生数量减少、质量降低等现象，严重时会完全丧失其使用价值。物理变化常见的表现形式有以下几种：

（1）三态变化　物质的外表形状在一定的温度、湿度、压力和时间条件下，会发生固态、液态、气态之间的相互转化。这种现象称为物质的三态变化。产品的三态变化，表现形式有挥发、干缩、溶解、风化、熔化、凝固等。

（2）渗漏与渗透　渗漏主要指气态、液态或粉状固态产品。由于包装材料或封口品质等存在问题，产品在流通过程中从包装容器中渗出、泄漏。引起渗漏的主要原因是包装容器品质差，如包装袋有沙眼气泡、微孔裂纹等，或热封不均匀，接口处、封盖处密封不牢固、不严密等。

渗透是指气体或蒸汽直接融入包装材料的一个侧面，向材料本身扩散，并从材料另一侧表面解析的过程。当包装产品的渗漏或渗透超过一定程度时，会引起产品品质变化、质量减少或对环境造成污染，甚至造成灾害。采用防渗漏、防渗透包装技术方法，对于易燃易爆有毒产品尤为重要。

（3）导热性与耐热性　导热性是指产品传递热能的性质影响。导热性的主要因素是产品的材质、结构、形式、加工方法等。耐热性是指产品在受热时仍能保持其物理机械性能以及使用性能的性质影响。耐热性的主要因素除了产品自身的导热性因素和膨胀系数之外，还有环境因素，如湿度、气压、通风条件等。

有些产品例如金属材料，由于其导热性、耐热性良好，可以露天存放，而导热性和耐热性差的粮食、橡胶制品，就不能在烈日下暴晒，也不能在温度和湿度过高的环境中储存，否则会因受热受潮而变黏、变质，或加速老化与霉变。

（4）电磁性质变化　产品的电磁性质变化是由外界场强变化引起导电性、导磁性发生变化，由于产品的材质结构及其性能不同，当外界场强的变化超过一定限度时，就会对某些特殊产品造成损坏或影响其使用性能。对于危险品、精密电子产品，军用产品以及高技术产品等，对场强有特殊要求的产品包装设计人员，必须检测出他们对外界场强的敏感度，并采取有效的屏蔽或抗场强变化技术，以保护元器件或整机的可靠性能和使用寿命。

(5) 光学性质变化 光对被包装产品的影响，主要取决于光的强度以及包装材料的透明度等。在实际的包装工程应用中，一部分产品需要高透明度包装以保证消费者能够清晰地看到产品，包装这类产品所用的玻璃容器、塑料容器、塑料薄膜等，都要求具有高度均匀的透光性。某些食品、药品、化工产品、生物制品，为了增加保护性延长储存期，则需要使用不透明、半透明或具有一定折射率和色散率，具有高度均匀性和在一定波长范围内具有透光选择性的包装材料或容器进行包装。例如，深褐色的半透明包装材料可作为防止紫外线辐射的阻隔层，使食品或药品保持新鲜，也可以在某些材质的纸张或塑料薄膜中加入二氧化钛等颜料，制成不透明的包装材料或容器，以提高光泽度。

(6) 机械性能变化 产品在流通过程中需经过各种运输工具的运输，在车船码头周转、仓库的堆码、储存及搬运装卸中，有可能受到碰撞、冲击、振动和堆码等带来的外力作用，引起机械性能变化，使其产生失效、失灵或商业性破损。

2. 化学变化

产品在流通过程中的化学变化，也就是产品发生质变的过程，化学变化会使产品的使用价值大大降低，严重时使产品完全丧失使用价值。化学变化的影响因素通常有光照、氧、水分、热量以及某些酸碱性物质。常见的表现形式包括以下几种。

(1) 化合 产品在流通过程中受外界条件的影响，发生两种或两种以上的物质相互作用，生成一种新物质的反应，称为化合反应。例如，生石灰干燥剂的吸湿过程就是其与水的化合反应过程，结果导致干燥剂逐步失效。

(2) 分解 由一种物质生成两种或两种以上其他物质的反应称为分解反应。某些化学性质不稳定的产品在光热、酸碱及潮湿空气的影响下，会发生分解反应，不仅导致产品失去原有的性能，而且产生的某些新物质还可能有危害性。例如硝酸就很不稳定，见光或受热时缓慢分解为二氧化氮和氧气；果汁中的维 C 在光照高温或金属作用下也会分解，从而降低果汁的营养价值。

(3) 水解 水解是指产品中的某些组分，在一定条件下遇水而发生分解的现象。水解的实质是物质分子遇水作用而发生复分解反应，生成的产物具有与原物质成分不同的性质。例如，高分子有机物中的淀粉纤维素发生水解会导致链节断裂，强度降低，最终产物是葡萄糖；而硅酸盐、肥皂等其水解产物是酸和碱。

(4) 氧化 氧化是指产品在流通过程中与空气中的氧或其他物质放出的氧接触，发生与氧结合的化学变化。例如，一些化工原料、纤维制品、橡胶制品、油脂类产品及棉麻丝等纤维制品，它们长期受空气、光线和热的影响，会发生变色或硬化现象，就是产品被氧化的结果。食物氧化的表现如油脂及富脂食品的酸败、食品褪色、褐变、维生素被破坏等。油纸、油布等桐油制品在空气中与氧接触，缓慢氧化析出的热量，堆放卷紧的油纸、油布等散热不良，造成积热不散，使温度升高而极易发生自燃。

(5) 腐蚀 金属与周围介质接触时，由于发生化学作用或电化学作用而引起的材料性能的退化与破坏，称为金属的锈蚀。全球每年因锈蚀而损失掉的金属高达数亿吨。影响金属制品锈蚀的因素，一方面是金属制品本身的特性，另一方面则是储存环境因素对金属的影响。因此，可以从金属冶炼以及金属包装两个方面，来防止金属的锈蚀。

（6）老化　老化是指某些以高分子聚合物为主要成分的产品，如橡胶、塑料制品及合成纤维制品等，在使用过程中受热、氧、水、光化学介质和微生物的综合作用，其物理化学性质及力学性能发生不可逆的变坏现象。如发硬、发黏、变脆、变色、失去强度等。高分子材料的老化是一个复杂的物理化学变化过程，它的实质是发生了大分子的降解或交联反应。为了延长高聚物材料的使用寿命，重要的措施之一是添加防老剂，来抑制或延缓光、热、氧臭、氧等对高分子材料产生的破坏作用。选择时除了必须考虑针对性外，还应考虑相混性、不污染食品、对人体无毒、廉价等因素。

3. 生理生化变化

产品的生理生化变化也是产品流通过程中质量变化的一个重要方面。粮食果蔬等有机体产品在流通过程中，受外界的水分、氧气、温度、湿度、微生物等因素的影响，发生各种生理生化的变化，常见的形式有以下几种。

（1）霉腐　霉菌是生长在营养基质上并形成绒毛状或棉絮状菌丝体的真菌，它们不能利用阳光吸收二氧化碳进行光合作用，必须从有机物中摄取营养物质以获得能源。因此，在外界因素如湿度、温度、营养物质、氧气和 pH 等适宜时，就会使它们寄生着的物品发生霉变，不仅影响外观，而且导致物品品质下降。

（2）呼吸作用　呼吸作用是指有机体生命在生命活动过程中进行呼吸，分解体内有机物质产生热能，维持其本身生命活动的现象。它是有机体在氧和酶的参与下进行的一系列氧化过程，呼吸停止就意味着有机体产品生命力的丧失。

（3）发芽　一些有机体产品如粮食、果蔬等在流通过程中，若水分、氧气、温度、湿度等条件适宜就可能发芽，会使粮食、果蔬的营养物质在酶的作用下转化为可溶性物质，供给有机体本身生长的需要，从而降低有机体产品的质量。例如，稻谷、小麦、玉米等代加工粮食发芽，都会降低加工成品率和食用价值；马铃薯发芽会产生有毒物质而不宜食用；粮食种子发芽，则会丧失播种价值。

（4）发酵　酵母菌是一群单细胞的真核微生物。酵母菌用途广泛，可以用来发酵做馒头、面包和酿酒，还能生产酒精、甘油、有机酸、维生素等。酵母菌也常给人类带来危害。腐生酵母菌能使食物、纺织品及其他原料腐败变质；少数嗜高渗压酵母菌可使蜂蜜、果酱败坏；还有些成为发酵工业的污染菌，它们消耗酒精，降低产量，或产生不良气味，影响产品品质；某些酵母菌还可以引起人和植物的病害。

三、专用包装防护技术

探讨产品在流通中的质量变化及其原因，其目的就是通过科学研究开发出延长产品货架寿命的包装技术和包装方法，即专用包装防护技术。

专用包装防护技术是根据产品的防护要求，有针对性地解决产品在流通过程中可能发生的有损产品品质的各种变化而采用的包装防护技术。它包括冲击与震动防护包装、集合包装、防锈包装、防霉包装、真空与气调包装、防潮包装、防水包装、无菌包装、活性包装等，限于篇幅本书只介绍几种典型技术。

1. 缓冲包装

缓冲包装技术就是指为保护商品在流通全过程中不因受到机械冲击、振动而破损，在材料、设计、结构诸方面所实施的措施与方法。它包括冲击防护包装和振动防护包装。冲击防护包装，主要是将缓冲包装材料合理布置在包装容器和产品之间，吸收冲击能量，延长冲击作用的时间，降低冲击加速度值，其目的是缓和冲击。振动防护包装主要是调节包装产品的固有频率和阻尼系数，把包装产品的振动传递率控制在预定的范围内，其目的是抑制低频谐振、衰减高频振动。

缓冲包装的技术方法因商品而异，其选择必须考虑适用性、可靠性和经济性，各种方法既可单独使用，也可组合使用。

常用的缓冲包装工艺有全面缓冲包装、局部缓冲包装、悬浮缓冲包装等。图4-17（a）所示为全面缓冲包装，它是指在产品与包装容器之间的所有间隙填充、固定缓冲包装材料，对产品周围进行全面保护的技术方法；图4-17（b）所示为局部缓冲包装，它是指采用缓冲衬垫对产品拐角、棱或侧面等易损部位进行保护的技术方法；图4-17（c）所示为悬浮式缓冲包装，它是指采用弹簧或其他材料，将被包装物悬吊在外包装容器四周，产品受到外力作用时，各个方向都能得到充分缓冲保护的技术方法。

另外，还有一些特殊的缓冲包装工艺，例如，受压面积调整法、长凸筋防护包装、大挠度产品防护包装等，如图4-18所示。

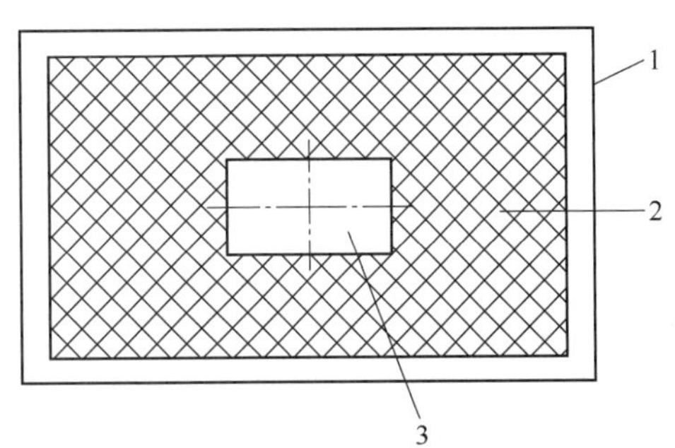

1—包装容器；2—缓冲材料；3—产品。

(a) 全面缓冲包装

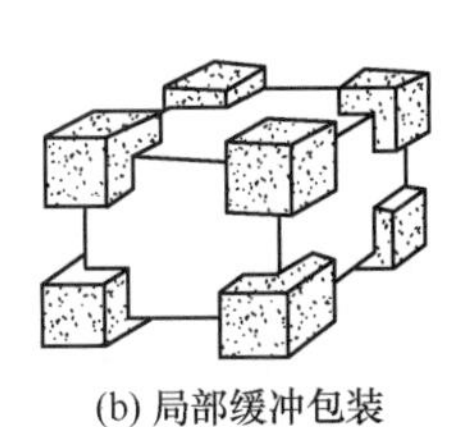

(b) 局部缓冲包装

(c) 悬浮缓冲包装

图4-17　常用缓冲包装工艺

(a) 受压面积调整法

(b) 长凸筋防护包装

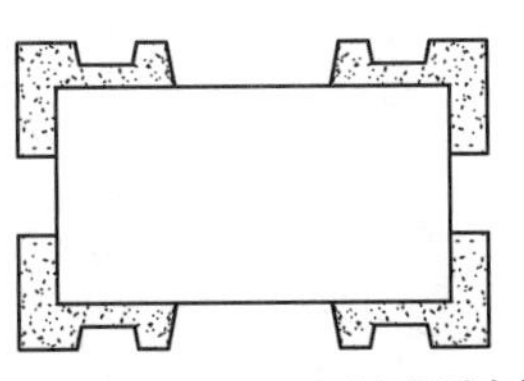

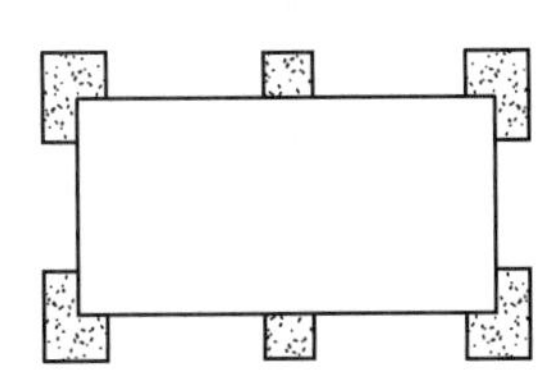

(c) 悬浮大挠度产品防护包装

图4-18　特殊缓冲包装工艺

2. 防锈包装

金属制品表面因大气锈蚀会变色生锈，降低使用性能，造成产品价值降低以致失效。防锈包装是对处理好的金属制品，通过防锈包装材料进行包装，达到防锈目的的方法。从防锈的角度看，包装的目的是防止外部冲击造成防锈皮膜的损伤，防止防锈剂的流失而污染其他物品。除此之外，包装还应具有便利储运、提高商品价值的作用。防锈包装的效果应从单个包装的内包装和外包装来统一考虑。

防锈包装方法是根据防锈材料与被包装物的防锈期要求而提出来的，主要有：①一般防湿防水包装；②防锈油脂包装；③气相防锈材料包装；④密封容器包装；⑤可剥性塑料包装等。

将防锈油脂涂敷于金属制品表面，然后用石蜡纸或塑料袋封装，称为防锈油脂包装。

气象缓释剂亦称挥发性缓释剂，它在常温下具有一定的蒸汽压，在密封包装内能自动挥发到金属制品表面，对金属起防止锈蚀的作用。气相防锈包装使用很方便、效果好、防锈期长，能用于表面不平、结构复杂及忌油产品的防锈。

密封容器包装是将防锈后的制品装入刚性或非刚性包装容器，并对容器进行密封的包装方法，具体可采用金属刚性容器密封包装、非金属刚性容器密封包装、刚性容器中防锈油浸泡的包装、铝塑复合包装袋内放入干燥剂的包装。

可剥性塑料是以塑料为基本成分，加入矿物油、防锈剂、增塑剂、稳定剂以及防霉剂和溶剂配制而成的防锈材料。它涂敷于金属表面可硬化成固体膜，具有良好的防止大气锈蚀的作用；同时，膜层柔韧有弹性，也有一定的机械缓冲作用。由于固体膜被一层油膜与金属件隔开，启封时很容易从金属表面剥下，故称为可剥性塑料封存包装。可剥性塑料有热熔型与溶剂型两大类。

3. 真空与气调包装

真空包装（图 4-19）是将产品装入气密性包装容器，抽出容器内部的空气，使密闭后的容器内达到预定真空度，然后将包装密封的一种包装方法。气调包装（图 4-20）是将产品装入气密性包装容器，通过改变包装内的气氛，使之处在与空气组成不同的气氛环境中，而延长储存器的一种包装技术。国外真空包装始于 20 世纪 40 年代，用于火腿、香肠包装。气调包装始于 20 世纪 50 年代的干酪包装，并于 20 世纪 70 年代得到发展。我国于 20 世纪 80 年代引入气调包装技术，用于茶叶充氮包装。目前，我国的气调包装技术已被广泛使用。

图 4-19　真空包装

实践证明，真空和气调包装的成功应用取决于以下基本工艺要素：①包装内气体成分的选择和包装储存温度的确定；②高阻隔性包装材料的选用和包装容器的密封；③包装方法和包装机械的选用。

图 4-20　气调包装

气调包装是指密封包装内产品四周维持有利产品储存的最佳气体成分的包装方法，这些气体有 CO_2、N_2、O_2、CO、SO_2 等，最常用的是 CO_2、N_2、O_2。

新鲜肉气调包装中需要冲入高浓度 O_2（40%～80%），因为 O_2 可使肉红肌蛋白氧化成氧化肌红蛋白而维持肉的鲜红颜色，有利销售；同时高浓度 O_2 可破坏微生物蛋白结构基团，使其发生功能障碍而死亡。

在新鲜水果蔬菜的气调包装中，也要维持包装内由低浓度的 O_2（一般为 1%～4%），以降低果蔬呼吸强度而又不致产生缺氧呼吸（发酵）。因此，O_2 在不同食品的气调包装中作用与要求是不同的。

N_2 本身不能抑制食品微生物繁殖生长，但对食品也无害，N_2 只是作为包装充填剂，相对减少包装内残余氧量，并使包装饱满美观。

CO_2 是气调包装中用于保护食品最重要的气体。CO_2 对霉菌和酶有较强的抑制作用，对嗜氧菌有“毒害”作用。高浓度 CO_2（浓度>50%），对嗜氧菌和霉菌有明显的抑制和杀灭作用，但是 CO_2 不能抑制所有的微生物，如对乳酸菌和酵母菌无效。由于 CO_2 容易被食品中的水分和脂肪吸收使软包装瘪塌，或浓度过高引起食品有轻微酸味，因而常掺混一定比例的 N_2 使用。

对于新鲜水果蔬菜包装，高浓度 CO_2 可钝化果蔬呼吸作用而延长储存期，但浓度过高又会使植物细胞“中毒”而败坏，一般 CO_2 使用浓度为 1%～10%，不可高于 12%，具体比例视果蔬品种而定。

CO_2、N_2 和 O_2 三种气体是目前气调包装中最常用的气体。它们可单独使用或以最佳比例混合使用，要考虑产品生理特性、可能变质的原因和流通环境，经过实验来确定。

4. 无菌包装

无菌包装，是指被包装物品、包装容器或材料、包装辅助材料均无菌的情况下，在无菌的环境下进行充填和封合的一种包装技术。无菌包装技术诞生于 20 世纪 40 年代后期，60 年代后因材料的发展而得到广泛推广应用，70 年代后引入中国。

在无菌包装中，产品的无菌处理与包装过程是相互独立的，既要对产品做无菌处理，也要对材料与容器进行杀菌处理，且食品加工之前对有关设备也进行灭菌，使作业过程完全处于无菌状态。

目前，无菌包装中采用的杀菌方法主要有加热式杀菌和非加热式杀菌两大类。加热式杀菌包括巴氏灭菌技术、超高温短时间灭菌技术、微波加热技术、电阻加热技术；冷杀菌技术主要有紫外线杀菌、药物杀菌、射线杀菌、高压杀菌、磁力杀菌等。

在这些灭菌技术中，巴氏灭菌技术是一种传统的食品灭菌方法。巴氏灭菌是由德国微生物学家巴斯德于 1862 年发明的，是将食品充填并密封于包装容器后在低于 100℃下保持一定时间，其目的是最大限度地消灭病原微生物。巴氏灭菌温度低、时间短、不破坏食品的营养与风味，主要用于柑橘、苹果等果汁饮料、鲜奶、乳酸饮料、啤酒、酱油、熏肉等食品的灭菌。

5. 防潮包装

防潮包装是采取具有一定阻隔水蒸气能力的材料对物品进行包装，阻隔外界湿度变化对物品的影响，同时使包装内的相对湿度满足物品的要求，保护物品的品质。对一些产品而言，水分是引起其变质的重要因素。例如：湿气侵入包装内，易引起食品发霉变质、金属制品锈蚀等；另外产品中水分向外扩散、蒸发也会引起一系列变质，如水果、蔬菜失水现象，油漆、胶水干缩现象等。为保证产品在储存和运输中不变质，常常要进行防潮包装，尤其是一些对水分比较敏感的产品，更需进行严格的防潮、防湿包装处理。

一般防潮包装方法有两类，一类是为了防止被包装物品失去水分，主要采用阻隔性包装材料防止包装中的水分向外排出；另一类是为了防止被包装物品增加水分，主要是在包装内加入吸湿性材料——吸湿剂等。第一类防潮包装要根据被包装物品的性质、形状、防潮要求和使用特点等，来合理地选用防潮包装材料，进行必要的计算，设计包装容器和包装方法。第二类防潮包装是为了保护物品品质，防止被包装物品增加水分而采用的防潮包装方法，包装内部采取一定的干燥方法，吸收包装内部的水分和从包装外部渗透进来的水分，以减缓包装内部湿度上升的速度，延长防潮包装的储存期。常用的干燥剂有吸附型和解潮型两类。吸附型干燥剂有硅胶、蒙脱石活性干燥剂、分子筛和铝凝胶等；解潮型的干燥剂主要是生石灰等。防潮包装中，干燥剂的用量与防潮材料的渗透率、储存期、包装面积等因素有关。

6. 活性包装

活性包装是指采用活性包装材料，在商品储存流通中，动态地维持一种有利于产品长期保存的包装微环境，从而延长食品货架期或改善食品安全性与感官特性，同时保持食品品质不变的包装技术。

活性包装是一种创新手段，它是将活性物质使用到包装材料上，而不是直接添加到食物中。大多数食物降解或微生物生长发生在食物表面，活性物质和食物组分之间的相互作用或食品加工过程中会减少或抑制活性物质的活性，因此，通过活性包装添加活性物质可能比添加到大部分食物中更有效。

按照活性物质的作用方式，活性包装可分为吸收型的活性包装和释放型的活性包装。吸收型的活性包装是指在包装材料中结合活性物质，或者在包装中放置用活性物质特制的小袋，用于吸收各种不利于食品防腐保鲜的成分，如氧气、二氧化碳、乙烯、多余的水分以及其他有害成分；释放型的活性包装是将活性物质用添加、涂覆或共混等方式，直接与包装材料融合，如制成衬垫、薄膜等，当包装制作完成之后，会向包装顶隙缓慢逸散，释放抗菌和防腐等活性物质，从而达到保鲜、抗菌的目的。

（1）吸收型活性包装　日本三菱公司推出以铁粉为基料的吸氧剂具有多重复合功能，如吸收氧产生二氧化碳；既吸收氧气又吸收二氧化碳；吸收氧产生乙醇等。

澳大利亚一家公司开发了一种薄膜，这种薄膜中包含了具有脱氧功能的还原性有机化合物，使用时一般作为包装的复合层。与用于肉类包装的含有脱氧剂的包装薄膜相同，使用这种薄膜的包装系统在使用包装时需要由 UV 光曝光系统进行激活。薄膜与高阻隔聚合物一起制成酸奶容器，可以有效地降低氧气浓度。

美国杜邦公司开发了一种聚烯烃树脂母料，其具有消除醛的功能，这种商业化母料可以作为中间连接层，与其他线性聚乙烯共挤成型。

Orega 塑料薄膜是韩国生产的一种聚乙烯膜，其中分散了沸石、活性炭和金属氧化物。这种乙烯吸收膜在韩国用于包装水果和蔬菜，可以增加草莓、莴苣、花椰菜和其他乙烯敏感产品的保质期。

（2）释放型活性包装 有些聚合物本质上就具有抗菌的特性，已被人们用于生产薄膜和涂料，壳聚糖就是其中一种。在大量研究中，壳聚糖作为主要的聚合物基质被用来制备抗氧化或抗菌薄膜。而且近年来，基于对天然来源的活性成分抗菌/抗氧化性的研究，比如广泛分布在蔬菜、水果、豆类或种子中的精油或者酚类化合物。研究人员将壳聚糖基质和这些活性成分相结合来延长食品的保质期，保证食品的质量和安全。

乙醇是一种有效的抑菌物质，已被广泛用来提高烘焙产品的保质期，但是如果直接将乙醇喷洒到烘焙产品上，不仅会造成强烈的味道，而且乙醇还会从产品表面迁移到产品内部。有一种含乙醇保存剂的小包，在纸与 EVA 共聚物积层材料小袋中装上吸附了食用酒精的二氧化硅粉末。乙醇蒸发后可抑制 10 种霉菌、15 种细菌、3 种腐败菌的生长，使保存期延长 15 到 20 倍。

一种抗菌薄膜是在薄膜内壁涂一层与金属结合的沸石，当空气透过薄膜时会产生臭氧，可以杀死微生物。

一种用于牛奶的活性包装被用于降低牛奶中乳糖和胆固醇的含量。这种技术是将乳糖分解酶或胆固醇还原酶固定在聚合物中，比如低密度聚乙烯上。乳糖酶活性包装是通过将乳糖分解成葡萄糖和半乳糖，来减少牛奶在储存过程中的乳糖含量，同样胆固醇还原酶将胆固醇转化为其他物质，这些转化的化合物不容易被消化系统吸收。使用这种类型的包装可以生产增值产品而不需要改变生产过程。采用传统工艺生产的超高温灭菌奶，可以封装在一个乳糖酶活性或胆固醇活性包装中，并通过存储使产品到达市场销售地时就成为低乳糖或低胆固醇的产品。

四、货架寿命与自动监测技术

人工智能在日常生活中已屡见不鲜。包装智能化技术的出现，对于新世纪的人类更具亲切性，使人机交互式商务信息的沟通更为简捷。智能包装是在产品流通与销售过程中，监测包装食品环境条件和获取食品质量与安全信息的包装技术。通过检测包装食品环境条件的变化（温度-时间）、包装泄漏（O_2、CO_2）和食品品质变化（新鲜度、微生物）等手段，来监控和传递产品的品质信息，提高管理效率，就可达到减少损失和保证产品品质和安全的目的。

根据世界卫生组织，每年数百万儿童因为食物中毒引起腹泻和腹痛。孩子们可能会在没有意识到或没有注意到过期的情况下饮用变质的牛奶，他们可能还无法阅读过期日期，或者仅仅是因为标签难以阅读。韩国乳制品生产企业 Maeil 设计了一款可视化牛奶包装（图 4-21），该包装使用了一种可以随时间变化的变色标签技术。出厂时包装上的“Milk”这个词用统一的颜色清晰可见，然而随着时间的推移，字母蓝色表面的一部分会发生变化。当过了保质期，人们可以很容易观察到部分蓝色已经完全从单个字母中消失，只留下一个清晰可见的“ill”，这意味着牛奶已经变质了，应该被处理掉。此设计获得了 2021 年

图 4-21　安全可视化保质期计时器（2021 年红点奖）

德国红点奖。

该设计是将变色材料应用于智能包装。变色材料包装是材料智能包装的主要类型之一，它是将光敏、温敏、电敏、压敏等变色材料应用于包装中，这些材料在受到光、电、温度、压力、化学环境等特定外界激发源作用时，会通过颜色变化来做出反馈。具体有以下几种类型。

1. 时间-温度显示标签

时间-温度显示标签能对食品的贮存时间和贮存温度做出显示。时间-温度指示剂记录了食品在贮存和销售期间的温度变化的连续过程，进而预示食品的质量变化情况。时间-温度指示器是建立在化学、机械学、酶学、微生物学等基础上的质量监控系统。作为质量监控器，它可以指示包装食品的温度变化和因温度变化引起的质量下降水平。

美国公司 ShockWatch 产的一款温度时间标签（图 4-22），是用于温度监测记录的产品。该计时温度标签可控制已运出的产品，通过它，客户可以一眼就知道产品在运输或储放期间是否已经暴露在不适宜的温度下。该标签同样可显示是否超过暴露的时间，如果标签暴露在它的反应温度以上，垫片内的化学剂融化变成红色，并且开始沿着内管往下流。该标签有 3 个窗口，化学剂流到每个窗口都有一定的时间，因此，窗口显示红色的时间是可以推算出来的。温度标签可监察货物有否暴露于不合适的温度当中，记录货物运输时所处的温度是否合理，且原有的不合格温度记录不会随着温度和时间的改变而改变，因此被应用于医学用品、疫苗、血/血浆、胶囊产品、化学药品、巧克力、冻结/冷藏食品等。

图 4-22　温度时间标签

2. 新鲜度显示标签

新鲜度指示剂通过对微生物生长过程中产生的新陈代谢产物的反应，来直接指示产品中的微生物质量。食品变质有两种情况：一种是微生物繁殖代谢物导致 pH 改变，主要的代谢产物有葡萄糖、有机酸（乳酸、醋酸）、乙醇、TVB-N 挥发性盐基氮（氨、二甲胺、三甲胺等）、生物胺（酪胺、尸胺、腐胺、组胺等）、二氧化碳、ATP 降解产物及含硫化合物等；另一种情况是脂肪和色素氧化导致风味变异，产生不利的生物学反应和变色成分。

新鲜度显示标签常用来观测产品的品质变化，针对不同代谢产物所开发的新鲜度指示剂，其原理也不相同。大多数的显示技术都是基于食品腐败时微生物代谢物使显示剂产生颜色变化。研究较多的有 O_2 敏感型、CO_2 敏感型、pH 敏感型、TVB-N 敏感型、乙烯敏感型等食品新鲜度指示剂。

2009 年前后日本设计工作室 TO-GENKYO 从食品过期标签的概念出发，研发出可辨识新鲜度的智能变色卷标，他们认为食品标签的有效期限容易有造假情况，而当食材随着时间逐渐不新鲜时会产生氨气，其所发明的具有特殊涂层的智能标签，便能因为氨气浓度的变化进而变色。

TO-GENKYO 智能标签设计成漏斗图样（图 4-23），标签上包含食品的基本信息与产品条形码，当食材的新鲜度逐渐产生变化，沙漏图样便会由白色逐渐变成深蓝色，无论是在卖场购买时，还是回家后冰存，都只要观看标签颜色便能了解食材是否新鲜。

图 4-23　新鲜度显示变色标签

3. 气调包装泄露指示剂

泄露指示卡可以指示包装在整个流通过程中的完整性。气调包装采用较低质量分数的 O_2（2%）和高质量分数的 CO_2（20%～80%）的气氛，以抑制新鲜果蔬的呼吸，抑制细菌的繁殖，延长商品的储存期。其组成与空气之间有很大的差异。包装的泄露会导致包装内外气体的交换，使包装内的氧气质量分数增加，CO_2 质量分数降低，从而降低以致完全丧失气调包装的功能，因此有必要对气调包装的泄露情况进行监控。

为了达到对气调包装进行监控的目的，人们开发了泄露指示卡——O_2 指示卡和 CO_2 指示卡。泄露指示卡通常贴在包装的内侧，可以提供包装内 O_2 和 CO_2 的质量分数的信息，从而指示包装的完整性。

4. 存在问题

（1）绿色安全　由于绝大多数智能包装指示剂的应用领域为食品包装，其安全卫生性成为不可忽视的问题，如 O_2 指示剂中的 MB、TiO_2、SnO_2 等，或 pH 指示剂最初用到的合成色素等，这些材料的安全性以及其可能向食品中发生的迁移，都会给其商业化应用带来障碍。目前新报道的新鲜度指示剂研究所用材料，都由最初的人工合成材料转向一些天然可降解材料和食品接触材料（包括基材和所用色素），这样可以保证其绿色环保和安全卫生。

(2) 灵敏高效　目前报道的智能包装指示剂标签大多采用了显色反应材料作为指示剂，但这些材料易受到诸如环境温度、湿度、酸碱度及其他环境因素的影响，在实际应用过程中往往会出现显色超前或迟滞的现象，容易造成指示偏差，势必会给商家或消费者带来一定的损失。这就要求研究开发人员从指示剂的工作原理和食品腐败规律出发，努力提高指示剂的灵敏度和实效性。

(3) 普遍适用　当前绝大多数新鲜度指示剂只能一对一检测，即开发的新鲜度指示剂仅对一种特定食品对象有效，目前研究开发的焦点也是针对特定食品的腐败规律开发与之匹配的新鲜度指示剂。而当换成其他食品就表现出适用性差的问题，这主要是因为新鲜度指示剂显色过程无法调控，对应用环境也有一定的要求。开发可根据食品腐败规律进行显色精准调控，适用性广的新鲜度指示剂可以节省大量的人力和物力，将是此领域未来的发展重点。

总之，虽然近几年智能包装指示剂的研究开发呈现出百花齐放的态势，但其离广泛商业化应用还有很长的路要走。

第四节　包装与信息安全

作为商品的“外衣”，包装在现代营销中占据着十分重要的地位。包装信息是商品售出前与消费者沟通的第一种形式，能够通过视觉和触觉等手段吸引消费者的注意力，从而提高商品销售额和品牌知名度。一个成功的商品包装设计应该注重以下 3 个方面：信息传递、安全保障和宣传营销。这 3 个方面也是消费者在购买商品时需要关注的重要因素。其中，安全保障是商品包装信息中的重要方面。保障商品安全不仅直接关乎消费者的身体健康和生命安全，同时也是企业履行社会责任的表现和重要因素之一。

一、包装信息安全的重要性

包装的信息安全体现在以下方面。一方面是防伪包装技术中可供识别商品真伪的信息；另一方面是信息型智能包装技术中存储的相关产品在运输、销售过程中的信息；此外，还有商品在物流过程中，商家和消费者的具体信息。这些信息都或多或少体现在商品的包装上，包装信息的安全对于生产者构建品牌特征、维护品牌形象，消费者辨别商品真伪、实现产品溯源，物流运输中追踪产品物流过程，保护消费者个人信息不泄露具有重要的意义。

二、信息安全包装技术

1. 防伪包装中的信息安全

防伪包装就是借助产品包装技术，防止商品在流通与转移过程中被人为地、有意识地切换和假冒的技术与方法。利用包装技术防伪，是目前大多数产品生产厂家采用的主要防伪措施。对于商品的防伪包装，有许多技术可供选用，这些防伪包装技术的难度和防伪效果不尽相同。在选择防伪包装技术时，应遵循一些普遍的标准和依据，即不易被仿制、易于识别、重视时效性。对于“不易被仿制”这条原则包括了几个方面的含义，即包装技术本身不易被仿制，经济方面不易被仿制，包装材料不易被获得，包装设备不可替代，防伪信息具有一定隐藏性等。

（1）材料防伪技术　材料防伪是利用产品的材料或利用产品的内、外包装材料所具备的难以仿造或无法仿冒的特点，来达到防伪目的。常见的防伪材料，如各种防伪纸张、防伪薄膜、防伪胶带已经广泛地应用于商品包装领域。

例如水印纸是在造纸过程中，在丝网上安装事先设计好的水印图文印版，或通过印刷滚筒压制而成。由于图文印版高低不同，使纸浆形成薄厚不同的相应密度，因此图文部分的透光度也不同。这种图案在平常情况下不易看出，在透过强光观察时即可显出预先设计的图文。水印纸早期主要用于钞票等有价证券的制造，随着造纸技术的发展，水印纸已开始在商品包装中应用，并且将成为今后发展的重要趋势之一。类似于这样的防伪纸张，还有含安全线的防伪纸、纤维丝彩点加密纸、防复印纸等。

防伪胶带有自检拆封保护胶带、图文消失型防伪胶带、新型光纤防伪封条等。自检拆封保护胶带共有 4 层：面层为纸质材料，可与油墨防伪、纸张防伪等技术结合，次层是可印刷指定图文标识的易碎膜，三四层为工艺层。该类防伪标识的主要特点是检验时将其面层揭开，便可见次层所印制的内容，如图 4-24 所示。

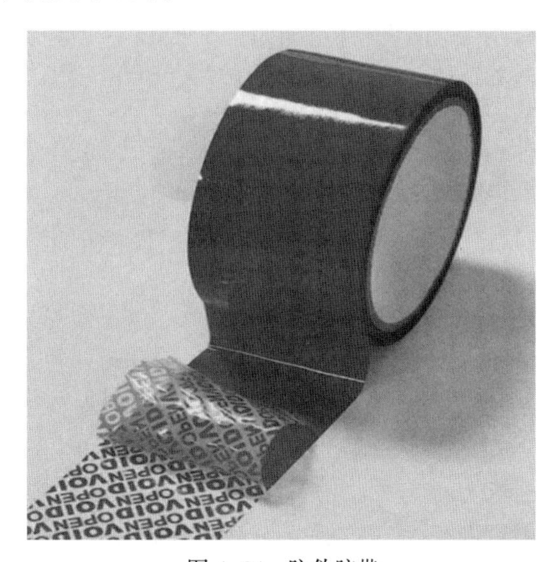

图 4-24　防伪胶带

（2）激光全息防伪技术　激光全息防伪技术也是非常有代表性的一种防伪包装技术。激光全息防伪技术是应用激光彩虹全息图制片技术和模压复制技术，在产品上制作的一种可视的图文和信息，可用于白光观察，在不同的角度摆动能清晰地显示不同的图案。此种工艺对印刷设备及模具的精度要求较高。激光全息图像具有层次感和立体感，因此，不同的观察角度看到图像样式和颜色也会不同。近年来随着激光全息防伪技术和印刷包装材料复合技术的发展，产生很多激光全息防伪印刷和包装材料，并广泛应用于防伪包装和防伪印刷领域，其中比较有代表性的有不干胶型激光全息防伪商标、激光全息防伪纸、激光全息防伪膜等，如图 4-25 所示。

随着数字计算机与计算技术的迅速发展，数字全息技术应运而生。数字全息技术采用 CCD 数码相机代替传统的光学记录材料记录全息图，并直接输入计算机进行数据处理和波前信息的提取。从防伪的角度上讲，数字全息可精密地反映全息图精细条纹的特征，尤其适用于设计专门的识别仪器。数字全息技术依赖于全息图精细条纹的计算方法及相应的

图 4-25 激光全息防伪产品

输出设备，目前比较成熟的有点阵技术和电子束扫描。它具有不需要显影、定影等后续处理，不需要光学元件聚焦，就能方便灵活地再现不同截面上的光波分布等优点，可移植性大大增强。

（3）印刷油墨防伪技术 防伪油墨是指具有防伪功能的油墨，在油墨连接料中加入特殊功能的防伪材料。经特殊工艺加工而成的特种印刷油墨，它是利用油墨中特殊功能的颜料和连接料来达到防伪目的的。常用的防伪油墨有磁性防伪油墨、反应变色油墨、荧光油墨、隐形防伪油墨等。

磁性油墨防伪技术的防伪原理是磁性油墨的颜料采用磁性物质，如氧化铁或氧化铁中加入钴等化学物质。磁性油墨的防伪特征是应用磁检测仪，可检出磁信号，译码后进行识别，其技术要求是磁性颜料为小于微米级的针状结晶，从而使其大小和形状在磁场中极易均匀地排列，带有这种残留磁性的符号与数码通过自动处理装置内的摩擦作用而实现辨认识别功能。

反应变色油墨是指在油墨中加入各种化学物质，在一定条件下（如光、热、湿度、压力等）能发生各种化学反应，从而使油墨改变颜色，达到防伪目的。这类油墨主要有热敏变色油墨、光敏变色油墨（如荧光油墨）、湿敏变色油墨、压敏变色油墨等。

常用的荧光油墨有紫外线激发荧光防伪油墨和红外线防伪油墨。紫外线激发荧光防伪油墨，即在紫外光的照射下能发出可见光的特种油墨，不同的配方可以得到不同的荧光油墨，在紫外光线的照射下可发出红、黄、蓝等颜色的可见光。红外线荧光油墨即在油墨中加入具有红外线激发的可见荧光化合物，在红外灯照射下可发出绿色的可见光。

2. 信息型智能包装技术

信息型智能包装是以通信技术、信息技术等为基础，可以提供产品在运输、销售过程中信息的新型技术，能够实现商品生产、运输、销售信息以及产品溯源等重要通信交流功能的包装，主要有射频识别、条形码、二维码、磁墨水、语音识别、生物识别等。

信息型智能包装技术将商品名称、成分、功能、产地、保质期、重量、价格以及使用指南、警告等信息，以数码或标签形式存储在包装微芯片中，消费者可以很方便地读取这些信息。

（1）射频识别（Radio Frequency Identification，RFID） RFID 技术是 20 世纪 90 年代开始兴起的一种自动识别技术，是自动设备识别技术中优秀和应用领域广泛的技术之一。

射频识别技术是一项利用射频信号通过空间耦合（交变磁场或电磁场）实现无接触信息传递，并通过所传递的信息达到识别目的的技术。

RFID技术集成了光电传感器、温湿度传感器、微控制器、存储芯片、低功耗电子、通信天线等产品功能，研究主要集中在食品生鲜、温度敏感产品等监控追踪及防伪等方面，是应用较为广泛的一种典型的、最具广阔发展前景的信息型智能包装，在商品的防伪、防盗等方面都显示上佳的效果。

RFID技术是一种非接触式的自动识别技术，它通过射频信号自动识别目标对象并获取相关数据，识别工作无需人工干预，可工作于各种恶劣环境。RFID技术可识别高速运动物体并可同时识别多个标签，操作快捷方便。它被认为是21世纪十大重要技术之一，在工农业的许多领域有着广阔的应用前景。

RFID标签可用于商品的防伪及防盗。在商品防伪中应用，只需在电子标签中写入相应的城市或者数字信息，读取的信息上传至总服务器，通过该信息是否与主机内的信息相匹配，即能辨别真伪。该技术目前在酒类、医药类商品以及票务证件等方面得到较好的应用；在商品防盗方面，包装上贴有电子标签的商品，擅自未付款带出商场，经过识别设备时，产生感应电流激发报警器，提醒销售人员有未付款的商品经过，实现防盗功能。

RFID标签具有可重复利用、读取速度快、储存容量大、安全性高、功能稳定、使用时间长、防污能力强、体积小便于封装等优势，且数据实时更新，无需人工干预。此外，RFID技术还有一个重要作用，就是能够防止他人随意篡改或删除产品记录。每个电子标签都在ROM内固化，有全球唯一的ID编号，这意味着每一个产品都有唯一的身份证号码，这种无法修改的ID编号给仿照增加了难度。RFID标签具有的许多特点能满足目前飞速发展的物流运输、快递配送等行业。如电商包装中RFID标签的应用，使商品包装在仓储物流、产品追踪方面有着巨大的优势，在赋予包装一定智能性的同时，又在提高供应链效率、监管库存和减少人力等方面取得了显著效果，为电商包装的减量化提供了新的思路。

（2）条形码技术　条形码简称条码，是由一组规则排列的条、空以及对应的字符组成的标记，“条”指对光线反射率较低的部分。“空”指对光线反射率较高的部分，这些条和空组成的数据表达一定的信息。条、空代表的信息和相应的字符代表的信息是相同的，前者用于机器识读，后者供人眼直接识读或通过键盘将数据输入计算机。条形码当前可分为一维条形码和二维条形码两大类。三维条形码已经被发明，但尚未被应用于市场。

一般情况下所说的条形码是指一维条形码，作为商品代码的条形码，其本身并不具备防伪功能，但是如果能够合理使用条形码技术，就可以使商品条形码具有防伪功能。比如选用合理的条形码符号载体、合理选择条形码印刷方法、合理设计条形码在商品或包装上的位置等，均可以起到一定的防伪作用。

近年来，随着信息自动收集技术的发展，用条形码符号表示更多信息的要求与日俱增。一维条形码虽然提高了信息收集与处理的速度，但由于受到信息容量的限制，一维条形码仅可作为一种信息标识，而不能对产品进行描述。此外，一维条形码的明显缺点是垂直方向不携带信息，信息密度低，在一定程度上不能满足实际需求。这就要提高条形码的信息密度，并且又要在一个固定面积上印出所需信息，这就产生了具有高密度、大容量、抗磨损等特点的二维条形码。二维条形码是指在水平和垂直方向的二维空间储存信息的条形码。二维条形码除了具有一维条形码的优点外，同时还有信息量大，可靠性、保密性、防伪性强等优点。近年来，二维条形码在实际应用中逐渐有了较大发展，被应用于运输行业、身份识别卡、海关、税务、政府部门、公司、资产跟踪等。

另外，三维条形码、隐形条形码技术和基于电磁涡流原理的金属条形码技术具有很好的防伪性能，在防伪包装和防伪印刷中具有较好的应用前景。

隐形条形码防伪技术是防伪行业最新发展的技术。由于隐形条形码能达到既不破坏包装装潢整体效果，也不影响条形码特性的目的，同时隐形条形码隐形以后，一般制假者难以仿制，其防伪效果很好，并且在印刷时不存在套色问题，因而可以被广泛地应用于书刊、门票、证卡、发票、产品包装等领域。目前使用的隐形条形码主要有 3 种形式：覆盖式、光化学处理式和隐形油墨式。另外还有一种纸质隐形条形码，这种隐形条形码的隐形介质与纸张通过特殊光化学处理后融为一体，不能剥开，仅能供一次性使用，人眼不能识别，也不能用可见光照相复印仿制，辨别时只能用发射出一定波长的扫描器识读条形码内的信息。

金属条形码也是公认的具有防伪功能的条形码之一。金属条形码是 20 世纪 90 年代出现的一种新型条形码系统。该条形码系统包括金属条形码、识读设备两大部分，是集编码技术、激光技术、计算机技术、加密防伪技术等先进技术于一体的高技术产品。金属条形码的条由金属箔经电镀后形成，表面有凸凹感，可弯曲，能承受一定的外力作用，一般在条形码的表面再覆盖一层聚酯薄膜。金属条形码的识读原理是靠电磁涡流进行的，由专门的金属条形码阅读器识读。金属条形码系统能广泛地应用于自动控制、检测、自动化管理中。在防伪领域，由于金属条形码制作的独特设备与复杂工艺难于仿造复制，同时该技术属于专利垄断技术，不易流失。金属条形码可根据用户需要而变化条形码内在信息，赋予每条金属条形码标签不同的内容，无法破译。将金属条形码标签粘贴于物体表面，在打假防伪中，不但从直观视觉可以区分未带金属条形码的仿冒产品，还可从自动识别这一技术确认内在信息加以鉴别，使执法者和消费者都能十分方便地分辨仿冒伪劣产品。

（3）数字水印技术　数字水印技术是一种信息隐藏技术，它是为适应信息隐藏与跟踪需要而诞生的，是近年来国际信息安全技术领域的一个前沿研究课题，是一种可在开放的网络环境下实现信息隐藏与跟踪的新型技术。它与信息安全、信息隐藏、数据加密等均有密切关系。另外，由于高精度彩色打印机、复印机及扫描仪的出现，很多新颖的印刷防伪手段也经常出现被假冒仿造的现象，盗版以及假证市场猖獗。数字水印技术作为一种技术含量高、成本低、应用方便的新型防伪技术应运而生。

数字水印技术通过一定的算法，将一些标志性信息直接嵌到公开信息中，以达到隐匿信息存在的目的。其在知识产权保护、保密通信与内容鉴别等领域，都具有广泛的应用价值。

数字水印过程是向被保护的数字对象（静止图像、视频、音频等）中，嵌入某些能够证明版权归属或跟踪侵权行为的信息（作者的序列号、公司标志、有意义的文本等）。与传统加密系统不同的是，数字水印技术应用的主要目的并不是限制对媒体的访问，而是确保媒体中的水印不被改变或消除，从而可以判别对象是否受到保护，监视被保护数据的传播、真伪鉴别和非法拷贝、解决版权纠纷，并提供相应的证据。此外，也可用于保密通信和隐含信息标注等。依据所嵌入的主媒体不同，数字水印主要可分为图像水印、音频水印、视频水印、文本水印和网络水印等。

将数字水印技术用于产品印刷和包装的防伪，不仅安全可靠，还具有无需改变原有印刷工程工艺流程，无需增加印刷成本等特点，只需通过专用软件处理，就可将防伪信息嵌入印刷和包装产品。数字水印用于印刷和包装防伪领域中，有效地克服了目前很多防伪技术科技含量不高、升级慢、随机性差的弊端。数字水印印刷防伪特别突出了防伪的唯一性和不可仿制性，具有高保密性和随机性以及不改变原印刷品的视觉形象，不改变成熟的印刷工艺，不改变印刷材料与设备，不增加印刷成本的特点，彻底更新了印刷防伪的传统观念。

3. 物流过程中的信息安全

因为通过物联网上的信息都是开放的，每个人都是可以获取的，所以很容易导致信息泄露的问题，很多信息可以通过物联网进行分享，换句话说，物联网的目的就是分享信息。但是正是由于信息的共享，会导致很多信息的安全问题，特别是一些黑客，这些黑客用他们自己的技术能够将物联网中的信息进行提取，并且使用，他们的这些做法无疑会给一些公司带来损失，比如说将货物的信息，或者是客户的信息进行泄漏，如果这些黑客将这些信息转卖或者是拿来自己使用，将会对原企业的发展带来不好的影响。

为了保证信息的安全可以采取以下的方法来进行维护，比如说当有些信息被异常提取，那么可以让公司的技术人员对这些信息的异常提取进行紧急的修复和管理，如设置限制异常访问；另外一方面是信息泄露的问题，为了预防这个问题，专业技术人员应当对信息进行实时的监控，在遇到问题的时候进行及时修复。由此，即便物联网技术具有开放性、统一性，但是通过建立完善的防御网攻击系统，能够有效地防御被黑客进行信息获取，从而更加保证了信息的安全。

包装技术智能化是未来发展的一个必要趋势，由于物联网技术在近些年的不断发展，包装设计也会更加智能、更加高级化，互联网技术中的射频识别技术、NFC 技术、大数据技术等，这些技术的发展和使用都能够使包装设计及管理实现远程化、智能化，这对于供应链上的商品进行管理，具有重大的意义，能够提高生产效率以及物流企业的效率。

第五节　包装工艺与技术的发展趋势

进入 21 世纪，随着世界经济发展的浪潮，现代包装科学进入了一个新的发展阶段。包装科学与其他一切科学技术一样，需要与时代的脉搏相适应，根据现行国际政治、经济与科学技术发展的趋势做出相应的发展规划。包装工艺与技术未来的发展动向大致包括大力研究开发新技术和新工艺，提高包装工艺效率，发展自动化包装机械和自动包装生产线，提高包装精度与保证包装品质；坚持绿色包装理念，大力发展循环经济，保护环境，减少污染；加强计算机辅助包装设计结合人工智能技术，实现包装自主控制和管理；充分利用大数据平台，结合信息技术，全方位融入数字化包装时代等方面。

一、包装新材料、新工艺的研究与开发

随着经济的迅速发展和生活质量的提高，人们的生活理念和消费模式正在发生重大变化，对产品的包装也提出了新的要求。产品的包装要以多样化、多功能化来满足现代人不

同层次的需求。消费者需要高质量的产品满足他们不断变化的生活方式；生产者需要最新最好和最划算的包装工艺来满足市场要求，并获取期望的效益。

近年来，随着包装科技的迅速发展，国内外相继研发出品种多样的包装新材料，开发了许多包装新工艺、新设备，设计出大量功能独特的包装新产品。新材料有高阻隔材料、阻燃材料、可食性材料、缓释材料、超疏水/亲水材料、自清洁材料、形状记忆材料、变色指示材料等；新技术有吸收型活性包装、释放型活性包装、信息记录型智能包装、感知型智能包装、功能结构智能包装等；新型包装设备，例如在充填机中采用先进的双工位充填系统，即设有粗细两个充填工位，大部分物料在粗充工位上进行高速充填，然后工件被送到检测工位，由计算机系统计算出达到最后数量所应补充的物料量，把计算结果送到细充工位，再由细充头组配并充入所需要的物料，最后还可由计量工位检测其是否合格，并将不合格品剔除，以确保包装件的精度。

现代包装大都采用了机械化或自动化包装，在包装设备上设置了光电及电磁检测和选别装置等，有的还采用电子计算机作为自动调节控制系统，大大地提高了包装机的自动化程度。从机械化、单机自动化到包装流水生产线，到自动包装生产线，到自动化包装车间，到自动化包装工厂，是包装工艺发展的一个趋势。为了适应中小批量多品种物料的包装，还可以开发具有广泛适应性的特种包装机，将计算机、机械手、机器人等更多地应用于自动上下料装置、自动仓库和输送系统。采用高自动化、低能耗的包装设备，不仅可以提高生产率、减轻劳动强度，同时还能为生产商创造更多的价值。

二、可持续包装理念的推进

在习近平总书记“绿水青山就是金山银山”思想的引领下，建设“两型社会”可持续发展的概念已深入人心。可持续包装是包装技术的新理念，它是符合国民经济在科学发展观思想指导下进行可持续发展战略的包装技术。可持续包装应该在整个生命周期中，对于个体和社会都是有益的、安全的、健康的。可持续性包装要求在包装设计中考虑优化材料和能源，包装性能和成本达到市场标准要求，在包装、制造、运输和再循环过程中使用再生能源，最大限度地使用可再生和可再循环材料，高效率的循环回收，为再生产品提供更有价值的原料。在包装生命周期内，对个体和团体有益，可以保证安全和健康。它与循环经济的理念是一致的，既以资源的高效利用和循环利用为核心，以低消耗、低排放、高效率为基本特征，是针对大量生产、大量消费、大量废弃的传统型资源增长模式的根本变革。毫无疑问，包装工业应该适应循环经济发展的需要。

工业企业作为全球构成的一部分，随着经济日益发展和增长，对于造成社会或环境负面影响的后果，应该负有责任。例如，包装的采购、生产、运输和废弃对环境和地球周围的社会都会有负面的后果。企业如果通过智能包装和系统的设计，有可能设计出对环境和社会没有潜在的负面影响的包装。

可持续发展的基本内容是经济增长和繁荣。可持续包装倡议的多种策略，使其在性能和费用上能够满足甚至超过市场需求，其中包括改进包装设计、优化资源利用、提高材料选用和资源回收再生等。还有教育企业成员、供应者、消费者乃至监管者，使他们在可持续包装策略与现行市场需求两者之间进行沟通。包装链实行广泛的协作，可以帮助发现机遇，改进材料和包装系统，并且能够以成本为零或很少使可持续性得以发展。

三、计算机辅助与人工智能

计算机辅助包装设计（Computer Aided Packaging Design，CAPD）是一个内涵非常丰富的概念。包装结构（Computer Aided Design，CAD）主要利用计算机绘制各种包装的结构图，在计算机辅助包装设计中，它是研究的最深入、应用历史最长、应用范围最广的，几乎所有包装产品的结构设计水平都可以通过 CAD 技术得到大幅度的提高；运用包装装潢 CAD 系统，包装设计人员可以将他们的构思快速逼真地表现出来，避免人为因素的影响，同时能够简单、迅速、方便地对设计方案进行修改，提高设计质量和效率，缩短设计周期，从而能方便地满足设计需要；包装工艺 CAD 利用计算机强大的计算功能计算，优化各项包装工艺参数，可使包装工艺设计不完全依赖实际测试，一方面提高了设计效率，另一方面节约了设计成本。

计算机辅助制造技术（Computer Aided Manufacturing，CAM）是随着计算机技术的飞速进步而迅速发展起来的，高新技术现已成为继计算机图形学、数据库、网络通信等领域知识于一体的先进制造技术。计算机辅助制造技术在包装行业的开发应用已有 20 多年的历史，现代化商品经济的飞速发展对产品的包装质量、包装企业的生产效益等提出了全方位的挑战，CAD/CAM 技术在包装行业的推广应用已成为发展的必然趋势。

人工智能技术发展到目前，其主要应用领域有人工生命、模式识别、定理证明、机器学习、自动程序设计、自然语言处理、人工神经网络、智能决策系统等。在包装领域结合人工智能技术，能利用机器学习优化包装的使用体验，还能一定程度上实现包装的自主控制和管理，方便消费者与企业对包装进行控制。

大数据的发展为物联网管控式包装注入了新的血液，此类包装能够通过传感器和数据分析电子元件，把得到的信息传送至云服务平台，依据大数据推算出最优化的操作方案，并返回信号给包装，以实现对包装的自动化操作。与其他物联网管控式包装相比，使用大数据的智能管控包装最大的优势就是它可以不受人为干预自主控制包装。这种控制是在进行数据分析之后，由系统推算出最优、最简单、最有益的并能够直接作用于包装的控制方式，已经接近人工智能包装的基本形态。

作为中国制造 2025 的最终目标，智能制造是新一代信息技术与制造技术融合发展的结合点。目前已经有不少包装生产线开始引入机器人。随着包装行业对设备要求的不断提升，智能化包装机型将逐步替代传统，成为未来的主流，将机器人和包装设备整合到一条生产线上，再通过工业互联网、大数据技术，进一步提升生产的效率，为用户实现智能工厂。

四、信息时代包装的发展走向

传统包装已经进入到数字化包装时代。传统包装有保护产品、方便储运、促进销售的功能，但包装上印刷的平面广告承载的信息有限，无法收集消费者数据，用后即弃，性价比低。现代包装借助移动互联网技术、物联网技术，将包装实体印刷信息以数字化信息的方式展示出来。数字化包装有观赏、鉴真、追溯、互动、娱乐、社交等海量信息承载能力，及时全面收集消费者的数据，助力企业营销，性价比很高。

数字化包装通过感知入口技术实现包装信息进入互联网，最常见的入口技术有微信码、K码、微纳光学码、多层结构码、OFID、RFID等。包装和产品的相关信息通过信息处理，就可以实现链接识别、品牌诠释、创意设计、商品查询、极速鉴真、全程溯源、追溯管理、消费确认、数据材料等。此外，通过虚拟现实技术可以实现产品与消费者的互动，增进产品与消费者的黏性。数字化包装打破原有传统产业的不经济、区域性分散、个性化缺乏等制约点，实现企业的跨越式发展。对于包装行业融入云计算、大数据、物联网技术，在传统包装模式的基础上，通过打造互联网包装平台，实现从设计、包装、印刷、制造再到一体化服务的全产业链整合。

数字化包装利用高速发展的信息技术为传统包装赋能，它兼容并升级了传统包装，是5G时代应用场景下产品的良好载体。这种包装形式可用于食品、药品、日化用品等领域，它能有效地管理和控制产品及包装的使用，为人们提供更健康的生活方式。

互联网包装可将产业链条各方主体相互连接至同一个平台，通过信息化、大数据、智能化，可实现包装制造、包材供应、包装设计与客户订单的最优匹配，从而为客户提供快速、便捷、价格低廉的一体化优质服务。“互联网+”有望重塑包装印刷产业竞争格局，行业整合也将迎来新的驱动力，行业大联合将成为可能。

互联网包装使人们的购物更加便利化、安全化，使包装趋于个性化、自动化。互联网包装面临的机遇与挑战并存，但机遇大于挑战。“互联网+包装”将会推动包装业的发展，实现包装业务的转型升级，实现包装印刷产业由中国制造向中国“智造”转变。

第六节 包装工艺技术基础理论

研究包装工艺与技术能够正确地设计包装工艺规程，确定包装工艺方案，解决生产中的实际问题，而这些设计和工作是建立在坚实的理论基础上的。包装工艺相关的理论基础有以下内容。

一、包装工艺的四大基础理论

包装工艺的四大基础理论便是上文中提到的包装工艺相关的物理学、化学、生物学和气象环境学基础理论。这些基础理论既包括浅层次的关于产品的理化特性，产品在流通中可能发生的变化规律，这些理论基础在学生中学时期的知识体系中已大部分构建；同时也包括深层次的数学计算、动力学、热力学原理。比如，基于浓度梯度的菲克扩散定律、基于温度梯度的傅里叶导热定律、基于速度梯度的牛顿黏度定律等，这些理论体系需要在大学的通识课程中建立。需要在这些理论学习的基础上构建包装工程专业理论体系，这对了解产品以及包装品的特性，认识产品在流通中的变化规律，分析选择最佳的包装工艺方法，计算包装生产的具体参数具有重要意义。

二、包装工艺的材料学基础理论

各种包装工艺技术的实现，依托于不同种类、特性的包装材料。从古至今，可用作包装的材料种类繁多，大体可分为纸、金属、塑料、玻璃陶瓷和复合材料等。必须掌握这些材料的物理化学性能、加工制备方法，了解与其相匹配的工艺技术和被包装品，才能进行正确的选择。包装材料学属于包装工艺学的重要先导课程。

三、包装工艺的设计学基础理论

包装工艺的设计学基础理论包括包装容器结构设计、造型设计、包装机械设计以及包装工艺规程设计等。这些理论涵盖了美学、人因学、机械设计、工业设计等相关内容，是作为包装工程师所必需的基础理论。

四、包装工艺的计算机学基础理论

计算机被应用于包装设计的各个环节和包装自动化控制领域。计算机辅助包装设计不仅能够有效提高设计速度，而且基于计算机的先进信息处理技术，可以有效地保证设计结果的综合最优化。

计算机辅助制造技术，通过将计算机与相应的包装生产设备相连接，实现计算机系统对包装设备的控制，完成对生产的计划管理、控制及操作。比如纸盒 CAM 系统、瓶形容器 CAM 系统等。计算机应用的不断普及和提高，必将推动我国包装工业整体水平的全面提高。对于各类计算机设计软件、仿真软件和辅助制造技术的学习，是成为一个合格的包装工程师的前提。

第五章　包装与物流

本章导读

物流方式及流通过程中的环境条件是影响商品质量的重要因素，物流方式主要有公路、铁路、水路、航空运输等，流通过程的环境条件主要有冲击、振动、挤压、气候条件等。环境条件不同，对商品的破坏作用也不同，需要选择不同的包装材料，设计运输包装系统对产品进行保护，保证产品的安全、快速流通。

本章学习目标

通过本章学习，使学生们充分理解包装与物流的关系，认识到运输包装的作用是使商品能够经受物流过程中多种环境因素的影响而不发生破损，为达到此目的，需要选择包装材料，基于包装设计理论进行运输包装系统设计，然后采取一定的加工成型方法制作运输包装系统。

第一节　物流对商品及包装的影响

一、物流方式及环境条件

我国国家标准《物流术语》（GB/T 18354—2021）对物流的定义为：物品从供应地到接收地的实体流动过程，根据实际需要，将运输、储存、装卸、搬运、包装、流通、加工、配送、信息处理等基本功能实施有机结合。目前主要的物流方式有飞机、火车、汽车、船运等，每种物流方式一般会涉及装卸、运输、仓储等环节，对于不同的物流环节，环境条件的作用是不同的。

1. 物流方式

（1）公路运输　公路运输是指主要使用汽车在公路上进行货物运输的方式。公路运输受天气、驾驶人员、路况影响较大，但灵活便捷，主要承担近距离或中距离的、小批量的货运，以及铁路、水路运输不易到达地区的长途、大批量货运，或铁路、水运优势难以发挥的短途运输。公路运输条件下，汽车加速、减速时的水平冲击，路过不平路面的垂直冲击，常常会导致产品破损，需要针对运输过程的冲击对产品进行包装。我国已经形成了世界上最庞大的公路网络，为公路运输提供了便利。图 5-1 所示为专用卡车运输的大型木质包装件。

（2）铁路运输　铁路运输是指使用铁路列车运输货物的方式。铁路运输受天气、驾驶人员、路况影响较小，主要承担大批量、长距离、固定路线的货运。在没有水运条件地区，几乎所有大批量货物都是依靠铁路，铁路运输是干线运输中的主力运输形式。图 5-2 所示为中欧班列的跨洲际铁路运输，中欧班列已经成为我国一带一路倡议的重要载体。中欧班列促进了我国商品的出口，因此，对懂外贸、又具备包装专业知识的复合型人才提出了需求。

（3）水路运输　水路运输是指使用船舶运送货物的运输方式。水运有内河、沿海、近海、远洋 4 种运输形式，主要承担大数量、长距离的运输，是干线运输中的主力运输形式，是洲际超大宗货物的首选运输方式。图 5-3 所示为集装箱运输船海运。

图 5-1　大型木质包装件的公路运输

图 5-2　中欧班列的铁路运输

（4）航空运输　航空运输指使用飞机或其他航空器进行运输的一种形式。主要适合运载价值高、运费承担能力很强的货物，或紧急需要的物资。主要有班机、包机、集中托运 3 种运输方式。近些年我国航空运输发展迅速，尤其是快递业航空运输的发展，极大地促进了我国内循环经济体系，图 5-4 所示为圆通速递航空运输。航空运输成本高，因此需要针对航空运输的特点，在包装材料选择、包装容器的轻量化方面进行设计。

（5）管道运输　管道运输主要用于输送能够流动的大批量产品，是利用管道输送气体、液体和固体料浆的一种运输方式。目前我国与俄罗斯及中亚邻国已建立了天然气输送管道，每年天然气输送能力达到千亿立方米。

图 5-3　集装箱运输船海运

图 5-4　圆通速递航空运输

2. 流通过程对产品的影响

无论哪种运输方式，在产品流通过程中，环境均会对运输的物资产生影响。流通过程一般包括 3 个环节：装卸、运输和仓储。图 5-1～图 5-4 所示为典型的运输过程，图 5-5 和图 5-6 所示为人工装卸和机械装卸，图 5-7 所示为瓦楞纸箱包装件的仓储堆码状态。流通过程的各个环节对产品的主要影响因素是不同的，如装卸搬运时的主要破坏因素是包装件跌落冲击、运输过程中的振动、仓储状态下的堆码载荷作用等。在整个流通过程中，产品和包装容器均会受到气候环境因素的影响，如温湿度、雨水、大气压、盐雾，或其他物质的腐蚀、沙尘和阳光等，也会对产品或包装造成损坏；生物因素，如霉菌、昆虫和鼠等；人为因素，如盗窃、野蛮操作等，都会不同程度上影响产品及包装容器的性能或质量。流通过程中的这些影响因素，许多是在产品的设计阶段未充分考虑的，需要通过包装设计解决。

图 5-5　人工装卸

图 5-6　机械装卸

水上、陆地、空中运输过程，除温度、湿度情况相差甚大外，物体承受的冲击、振动载荷情况大不一样。因此，选用包装材料既要考虑材料的耐温、耐湿性能，又要考虑材料的强度和可塑性等。针对不同的产品、不同的流通环境条件，需要选择适当的包装材料，设计、加工成不同的运输包装功能结构，实现对产品的保护功能。

图 5-7　瓦楞纸箱包装件的仓储堆码

二、物流包装的功能

从物流的定义上可知，包装是物流的重要环节，是产品安全、快捷流通的保障。物流包装是以优化运输储存等物流环节作为主要目的的包装，物流包装具有保障产品安全，方便物品的储运装卸，加速交接、点验等作用。物流包装具体的功能包括以下几个方面。

1. 保护产品安全

在整个物流系统中，应考虑物流过程机械载荷对产品造成的损伤，如振动、撞击、刺穿和挤压，以及货架、堆码或运输工具的倒塌和颠覆等。此外，还应考虑来自物流过程自然环境造成的损伤，如雨淋、浸水、湿度、温度、腐蚀、虫蛀、鼠害、盗窃、辐射等。图 5-8 所示为包装不当造成的内装产品的大量损坏，会对商家造成不可估量的损失。

2. 提高货物在物流过程中的操作效率

包装的功效在物流操作中，直接影响到货物从车辆的装卸、仓库的货物收发、移动到车辆和仓库的体积利用率。因此，物流包装设计应与整个物流系统相协调。图 5-9 所示为包装件在托盘上的堆码状态，恰当的运输包装件设计能够实现在托盘上的整齐堆码，提高装载率，降低运输成本，为企业带来效益。

3. 传递信息

现代物流系统的信息化，要求包装上应具备便于现代化管理的电子代码等标识。货品的识别标识、生产厂家信息、产品名称、内装物数量、生产及发货日期、储运标识等信息，在收货、选货及运单确认时极为重要。

图 5-8　包装不当造成的产品损坏

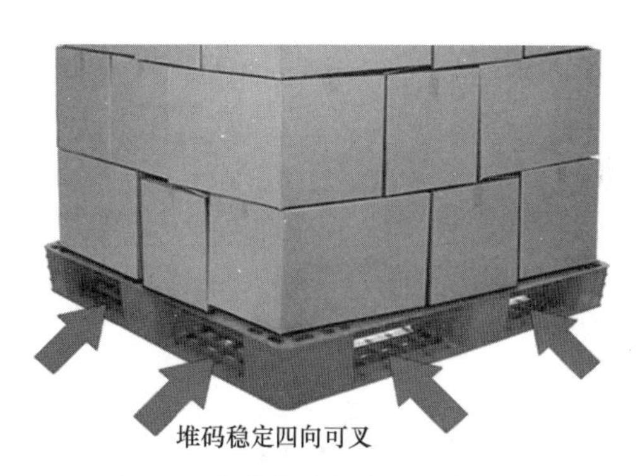

图 5-9　包装件在托盘上整齐堆码

4. 便于回收再生，减少对地球生态的破坏

发展可持续包装已经成为包装行业从业人员社会责任的重要内容。1992 年在巴西里约热内卢举行的联合国环境与发展大会上，各国就人类发展道路取得了世界范围内的共识，通过了《里约环境与发展宣言》《21 世纪议程》，提出了可持续发展的战略，既在满足当代人需要的同时，又不损害人类后代的需要；在满足人类需要的同时，不损害其他物种的需要。1997 年中国共产党第十五次全国代表大会把可持续发展确定为我国的一个重大战略。2002 年中国共产党第十六次全国代表大会把“可持续发展能力不断增强”作为全面建设小康社会的目标之一。

5. 兼顾促进销售

物流运输包装在满足对产品的保护功能的同时，应兼顾促销功能。如通风孔、手孔的位置、形状等可以兼顾对产品的展示功能，对包装件尺寸的设计兼顾美学原则，使得物流包装也具有美化、宣传产品和促进销售的包装功能。图 5-10 所示中的手孔设计，既便于流通过程的装卸，又方便销售时用户取货提取，兼具运输及销售功能。

图 5-10　手孔设计

三、物流包装设计的基本原则

为满足物流包装的要求，物流包装设计时，应遵循以下原则：

1. 标准化原则

我国对物流包装件的尺寸、质量、标志、环境条件和基本试验方法，都制定了比较完整的标准，在设计物流包装时应优先选用国家标准。出口产品还应考虑 ISO 或出口国的标准。如 ISO 3394 将 600mm×400mm 作为包装件长、宽尺寸基数，称为包装模数。国际贸易时，物流包装件的长、宽尺寸设计应尽可能以此为基数。国家标准 GB/T 4892—2021《硬质直方体运输包装尺寸系列》中，将 600mm×400mm 与 550mm×366mm 作为包装单元的长、宽尺寸基数。物流包装的标准化有利于促进集合包装容器的回收、复用，能够提高产品的流通效率，并降低流通成本。

2. 集装化原则

集合包装是为了提高物流效率，减小物流成本，集合包装还能够降低小包装和中包装的包装成本。实践表明，大批量产品在运输时如果不采用大型集装器具，产品的内包装的强度需要增加 1.5~2.0 倍，同时物流效率较低，常常会出现失窃或丢失的现象。因此，集装化已成为大批量产品物流包装设计着重考虑的问题。图 5-11 和图 5-12 所示是目前应用最为广泛的两种集装工具。

图 5-11　托盘集装

图 5-12　集装箱

3. 多元化原则

随着国际贸易、电子商务的发展，市场对产品多样化的需求逐渐增加。物流包装设计也要坚持多元化原则，需要适应市场的多样化趋势，设计的物流包装尽可能地满足不同形状、尺寸、重量等产品包装的要求，以及不同消费目的、不同流通环境条件的需求。如，湖南某食品有限公司针对用户的不同需求，电商部开发了家庭装和多种便携式的礼盒包装形式，家庭装物美价廉（图 5-13），礼盒装包装精美，方便携带（图 5-14）。目前这些产品利用兴盛优选、十荟团、多多买菜、美团优选、橙心优选等社区电商平台售卖，多元化的包装设计使公司取得了比较好的收益。

4. 科学化原则

进入 21 世纪，包装新材料、新技术、新需求日新月异。随着我国及全球基础建设的进行，物流环境条件也在逐渐提高。在设计技术方面，目前 CAD 在物流包装器具设计方面的应用已经比较普遍，CAE 技术的应用也逐渐得到重视。物流包装应坚持科学化原则，要适应流通环境条件的变化，选用新材料，利用先进的设计方法和加工技术，开发出保护

(a) 家庭装案例1

(b) 家庭装案例2

(c) 家庭装案例3

(d) 家庭装案例4

图 5-13　挂面的家庭装

(a) 礼盒装案例1

(b) 礼盒装案例2

图 5-14　挂面礼盒装

功能更强、成本更低的新型物流包装形式。例如，对于重量比较轻、体积比较小的产品，传统的包装件体积也比较小，体积过小的包装件采取电商平台销售时容易丢失。希瑞尔公司开发的悬空包装形式，将小体积的产品利用高弹薄膜紧固在折贴纸质空间结构上，形成了比较大的包装空间，在流通过程中既保护了产品，又不容易丢失，是一种针对电商物流方式的科学的设计。

5. 生态化原则

绿色发展、可持续发展已经成为国家战略，既要金山银山，也要绿水青山。因此，物流包装设计必须考虑环境保护和绿色包装的要求，尽可能使用可降解材料，进行科学的减量化设计，做到资源消耗少、尽量能够重复使用、便于回收、有利于再生等。

四、电子商务对运输包装的挑战和机遇

随着经济的全球化发展，商品的流通范围越来越广，流通方式越来越多，电商物流是近 20 年发展起来的新兴行业。电子商务已经成为国民经济的支柱产业之一，以淘宝、京东、拼多多等为代表的电商平台发展迅速，电商物流方式对运输包装的发展提出了新的挑战，也提供了新的机遇。主要表现在以下几个方面。

1. 电子商务对运输包装的挑战

（1）存在产品破损率高的问题　电子商务行业近些年在我国得到迅速的发展，目前网购商品的快递物流大部分还需要人工转运、转送。完成一次网购，在整个流通过程中装

卸搬运的次数一般不少于5次，每次装卸搬运都会对商品或包装造成不同程度的影响，商品或包装的破损现象时有发生，客户拒收、退货、索赔率高。我国电商从业人员多，许多商家并不了解电商物流的环境条件，电商从业人员一般不是包装专业技术人员。为了节约成本，许多商品的快递包装使用一个塑料袋做外包装，而没有对产品进行全面的保护措施，许多电商往往因为包装设计不当导致难以为继。在电商物流的末端环节，往往是大量的、大小不同的商品的混装运输，商品处于无序状态，快递员随意抛掷商品的现象大量存在，这种简单的包装极易造成内装商品发生破损。

(2) 过度包装与包装回收问题　我国过度包装问题十分突出，表现为包装体积过大、包装材料使用过多、装潢等超出包装的实际需要。其后果是浪费了包装材料与物流运力，造成固体废弃物不断增多，使很多城市出现垃圾成山、垃圾围城的现象，甚至很多偏远的小镇也被垃圾围困，对水资源和土壤造成污染。由于网购增长迅猛，电商为了保证商品在物流过程中不受损以获得顾客的认可，只能对商品进行重重包装，过度包装尤为突出。同时，我国物流包装的回收体系还没有建立起来，除大部分纸箱能回收利用外，其余像塑料袋、充气垫等物流包装材料难以回收，使城市垃圾问题日益严重。

(3) 物流与包装体系脱节　电商物流环节比较复杂，涉及各种运输方式与运输装备。目前，物流标准与包装标准不配套、物流行业非标准化等问题严重，导致物流事故与成本增加，无效作业环节增多，降低了物流速度与服务质量，严重影响我国物流企业的效益和竞争力。究其原因，一方面物流包装体系标准不统一，甚至没有标准；另一方面现有包装标准中的包装标志、技术规范、包装检验等规定远远跟不上电商物流的发展速度，不能很好地解决电商物流包装存在的特殊问题，所以物流包装系统化、标准化工作至关重要。

2. 电子商务对运输包装发展的机遇

电商物流是一个系统工程，须多方协作与配合，从产品包装设计开始，综合考虑各种因素才能得到最优的电商物流包装方案。如物流配送企业开发出了可折叠、可重复使用的物流周转箱、充气箱和充气垫等新型包装，避免物流产品破损及减少一次性使用的二次包装。行政管理部门应该组织开展相关研究，制定切实可行的行业标准，加大包装废弃物的回收监管力度。对网购量大的产品，生产者应设计电商专用包装，尽量避免电商物流时二次包装。在传统包装方面应针对电商物流配送情形提供二次配送包装设计及使用建议，如根据电商物流环境及商品的质量、体积、易碎性、耐压性、防潮性等因素，对商品进行等级分类，并在原包装上进行标识，给电商选择合适的物流包装提供依据。

由于电商物流行业的快速发展，人们对物流包装的结构、外观、成本、环保等方面将提出更高要求。应该针对电商物流包装的特点和存在的问题，系统研究个人信息安全、品牌设计、过度包装、物流包装系统化、标准化等问题，同时加大电商物流转运、配送专业器具与可重复利用的折叠周转箱系列产品的研发力度，以适应电商快速发展的节奏。

第二节　物流运输包装设计基础理论及形式

为了尽可能降低运输流通过程对产品造成损坏，保障产品的安全，方便储运装卸，加速交接点验，人们将包装中以运输储运为主要目的的包装，称为运输包装。广义的运输包装，包括缓冲包装、防潮包装、防霉包装、保鲜包装、防静电包装、收缩包装等。狭义的运输包装是以力学为基础，主要解决装卸、运输、储运过程中机械载荷对产品造成的影响。

一、缓冲包装及设计基础理论

产品在流通过程中不可避免地会受到振动和冲击的作用，因此，缓冲包装是易损产品能够安全流通的重要保障。对于有易损件的产品（仪器仪表、家用电器、计算机等），一般基于产品脆值进行缓冲包装设计。泡沫材料缓冲性能优良，图 5-15 所示为笔记本电脑的泡沫衬垫缓冲包装。图 5-16 所示为笔记本电脑的气柱袋缓冲包装，气柱袋缓冲包装将高性能的塑料薄膜对空气进行了封装，充分利用了塑料材料的性能和空气的性能，成本低、缓冲性能好，已经成为电商产品内包装的主要形式。

图 5-15　泡沫衬垫缓冲包装

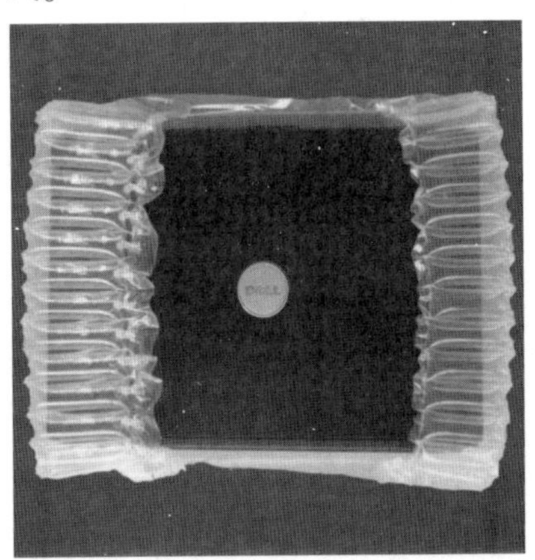

图 5-16　气柱袋缓冲包装

目前基于产品脆值的缓冲包装设计理论体系已经比较完善，并有相应的实验测试技术作支撑，该设计体系用脆值 G 表征产品的易损性，用跌落高度 H 表征流通环境的载荷强度，用缓冲系数-最大应力曲线（图 5-17）或最大加速度-静应力曲线（图 5-18）表征缓冲材料的性能。

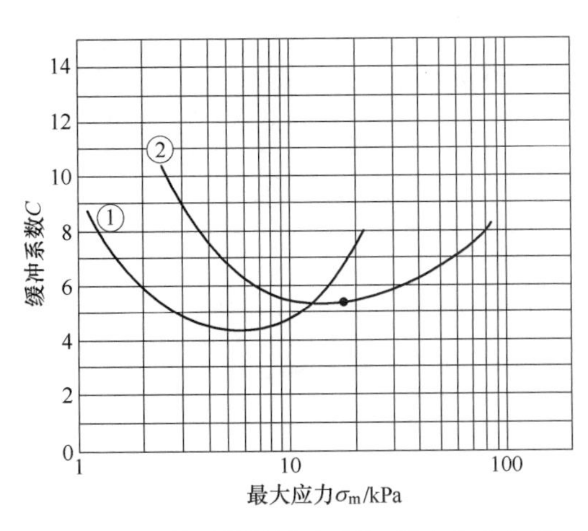

图 5-17　某材料的缓冲系数-最大应力曲线

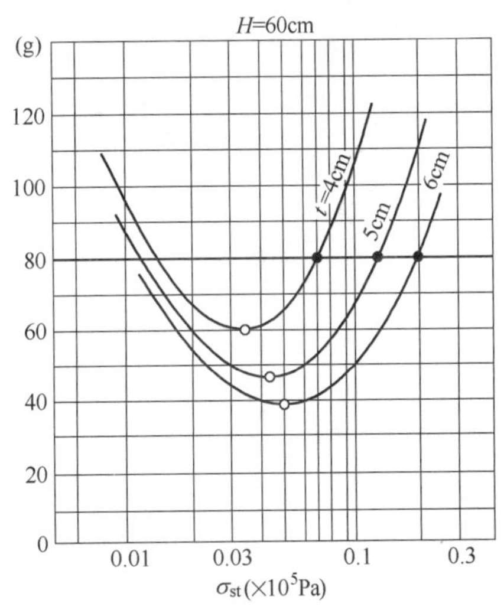

图 5-18　某材料的最大加速度-静应力曲线

基于缓冲系数-最大应力曲线的缓冲衬垫面积与厚度的设计按公式（5-1）及（5-2）计算。

$$A=\frac{GW}{\sigma_m} \tag{5-1}$$

$$h=\frac{CH}{G} \tag{5-2}$$

式中 C——为材料缓冲系数；

σ_m——最大应力，kPa；

A——缓冲垫面积，cm^2；

W——产品质量，g；

G——产品脆值，g；

h——缓冲垫厚度，cm；

H——跌落高度，cm。

对于没有明显易损件的产品（陶瓷类产品、玻璃类产品、水果等），基于脆值的缓冲包装设计理论体系不再适用，一般基于失效应力准则进行设计，由于应力参数的准确获取比较困难，目前基于失效应力的设计体系还不够完善。

二、瓦楞纸箱及抗压强度设计基础理论

瓦楞纸箱重量轻、承载能力强、具有较好的弹性，回收处理方便，目前已成为大宗商品包装的首选外包装形式。瓦楞纸箱的主要作用是便于搬运和仓储堆码，瓦楞纸箱一般用于包装20kg以下的产品，一般20kg以上的瓦楞包装称为重型瓦楞包装。图5-19所示为瓦楞纸箱的展开和折叠状态，图5-20所示为系列化的瓦楞纸箱。

图5-19 瓦楞纸箱的状态

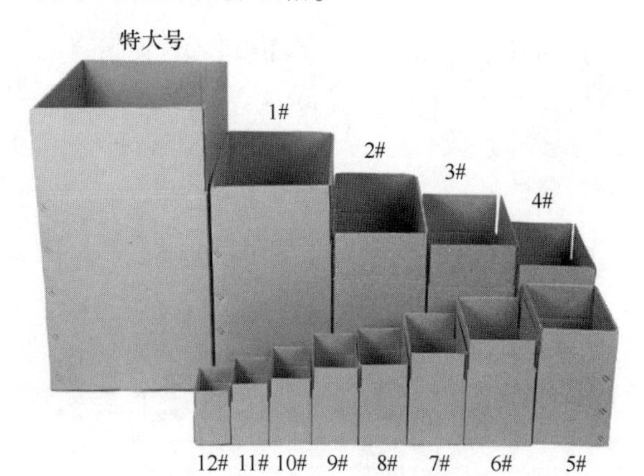

图5-20 系列化的瓦楞纸箱

瓦楞纸箱的使用，使得产品能够方便地利用人工和机械进行装卸和堆码，提高了物流效率，保护了内装物的安全。对瓦楞纸箱的运输包装设计主要包括基于包容性的尺寸设计，基于装卸搬运过程的耐破度设计，基于堆码的抗压强度设计。研究表明，基于抗压强度设计的纸箱，其耐破度往往也是满足要求的。而基于耐破度设计的纸箱，其抗压强度不一定满足要求。因此往往基于抗压强度对瓦楞纸箱进行设计。纸箱抗压强度与堆码高度、包装件重量、仓储时间、堆码状态、仓储的环境条件有关，仓储条件越恶劣，对纸箱抗压

强度要求越高。一般基于储存条件确定纸箱的抗压强度需求，参见公式（5-3），然后利用抗压强度经验公式选用瓦楞纸板或确定面纸、芯纸的构成，参见公式（5-4）、（5-5）、（5-6）。

$$P_d=KP_t=K\cdot W\cdot \frac{H-h}{h}\times 9.81 \tag{5-3}$$

式中　P_d——为堆码强度，N；

K——安全系数；

P_t——堆码载荷，N；

W——为包装件重量，N；

H——为堆码高度，cm；

h——为包装件高度，cm。

凯利卡特公式：

$$P_c=P_x\cdot F=P_x\cdot\left(\frac{aX_Z}{Z/4}\right)^{2/3}\cdot J\cdot Z \tag{5-4}$$

式中　P_c——纸箱抗压强度，N；

F——综合系数；

P_x——瓦楞纸板原纸的综合环压强度，N/cm；

aX_Z——瓦楞常数；

Z——纸箱周长，cm；

J——纸箱常数。

利用凯里卡特公式，可以选配瓦楞纸箱的芯纸、面纸和底纸，利用芯纸、面纸及底纸的选配方案设计瓦楞纸箱的抗压强度，是一种最基础的设计。

马基公式：

$$P_c=5.784\cdot P_m\cdot Z^{0.492}\cdot t^{0.508} \tag{5-5}$$

式中　P_m——纸板的边压强度测定值，N/cm；

Z——纸箱周长，cm；

t——纸板厚度，cm。

马基公式通过瓦楞纸板边压强度性能控制瓦楞纸箱的抗压强度，不需要具体确定瓦楞纸板面纸、芯纸、底纸的构成。

沃夫公式：

$$P_c=\frac{1.1772P_m\sqrt{tZ}\,(0.3228R_L-0.1217R_L^2+1)}{100H_o^{0.041}} \tag{5-6}$$

式中　P_c——利用沃福公式计算的抗压强度，N；

P_m——瓦楞纸板边压强度，N/m；

t——瓦楞纸板厚度，mm；

Z——纸箱周边长，cm；

R_L——纸箱长宽比；

H_o——纸箱外高度尺寸，cm。

以上经验公式是针对0201型瓦楞纸箱提出的抗压强度计算公式，对于其他箱型，可以基于以上公式进行修正。

三、木箱及设计基础理论

木箱主要用于机电类等重型产品的运输包装，使得产品在流通过程中能够进行安全的起吊、运输和码放。虽然木箱的使用需要砍伐森林，但由于木材价格便宜、强度高、重量轻、拆装方便、使用灵活，尤其适用于重型、异型、数量较少的机电类产品的运输，即使发达国家也在广泛使用。对于重达几十吨的产品，以纸代木、以塑代木仍然在路上，图5-21所示为框架木箱结构，框架木箱的内装物重量从0.5~60.0t。

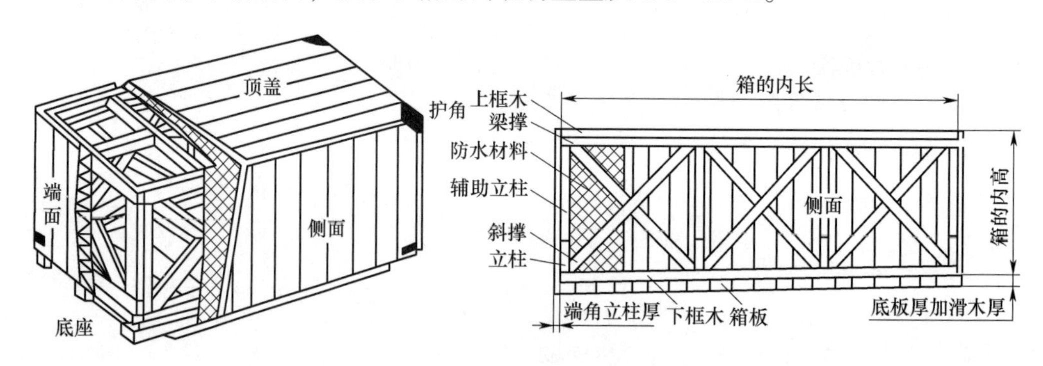

图5-21　框架木箱结构

木箱使用木材的截面尺寸往往远小于其长度尺寸，因此木箱中使用的构件一般简化成梁或杆，木箱就是梁和杆构成的空间框架结构，因此木箱的设计一般遵循工程力学的梁和杆的强度理论。杆的抗压强度小于抗拉强度，一般基于压杆失稳理论进行设计，参见公式(5-7)。梁一般要承受垂直于构件轴线的横向载荷，基于梁的强度理论进行设计，参见公式(5-8)。

$$[P_c]=A\begin{cases}300[\sigma]/\left(\dfrac{l}{t}\right)^2 & \left(28<\dfrac{l}{t}<46\right)\\ \left(1.168-0.028\dfrac{l}{t}\right)[\sigma] & \left(6<\dfrac{l}{t}<28\right)\\ [\sigma] & \left(\dfrac{l}{t}<6\right)\end{cases} \tag{5-7}$$

式中　$[P_c]$——压杆的失稳载荷，N；

A——压杆截面积，cm^2；

t——压杆横截面厚度，cm；

l——压杆长，cm；

$[\sigma]$——木材许用抗压强度，N/m^2。

$$\sigma_{max}=\frac{M}{Z}\leqslant[\sigma] \tag{5-8}$$

式中　σ_{max}——最大应力，N；

M——最大弯矩，kN · m；

Z——抗弯截面模量，m^3；

$[\sigma]$——木材许用抗弯强度，$N \cdot m^2$。

四、其他运输包装设计基础理论

广义的运输包装，还包括集合包装（图 5-11 所示的托盘集合包装、图 5-12 所示的集装箱）、防潮包装、防霉包装、保鲜包装、防静电包装、收缩包装等。这些包装形式的设计理论基础，在包装工艺学课程中讨论。

第三节　计算机在物流包装设计中的应用

随着科技的不断进步，计算机技术已经成为各个领域不可或缺的重要工具。在物流包装设计中，计算机技术的应用更是发挥着越来越重要的作用。它不仅提高了设计效率，还为设计带来了更多的可能性，为物流包装的实用性和创新性提供了强有力的支持。

一、包装 CAD/CAM/CAE/EIA

1. 运输包装 CAD

计算机技术在包装设计中能够提高设计的精确性和效率。传统的包装设计往往依赖于设计师的手工绘图和经验，这种方法不仅效率低下，而且难以保证设计的精确性。然而，通过计算机辅助设计软件，设计师可以快速准确地绘制出包装设计图，并对其进行精确的尺寸和比例调整。此外，计算机技术还可以帮助设计师进行包装的结构分析，确保设计的可行性。

利用 CAD 软件进行包装容器设计，主要是通过对包装容器图形的编辑而得到包装结构加工所需的数据，以及为数控冲床（CNC Punching Machine）、激光（Laser）、等离子（Plasma）、水射流切割机（Waterjet Cutting Machine）、复合机（Combination Machine）以及数控折弯机（CNC Bending Machine）等，提供数据。目前典型的 CAD 软件，如 SolidWorks、UG、Pro/E、SolidEdge、TopSolid 等，均能够方便地用于包装容器结构设计。

2. 运输包装 CAM

CAM 又称计算机辅助制造技术（Computer Aided Manufacturing），是利用计算机辅助完成从产品的毛坯、加工到装配产品的制作过程。运输包装容器 CAM，需要先通过对包装容器进行 CAD 设计，产生关于包装容器的结构参数、成型过程及成型量化数据，并完成数控程序的编制，然后利用数控机床进行加工成型。CAD 及 CAM 技术极大地提高了产品设计及生产效率。

3. 运输包装 CAE

CAE 技术称为计算机辅助工程（Computer Aided Engineering），是指工程设计中的分析计算与分析仿真，具体包括工程数值分析、结构与过程的优化设计、强度与寿命评估、运动与动力学仿真，以及验证未来工程与产品的可用性与可靠性。在对包装容器进行 CAD 设计完成后，再利用 CAE 技术进行动态及强度、疲劳寿命等计算分析，能够更显著地提高产品开发效率。

计算机技术为包装设计带来了更多的创新可能性。通过使用计算机技术，设计师可以轻松地对包装进行复杂的 3D 建模和渲染，使包装设计更具立体感和真实感。此外，利用计算机模拟技术，设计师可以在设计初期预测包装在实际使用中的性能表现，从而更好地

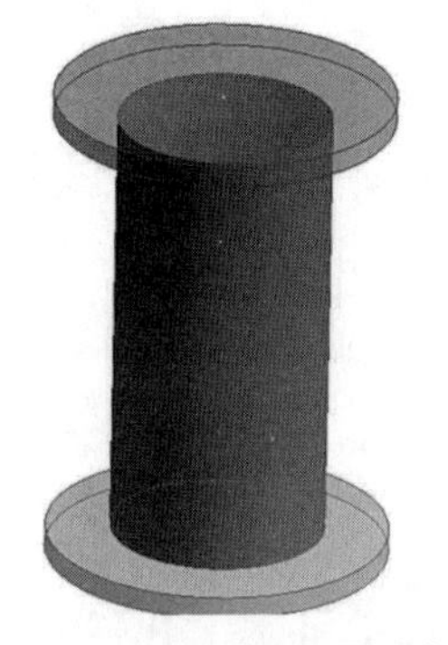
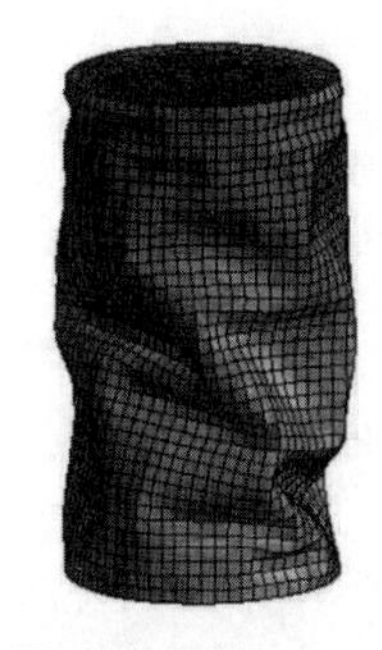

图 5-22　易拉罐压溃状态下的应力云图

优化设计方案。

运输包装容器在实际应用时，要经历内装卸、储存、运输、销售等过程，要有足够的强度保证内装产品的安全。因此，在保护内装产品安全的前提下，包装容器还要具备便于用户使用及处理的特点。包装容器的结构、功能、容量、强度等性能的设计，是一个系统的、综合多方面因素的过程。利用 CAD 及 CAM 技术虽然能够实现对金属包装容器的计算机设计，对容器结构、成型方法及成型过程进行量化，并利用数控装备进行加工，但对包装容器的强度、使用寿命设计，以及结构的减量化及优化，往往要借助 CAE 技术进行。图 5-22 所示为金属包装常用的易拉罐压溃状态下的应力云图。

4. 运输包装 EIA

EIA 全称为 Environmental Impact Assessment，即环境影响评价。计算机技术还为物流包装设计的可持续性提供了支持。随着环保意识的提高，可持续性已经成为包装设计的重要考虑因素。通过计算机技术，设计师可以对包装材料的环保性能进行分析和评估，选择更环保的材料进行设计。同时，计算机技术还可以帮助设计师优化包装结构，减少材料的使用量，从而达到节约资源、降低环境负荷的目的。

综上所述，计算机技术在物流包装设计中发挥着重要的作用。它不仅提高了设计的精确性和效率，还为设计带来了更多的创新可能性。同时，计算机技术还为物流包装设计的可持续性和便捷的沟通及协作提供了支持。在传统的包装设计过程中，设计师需要与客户、生产商等方进行大量的沟通及协调工作。然而，通过使用计算机技术，设计师可以轻松地将设计文件分享给各方，方便各方对设计进行反馈和修改。这种便捷的沟通和协作方式不仅提高了设计效率，还有助于提升客户满意度。随着技术的不断发展，相信计算机技术在物流包装设计中的应用将会更加广泛和深入。未来，期待看到更多创新、可持续的物流包装设计，在计算机技术的支持下诞生。

二、有限元分析技术

CAE 技术目前已经成为支持各个工程行业及先进制造企业信息化的主导技术之一，在提高工程和产品的设计质量及性能，降低产品研发成本，缩短研发周期等方面都能够发挥重要作用，成为实现工程和产品创新性设计的主要支撑技术。

CAE 技术主要包括 3 个方面的内容：①有限元法的主要对象是零件级，包括结构刚度、强度分析、非线性和热场计算等内容。②仿真技术的主要对象是分系统或系统，包括虚拟样机、流场计算和电磁场计算等内容。③优化设计的主要对象是结构设计参数。

1. 有限元基本理论

有限元分析技术（Finite Element Analysis，FEA）是利用数学近似的方法模拟真实物理系统（几何和载荷工况等）的技术，是目前 CAE 技术中理论发展最成熟、应用最为广泛的技术方向之一。有限元分析技术利用简单而又相互作用的单元，用有限数量的未知量逼近无限数量的未知量，常用于求解复杂工程和产品结构的强度、刚度、屈曲稳定性、动力响应、热传导、三维多体接触、弹塑性等力学性能。它将求解域看成是由许多称为有限元的小的互连子域组成，对每一单元假定一个合适的（较简单的）近似解，然后推导求解这个域总的满足条件（如结构的平衡条件），从而得到问题的解。这个解不是准确解，而是近似解，因为实际问题被较简单的问题所代替。由于大多数实际问题难以得到准确解，而有限元不仅计算精度高，而且能适应各种复杂形状，因而成为行之有效的工程分析手段。

在数学中，有限元法（Finite Element Method，FEM）是一种为求解偏微分方程边值问题近似解的数值技术。求解时对整个问题区域进行分解，每个子区域都成为简单的部分，这种简单部分就称作有限元。通过变分法，使得误差函数达到最小值并产生稳定解。类比于连接多段微小直线逼近圆的思想，有限元法包含了一切可能的方法，这些方法将许多被称为有限元的小区域上的简单方程联系起来，并用其去估计更大区域上的复杂方程。

2. 有限元软件简介

经过几十年的发展和完善，各种专用的和通用的有限元软件已经广泛应用于各行各业，将有限元方法转化为社会生产力。常见通用有限元软件包括 LUSAS、MSC. Nastran、Ansys、Abaqus、LMS-Samtech、ALGOR、Femap&NX Nastran、Hypermesh、COMSOL Multiphysics、FEPG 等。

下面以应用最为广泛的有限元软件之一的 ANSYS 软件为例，简要介绍一下对工程结构进行有限元分析的基本步骤。

3. 有限元分析步骤

ANSYS 软件是融结构、流体、电场、磁场、声场分析于一体的大型通用有限元分析软件。由世界上最大的有限元分析软件公司之一的美国 ANSYS 开发。它能与多数 CAD 软件接口，实现数据的共享和交换，如 Pro/Engineer、NASTRAN、ALGOR、I-DEAS、AutoCAD 等，是现代产品设计中的高级 CAE 工具之一。利用 ANSYS 进行分析，一般需要进行前处理、求解、后处理 3 个基本过程。

（1）前处理　前处理主要包括几何建模、网格划分、载荷及约束施加 3 个过程。

① 几何建模。ANSYS 程序提供了两种几何建模方法：自顶向下与自底向上。自顶向下进行几何建模时，用户定义一个模型的最高级图元，如球、棱柱等，称之为基元，程序则自动定义构成该基元的相关面、线及关键点等模型要素。用户利用这些高级图元能够直接构造几何模型，如二维的圆和矩形以及三维的块、球、锥和柱等。无论使用自顶向下还是自底向上方法建模，用户均能使用布尔运算来组合数据集，从而“雕塑出”一个实体模型。自底向上进行实体建模时，用户从最低级的图元向上构造模型，即用户首先定义关键点，然后依次是相关的线、面、体等。具体采取哪种方法构建几何模型要考虑分析对象的结构特点及需要的分析精度。

② 网格划分。ANSYS 程序提供了使用便捷、高质量的功能对 CAD 模型进行网格划分。包括 4 种网格划分方法：延伸划分、映像划分、自由划分和自适应划分。延伸网格划分可将一个二维网格延伸成一个三维网格。映像网格划分允许用户将几何模型分解成简单

的几部分，然后选择合适的单元属性和网格控制，生成映像网格。NSYS 程序的自由网格划分器功能是十分强大的，可对复杂模型直接划分，避免了用户对各个部分分别划分然后进行组装时，各部分网格不匹配带来的麻烦。自适应网格划分是在生成了具有边界条件的实体模型以后，用户指示程序自动地生成有限元网格，分析、估计网格的离散误差，然后重新定义网格大小，再次分析计算、估计网格的离散误差，直至误差低于用户定义的值或达到用户定义的求解次数。

③ 载荷及约束施加。在 ANSYS 中，载荷包括边界条件和外部或内部作应力函数，在不同的分析领域中载荷有不同的表征，但基本上可以分为 6 大类：自由度约束力（集中载荷）、面载荷、体载荷、惯性载荷及耦合场载荷。

Ⅰ. 自由度约束：将给定的自由度用已知量表示。例如在结构分析中约束是指位移和对称边界条件，而在热力学分析中则指温度和热通量平行的边界条件。

Ⅱ. 力（集中载荷）：是指施加于模型节点上的集中载荷或者施加于实体模型边界上的载荷。例如结构分析中的力和力矩、热力分析中的热流速度、磁场分析中的电流段。

Ⅲ. 面载荷：是指施加于某个面上的分布载荷。例如结构分析中的压力、热力学分析中的对流和热通量。

Ⅳ. 体载荷：是指体积或场载荷。例如需要考虑的重力、热力分析中的热生成速度。

Ⅴ. 惯性载荷：是指由物体的惯性而引起的载荷。例如重力加速度、角速度、角加速度引起的惯性力。

Ⅵ. 耦合场载荷：是一种特殊的载荷，是考虑到一种分析的结果，并将该结果作为另外一个分析的载荷。

（2）求解　建立有限元模型后，首先需要指定分析类型，ANSYS 软件可选择的分析类型有：静态分析、模态分析、谐响应分析、瞬态分析、谱分析、屈曲分析、子结构分析等。指定分析类型后就可以进行求解计算，求解过程的主要工作是从 ANSYS 数据库中获得模型和载荷信息，进行计算求解，并将计算结果写入到结果文件和数据库中。结果文件与数据库文件的不同点是，数据库文件每次只能驻留一组结果，而结果文件保存所有结果数据。

（3）后处理　ANSYS 程序提供两种后处理器：通用后处理器、时间历程后处理器。

① 通用后处理器。通用后处理器简称为 POST1，一般用于分析处理整个模型在某个载荷步的某个子步、某个结果序列、某特定时间或频率下的结果。

② 时间历程后处理器。时间历程后处理器简称为 POST26，一般用于分析处理指定时间范围内，模型指定节点上的某结果项随时间或频率的变化情况，例如在瞬态动力学分析中结构某节点上的位移、速度和加速度从 0~10s 的变化规律。

后处理器可以处理的数据类型有两种：一是基本数据，是指每个节点求解所得自由度解，对于结构求解为位移张量，其他类型求解还有热求解的温度、磁场求解的磁势等，这些结果项称为节点解。二是派生数据，是指根据基本数据导出的结果数据，通常是计算每个单元的所有节点、所有积分点或质心上的派生数据，所以也称为单元解。不同分析类型有不同的单元解，对于结构求解有应力和应变等，其他如热求解的热梯度和热流量、磁场求解的磁通量等。

第四节　物流运输包装设计案例

制造业的发展及需求的多样化，使得商品的种类越来越多，对物流运输包装的设计要求越来越高。重型装备一般在设计开发阶段，就需要考虑吊装、运输、仓储等流通环节的方便性和安全性。一般工业品设计时，主要考虑的是使用状态下的载荷条件，很少考虑流通过程中的载荷条件。因此，需要针对流通过程中的环境条件进行物流运输包装设计。对于农林牧副渔等自然条件下生长的产品，往往不具有现在物流条件下安全运输的性能，则需要专业的物流运输包装设计做支撑。一款专业的运输包装设计方案，常常能够改变个人的命运，甚至带领一方百姓致富，降低物流成本，提升企业的竞争能力。下面通过几个运输包装设计的实际案例，阐述物流运输包装的作用。

一、鸡蛋的电子商务包装案例

农户养鸡一般用于自给自足。要想靠养鸡致富，必须另辟蹊径，四川省北川羌族自治县的邱大梁就是靠养鸡致富中的一个。邱大梁本来是某证券公司的高管，被食品安全问题触动，2009 年辞去证券公司的工作，在北川乡寻找了最纯种的土鸡，并进行林下放养。土鸡喝山泉，吃五谷和肉质鲜美的昆虫，被养够 180 天才出栏，每只鸡成本就要 100 多元。由于销售困难，邱大梁无奈之下将成本 300 万的鸡以 70 多万元卖给经销商。

在生产和销售之间，摆在生鲜食品面前极为关键的是物流屏障。生鸡销售困境之下，邱大梁从鸡蛋上发现了商机——“网上卖鸡蛋”。传统物流条件下鸡蛋包装一般使用纸浆模塑蛋托（图 5-23），这种包装形式对鸡蛋的固定和保护能力是有限的，当鸡蛋发生跌落冲击时，往往会发生破损。而快递行业往往存在野蛮装卸现象，运输和存储过程中缺乏对包装件方向性的控制，所以对包装的防护性要求较高。邱大梁为了解决物流问题，2013 年 6 月专门聘请搞发明创造的专家设计了一套能够通过网上销售的安全防碰撞包装（图 5-24），在发送一批鸡蛋到 10 多个城市时，没有一颗破裂，这种摔不烂的鸡蛋包装也成了卖点。电子商务包装在鸡蛋销售的成功应用，使邱大梁获得了网上销售的信心，对于生鲜的鸡肉，他们使用冷链物流空运运输，隔天到货。邱大梁表示，物流成本很高，但随着发货量的增加，平摊下来的成本逐步降低。2014 年 3 月，邱大梁开了第一家土鸡体验店。

图 5-23　鸡蛋的纸浆模塑包装

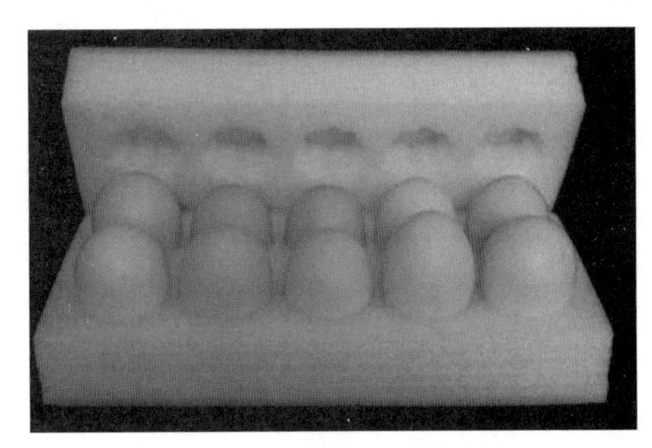

图 5-24　鸡蛋的 EPE 包装内衬

如今，他的土鸡和土鸡蛋通过网络和实体店销售，2014 年前 4 个月，销售额突破 300 万元，邱大梁的农场规模已经发展到 5000 多亩。

快递包装的流通环节多，环境条件比较恶劣，采取传统的包装方式无法使鸡蛋安全流通。本案例中，帮助邱大梁脱困的是鸡蛋和生鲜鸡肉的电子商务包装。

二、木塑复合托盘应用案例

木塑复合材料（Wood-Plastic Composite，WPC）作为一种新颖并具有优良性能的材料，是用一定比例的木粉、稻壳、秸秆及废纸等植物纤维与废旧热塑性塑料（聚乙烯、聚丙烯、聚氯乙烯、ABS 等），经塑性成型加工工艺制成的性能优良的环保型绿色复合材料。其防潮、防湿能力强于木材，出口使用时不用熏蒸，可以利用挤出、注射、模压等成型方法进行生产。

国内某牛奶生产企业，其牛奶的包装使用多层塑料薄膜与纸板复合材料——利乐包装材料。在利乐包装生产过程中会产生大量的边角料，这些边角料既含有塑料类材料，又有纸质类材料，很难进行分拣和回收处理，大量边角料的堆积对公司的仓库造成了比较大的压力。为了解决该问题，公司决定研究对利乐包装边角料采取挤出加工的方法加工成板条装的型材，再将板条状的型材拼装成托盘，托盘将用于该公司牛奶的周转。

图 5-25　木塑复合材料托盘模型

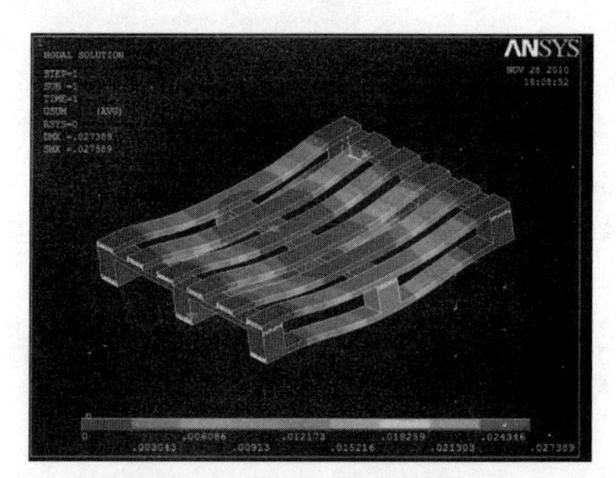

图 5-26　有限元模拟计算结果

为了降低开发成本，提高研发效率，该公司组织科研院所的力量对该产品进行了数值仿真设计和试验测试。图 5-25 所示为该木塑复合材料托盘模型，图 5-26 所示为该托盘有限元模拟计算结果，图 5-27、图 5-28 所示为托盘性能试验。加载方案为集中载荷，加载 1. 5t 时，底板变形 4mm。研究表明，木塑复合托盘承载能力不能达到通用联运木托盘的承载能力要求。因此，建议该木塑复合托盘用于均布载荷类产品的周转，限制在一定范围内使用。目前该托盘在公司内部已大量使用，解决了包装生产废弃物对环境的破坏问题。托盘的选用要综合考虑到托盘的承载能力、防潮防水性能、易维护性、经济性、环保性能。

三、重型包装钢架箱工程轻量化设计案例

重型装备质量及尺寸规格大、价格昂贵，在流通过程中对包装储运装置的强度有比较高的要求，消耗的包装材料较多。尤其是对于超重型装备的钢架箱储运系统，目前包装行

图 5-27　托盘承载能力试验

图 5-28　断裂部位

业并没有通行的设计准则和设计规范做支撑。目前重型钢架箱包装储运系统大多基于经验设计，存在过度包装现象。对于重型包装，一般的实验室条件难以实现多种工况测试、评价及分析，单纯依靠经验设计会导致较大的设计误差。工程轻量化设计的目标是在给定的边界条件下，以现有工程材料规格为变量进行优化，在结构质量最小化的同时满足寿命、可靠性及其他功能要求。基于系统工程思想，选择科学的工程轻量化设计工具，对重型装备产品特性、流通环境、包装材料和包装结构进行综合分析，并给出优化结果，是降低包装运输成本的重要途径。

数值分析方法能够进行多工况的耦合和解耦，模拟实验室不易实现而实际流通过程中可能发生的极端工况，对重型包装的工程轻量化设计有突出的优点。某公司以某重型装备运输用钢架箱为例，根据其结构特点及承载状态，提出基于屈服强度失效和稳定性失效的设计准则，并利用数值分析软件 Ansys Workbench 模拟钢架箱的起吊工况和堆码工况，基于分析结果，对钢架箱进行工程轻量化设计。图 5-29 所示为起吊工况应力计算结果，轻量化设计方案的承载效率较原方案显著提高。图 5-30 所示为堆码工况应力计算结果，轻量化设计方案的最大应力较原方案显著降低，承载效率较原方案显著提高。图 5-31 与图 5-32 所示为屈曲模态计算结果，轻量化设计方案表现为整体屈曲，而原方案表现为局部构件的屈曲，轻量化设计方案承载效率较原方案显著提高。轻量化设计后，钢架箱质量减小了 942kg，质量减小比例达到 43%，提高了结构承载的一致性和材料的承载效率。

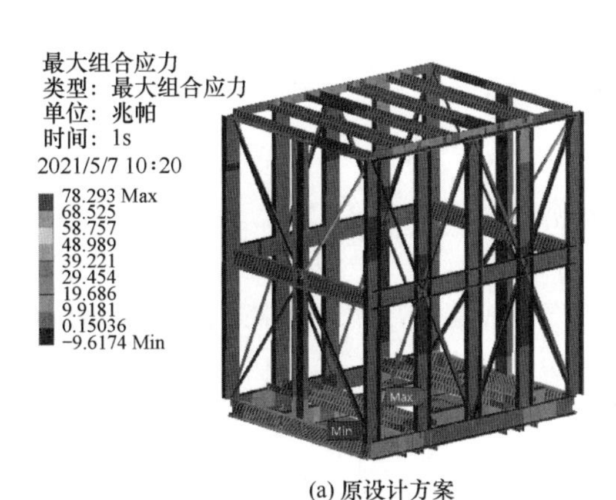

(a) 原设计方案

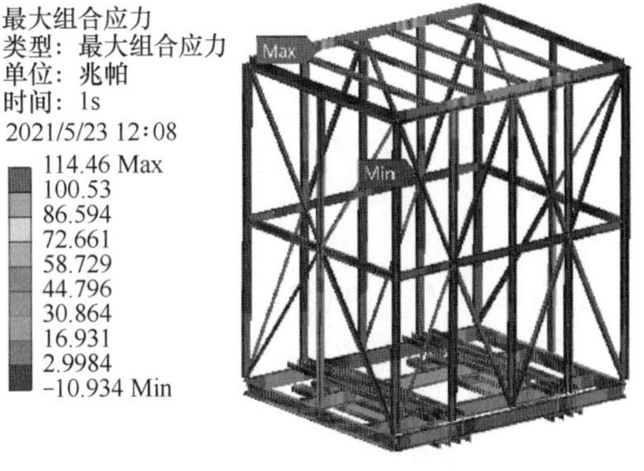

(b) 轻量化方案

图 5-29　起吊工况最大组合应力

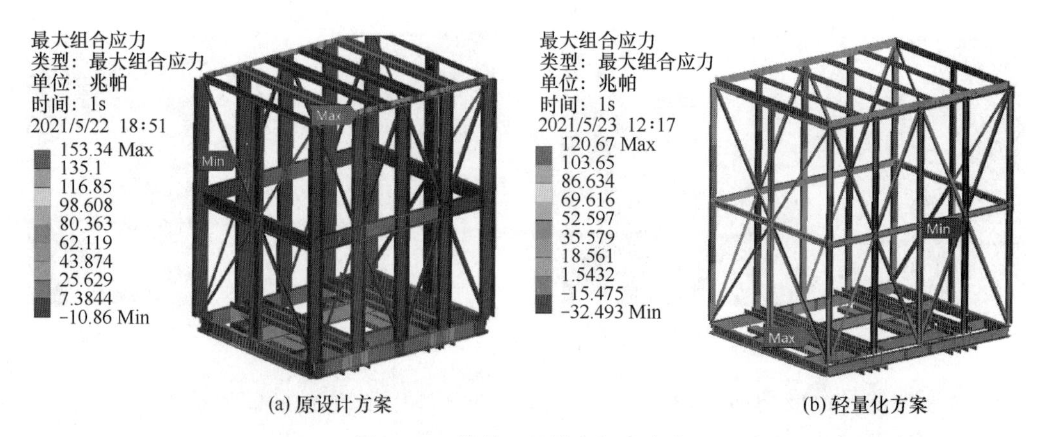

(a) 原设计方案　　(b) 轻量化方案

图 5-30　堆码工况最大组合应力

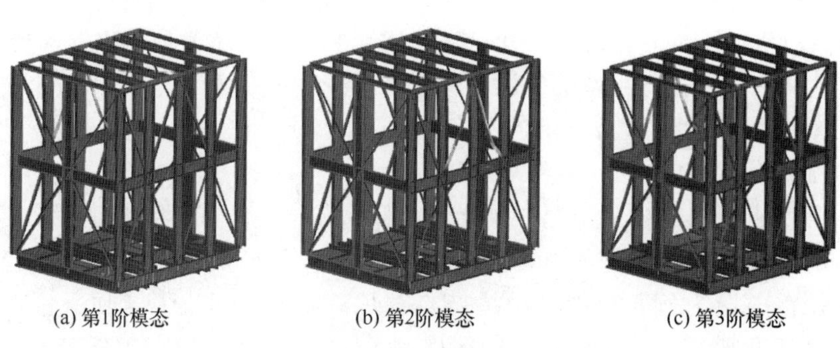

(a) 第1阶模态　　(b) 第2阶模态　　(c) 第3阶模态

图 5-31　原设计方案前 3 阶屈曲模态

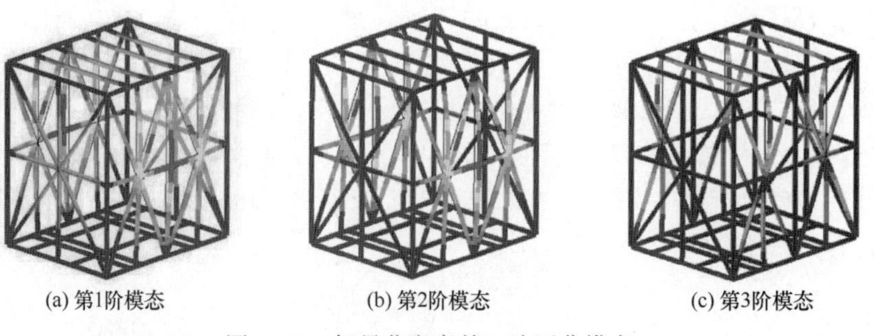

(a) 第1阶模态　　(b) 第2阶模态　　(c) 第3阶模态

图 5-32　轻量化方案前 3 阶屈曲模态

第五节　物流运输包装发展趋势

物流运输包装产业已逐渐成为国民经济的重要组成部分，循环经济政策的推广使绿色包装和绿色物流的概念逐渐深入人心。物流运输包装的每一个环节都已被纳入经济体系、环境体系和社会体系中，受到国家政策、行业技术能力、消费者观念及体验等的影响和制约，相关行业的进步和成果也会迅速被转移到物流运输包装行业。物流运输包装的发展呈现几种趋势：包装材料的绿色化，先进包装设计技术的应用，包装结构的轻量化、便捷、可循环、集合化、标准化，物流管理的信息化。

一、包装材料的绿色化

包装材料是形成包装结构、包装容器、包装系统的基本构成，是包装功能的基础物质保障。西安理工大学郭彦峰教授在《对绿色包装的几点思考》中，将绿色包装材料细分为3类：①可回收处理再造的材料：纸张、纸板、纸浆模塑制品、金属、玻璃、线型高分子材料、纤维、可降解高分子材料等。②可自然风化回归自然的材料：纸制品材料、可降解材料、可食性材料等。③可焚烧回收能量、不污染大气的材料：复合材料、部分线型高分子材料、体型高分子材料等。我国经济发展模式已逐渐从需要消耗大量资源、污染环境的粗放型经济模式，向可持续发展的集约型经济模式转变，进行物流运输包装设计时，应优先选择绿色包装材料。

图5-33所示为淀粉颗粒发泡材料，为全生物质材料，可完全自然降解，一般用作填充类缓冲包装。淀粉类发泡材料的成型性能较困难，难以形成复杂的空间结构，有待开展进一步的研究。

图5-34所示为人工软骨（Artificial Cartilage Foam，ACF）缓冲材料，该材料属于超阻尼型缓冲材料，相对于传统缓冲材料，ACF缓冲材料能够将外部冲击分散到比较大的区域，其在包装行业的应用潜力还有待开发。

图5-33　淀粉颗粒发泡材料

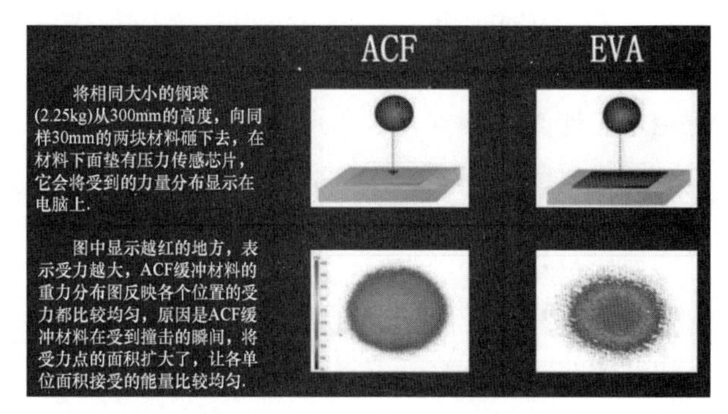

图5-34　ACF人工软骨缓冲材料

二、先进包装设计技术的应用

物流运输包装系统是由内装产品、内包装、外包装构成的系统，在流通过程中要与其他集装器具、运输工具、流通环境等相互作用。因此，物流运输包装的设计是一个系统的设计过程，需要综合考虑内装产品、包装材料、流通环境等的特性及相互关系。没有先进设计技术及实验技术的支撑，很难设计出满意的物流运输包装系统。CAD、CAE技术目前在包装设计中的应用越发深入，包装设计已逐渐从经验设计向定量化的设计转变，通过先进的设计方法，开发出结构轻量化、便捷化、可循环、集合化、标准化的包装系统。

三、包装结构的轻量化、便捷化、可循环、集合化、标准化

物流运输包装系统的功能主要靠包装结构实现。薄壁化与轻量化在包装绿色化中所占比重逐渐增大。通过电商平台购买的物品，收到的包装件一般都是由瓦楞纸箱、空气垫、纸浆模塑内衬等构成，这些都是包装结构薄壁化、轻量化的成功应用。这些薄壁化、轻量

化的包装结构包装安全、运输便捷、容易开启、可循环使用。目前快递用纸箱的尺寸规格已基本实现了标准化，标准化尺寸的纸箱能够利用集合物流器具如托盘和集装箱运输，提高了物流效率，降低了物流成本。包装结构的轻量化、便捷化、可循环、集合化、标准化的内涵，会随着包装材料的进步、流通环境条件的变化、环保技术等要素的改变而改变，是一个任重道远的过程，需要不断地引入先进的设计技术和设计理论做支撑。

国家发展改革委等部门印发《深入推进快递包装绿色转型行动方案》，提出到2025年年底，快递绿色包装标准体系全面建立，禁止使用有毒有害快递包装要求全面落实，快递行业规范化管理制度有效运行，电商、快递行业经营者快递包装减量化意识显著提升，大型品牌电商企业快递过度包装现象明显改善，在电商行业培育遴选一批电商快递减量化典型，同城快递使用可循环快递包装比例达到10%，旧纸箱重复利用规模进一步扩大，快递包装基本实现绿色转型。

四、物流包装管理的信息化

信息化是对物流运输包装件进行管理的重要技术支撑。因此，充分利用先进信息资源和现代信息技术，能够将消费者、供应商、制造商高效连接，达到三方对各个物流环节的有效监控和全程管理，实现包装件物流信息的共享。现代物流包装积极采用条形码、RFID、卫星定位系统、传感器、电视监控等先进技术，加强对物流过程的安全监控，提高物流信息管理的水平。目前消费者通过电商平台购买的物品，能够通过物流信息系统监控到包装件的发货时间、转运地点、到达时间与终点。但对某些易损坏产品（如海鲜）在运输过程中的状态监控目前还不够充分，快递物流存在野蛮装卸的现象。这些问题都需要通过物流监测的智能化及管理的信息化来解决。

运输包装的本质作用是保障产品的安全，使产品能够高效的流通。随着新的业态不断出现，以及国家及国际政策法规的改变，运输包装也不断赋予新的使命与内涵。电子商务及快递业的发展，给予了运输包装许多新的课题。我国乡村振兴战略的提出，也需要运输包装技术提供更多的支撑，对优质的乡村产品进行包装设计，提升价值，运输到全国甚至是世界各地，为乡村振兴提供源源不断的资金支持。

第六章　包装过程控制与装备

本章导读

包装过程控制是影响包装自动生产线集成化、柔性化和智能化的重要因素，包装过程控制系统主要包括计量控制、产品的装填与封合、传送与定位控制、包装质量的自动检测等，在物联网技术带动下的智能制造，高度自动化的生产，包装与产品制造一体化，是包装过程控制与装备的未来发展趋势。

本章学习目标

通过本章学习，学生们充分理解包装过程控制是从物料进入直至包装成形、各参数综合、协调控制的一体化系统，了解包装自动控制系统的组成要素，通过对相关案例的分析学习，认识到随着自动化技术和计算机技术的发展及信息论和系统论在包装控制过程中的应用，包装过程将向着高度集成化、柔性化和智能化方向发展。

第一节　包装与自动化生产

现代包装技术日益向着高度机械化和自动化的方向发展，各类物品的包装作业，大多采用自动包装机械或自动包装生产线完成，其作业过程离不开自动控制装置和自动控制技术，图 6-1 所示为自动包装生产线的基本组成。

包装过程控制也经历了与自动控制技术大体同样的发展历程，从手工操作到单机、单参数控制，发展到从物料进入直至包装成形，各参数综合、协调控制的一体化系统，从简单电器逻辑控制发展到连续自动调节控制。随着自动化技术和计算机技术的发展及信息论和系统论在包装控制过程中的应用，包装过程将向着高度集成化、柔性化和智能化方向发展。

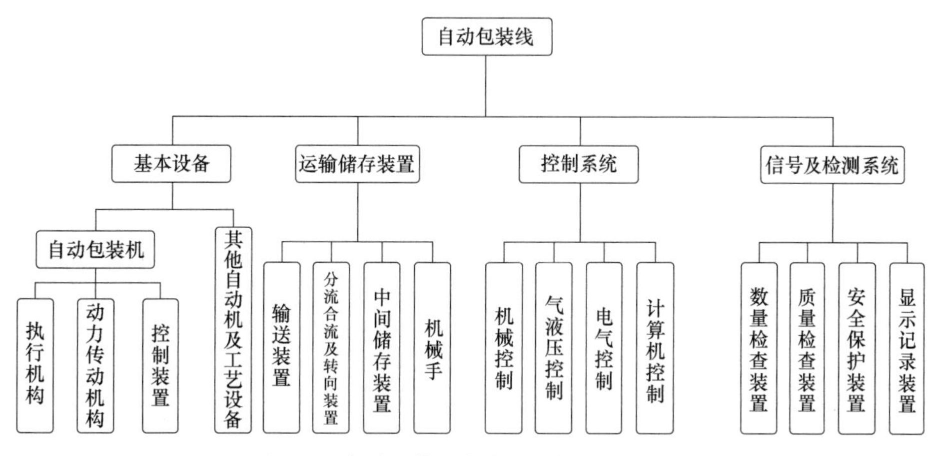

图 6-1　自动包装生产线的基本组成示意图

第二节　计量控制与选择

包装生产中的计量工序具有十分重要的作用，它负责对包装物料单位量的划分与控制。计量工作的好坏将直接影响到包装产品的质量，精确计量可避免不必要的溢装和法规不允许的短装。在自动包装线中，计量装置既可作为生产线的组成部分，也可作为单独的计量机。计量装置或机构一般含机械、电子与电气、光学、气动与液动等技术成分，自动化程度较高，同时具备某些智能化的功能。

包装计量控制一般分为计数、计重和计容控制3类。包装计量工序的具体内容大致包括：①将被包装材料划分为若干规定的数量，确保形成便于运输或销售的单位包装量；②对被包装的物料按规定的误差要求，在生产线上直接进行计算（包括度、量、衡）；③对已完成包装的产品进行鉴别计算，用于产品计算精度控制或产品的分类及选别。

一、计数控制

1. 计数控制系统

计数是用来测定每一规定批次的产品数量。计数装置由3个基本功能系统组成：内装物件数检测、内装物件数显示、产品递送。依据人工检测产品数量时用眼看和用手摸的原理，计数检测系统分为光学系统（模拟眼看）和非光学系统（模拟触摸）两大类。

（1）光学系统类：安装有一个光敏接收装置，等待计数的产品一个个地在光敏接收器的规定距离内通过。按实际元件不同，可分为数字光电检测系统和电子模拟检测系统两种。

（2）非光学系统类：即触摸式计数装置，它可包含摆轮装置、电气触头或磁场触头。

计数控制在条形、块形、片形、颗粒形产品包装中广泛采用。

2. 计数方法的选择

计数法通常用于集合包装，块状物料、颗粒状物料的充填，是通过块状、颗粒状的固体物料的数量或包装单件的数量来计量。按计量的方法分为两大类：①包装物品有一定规则地整齐排列，其中包括预先就具有规则而整齐的排列，或经过供送机构将杂乱包装物品按一定形式排列计数的方法。②从杂乱包装物品的集合体中直接取出一定个数的计数方法。物品易于规则排列时，常使物品按一定规则排列，按其一定长度、高度、体积取出，获得一定数量。如饼干包装、火柴盒包装、云片糕包装、卷烟包装等就是以长度计数。

3. 计数装置

现以转盘计数装置为例，阐述其基本功能系统组成。图6-2所示为转盘计数装置实体图。图6-3所示为转盘计数装置工作原理示意图。变换手柄6的位置，使齿轮8的转轴通过槽轮机构7或齿轮5的传动，使孔盘1能作间歇的或连续的转动。转盘上每隔一定角度形成扇形，其内分布一定数量的小孔，就构成了若干组均分的间隔孔区，改变每一扇形区的孔数即可改变计数值。小孔孔径稍大于物料直径，盘厚度略大于物料厚度，以确保每孔容纳一颗物料。当孔盘倾斜转动时，物料靠自重落入孔中，并由固定盘2托住物料，当盘上某一孔区转到卸料斗3上方时，物料滑落到包装容器4中。

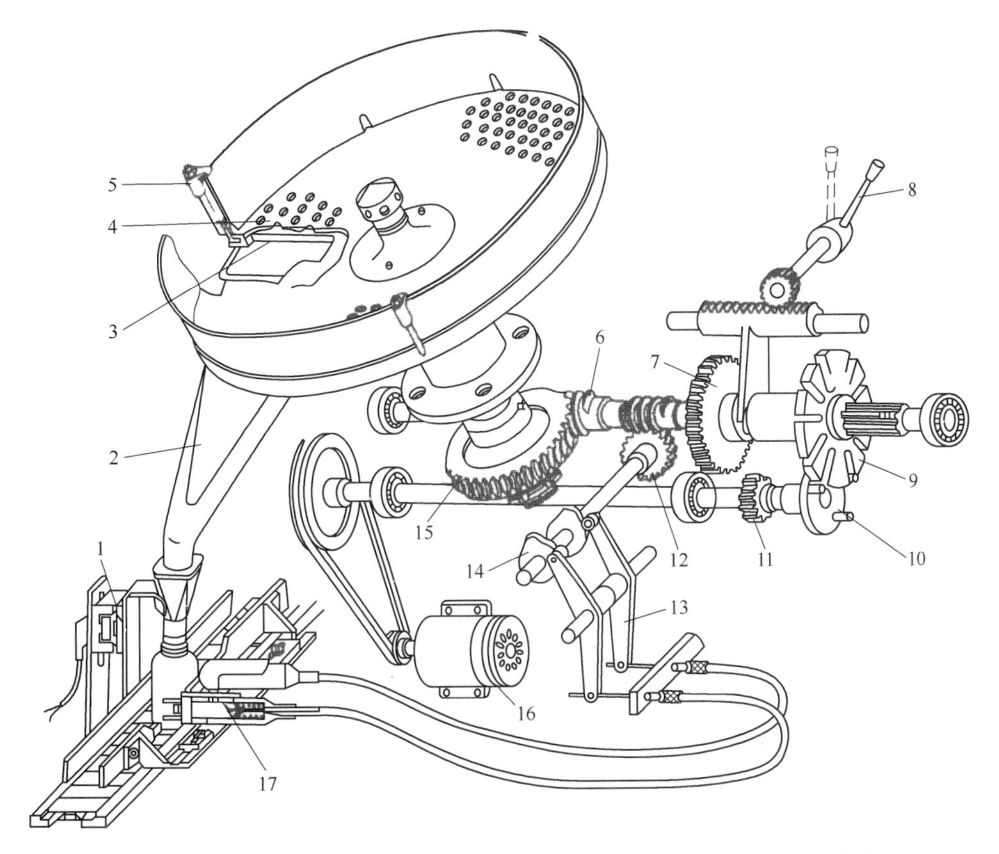

1—电磁振动器；2—下料斗；3—固定托盘；4 —孔盘；5 压轮；6—蜗杆；7—大内轮；
8—换挡手柄；9—槽轮；10—曲柄轮；11—小齿轮；12—闸门蜗轮；13—转臂；
14—闸门凸轮；15—料盘蜗轮；16—电机；17—调节闸门。

图 6-2　转盘计数装置实体图

二、计重控制

1. 计重控制系统

计重分为毛重和净重，包装后的产品加容器的重量为毛重，包装前的产品重量为净重。净重称重一般在包装机线上间歇或连续性进行。计重系统中用到的传感元件主要有：①计力传感器；②气动压差开关；③光电传感器；④近控开关；⑤低载应变仪；⑥水银开关；⑦线性电压差接变压器等。用到的信息显示方法有：①示波器（RT）；②发光二极管（LED）；③液晶显示器（LCD）；④硬拷贝显示等。

2. 计重方法的选择

计重控制适合于颗粒大小不均、密度变化幅度较大、物料常易受潮而结块的产品，以保证计重精度。

3. 计重装置

现以自动化程度很高的多台组合秤或计算机秤为例，图 6-4 所示为高精度计量组合秤，图 6-5 所示为电脑组合秤外形图。电脑组合秤一般可配备多达 9~14 个秤斗，呈水平

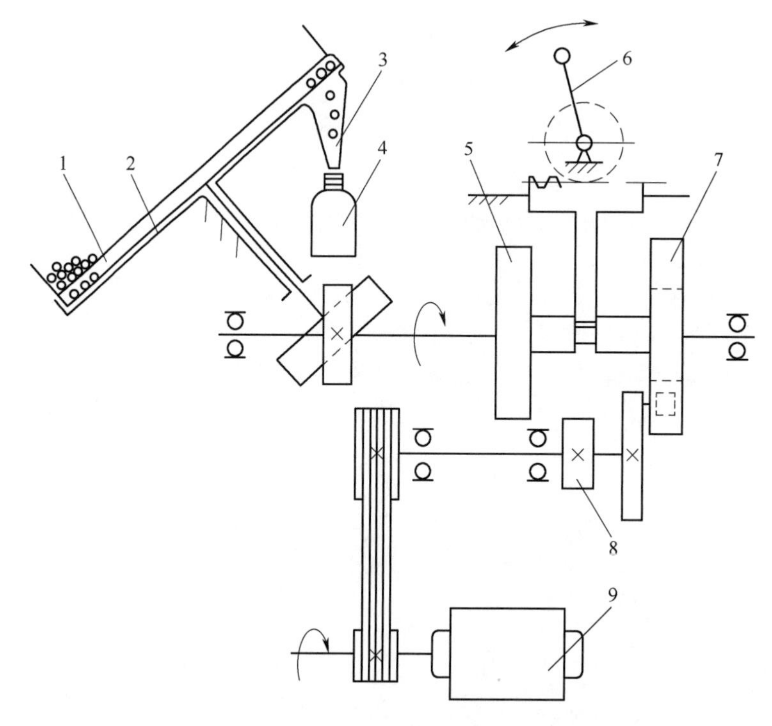

1—孔盘；2—固定盘；3—卸料斗；4—包装容器；
5、8—齿轮；6—手柄；7—槽轮机构；9—电动机。
图 6-3　转盘计数装置工作原理示意图

辐射状排列，物料从中央料斗再进入分料斗和各秤斗。每一秤斗都配有质量传感器，可分别同时精确测出各斗中的物料质量。然后根据选定的组合数目，借助电子计算机快速计量。这种组合秤误差一般不超过±1%，每分钟称重 60~120 次。装置中包括中央料斗、分料斗、秤斗、显示器、机内计算机、重量选择输入器等部件。它尤其适合于粗粒和块状物料（花生、糖果、糕点等食品）的高精度计量。

电脑组合秤有 8、10、12、14、16、24 头秤，甚至更多，其中的每一头都是一个单独的秤，均可独立称量。应用可编程逻辑控制器（PLC）开发的组合秤控制系统比传统使用的单片机系统，可靠性高、抗干扰性强、维护成本低，且能根据用户的需求扩展功能。图 6-6 所示为含有电脑组合秤的包装生产线上的称量工位示意图。

三、计容控制

1. 计容控制系统

计容控制系统构造简单，造价低，计量速度快，但精度稍低。计容计量装置有量杯式、螺杆式、舌塞式等类型。在液料灌装中，定容计量与灌装往往连为一体，其结构方案也更多，如活塞式、隔膜泵式、定量杯式、滑轮计式等。量杯式结构，包括转盘式、转鼓式、插管式等。螺杆式定容计量装置，其内有一种螺旋推进器。

2. 计容方法的选择

对于密度较稳定的粉末、细颗粒、膏状物料，采用预容积的量杯式计量方法较合适，

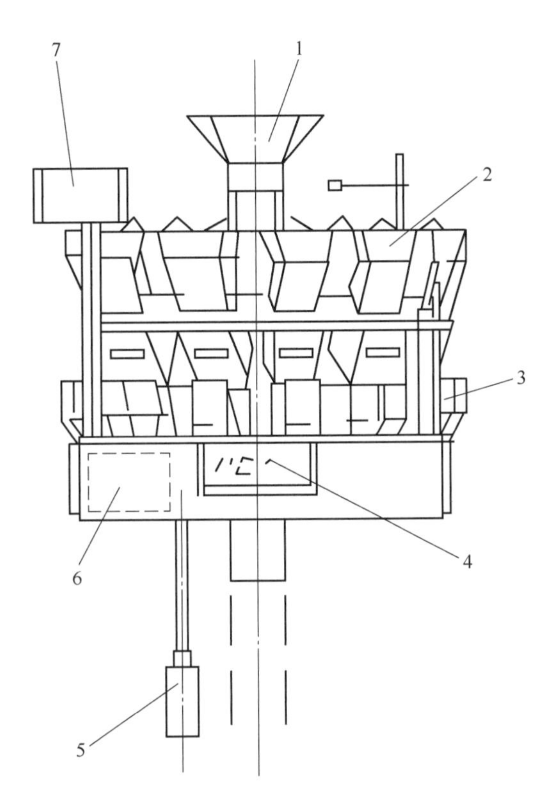

1—中央料斗；2 —分料斗；3 —秤斗；4—显示板；
5—控制机构；6 —秤内计算机；7—重量选择输入。

图 6-4　高精度计量组合秤

为提高计容精度；也可加上物重自动检测装置来测量物料密度瞬时变化造成的数量差，发出调节信号，由伺服电机带动调节机构，实现量杯容积的自动微调。螺杆式定容计量通常适用于食品、医药、化工等行业的粉料或颗粒料的包装前计量。

3. 计容装置

现以螺杆式计容装置为例，图 6-7 所示为螺杆式定容计量装置外形图，图 6-8 所示为螺杆式定容计量装置工作原理图。物料从料仓 1 经水平螺杆式供料器 3 进入垂直料室下部，经搅拌器 5 和垂直给料器 6 的搅动，落到输出导管 9 内。此装置采用料位高度检测器 4 来控制水平进料器的进料量，由电磁离合器控制螺杆的转角。出料闸口的开放度用闸门 7 来控制。

图 6-5　电脑组合秤外形图

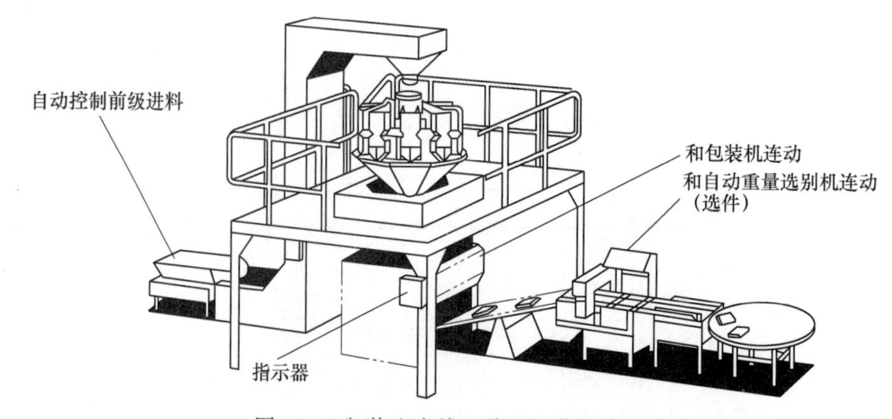

图 6-6　包装生产线上称量工位示意图

图 6-7　螺杆式定容计量装置外形图

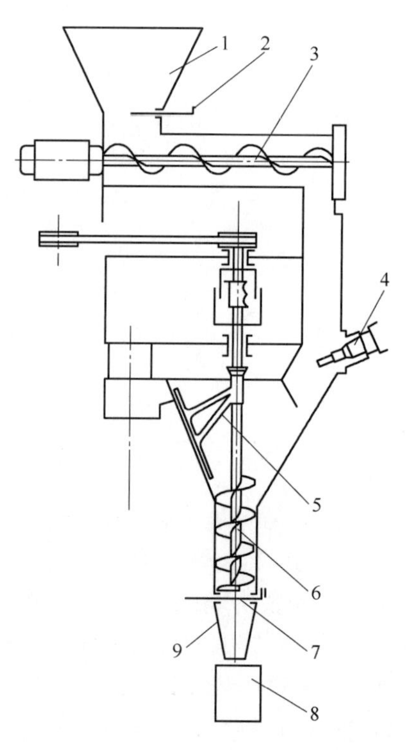

1—料仓；2—插板；3—水平螺旋杆式供料器；4—料位高度检测器；5—搅拌器；6—垂直给料器；7—闸门；8—容器；9—输出导管。

图 6-8　螺杆式定容计量装置工作原理图

第三节　产品的装填与封合

一、充填技术

装填，是将产品（被包装物料）按要求的数量或重量放到包装容器内。包装容器内物料的实际数量值与要求数量值的误差范围即充填精度，是衡量充填技术的一个重要因素。物料充填一般归结为两大类：液体物料的充填和固体物料的充填。封合，是指包装容器装好产品后，为了确保内装物品在运输、储存和销售过程中保留在容器中，并避免受到污染而进行的各种封闭工艺。

1. 固体物料充填技术

固体物料的充填方法可分为两大类：①称量充填法，以重量来计量充填物料的数量。分净重充填和毛重充填两种。②容积充填法，以容积来计算充填物料的数量，充填设备结构简单，充填速度高，但精度较低。有两种控制方式：一是控制充填物料的流量或时间来保证充填容积；二是用相同的计量容器量取物料，保证充填容积。

2. 充填技术的适用范围

固体物料的范围很广，按形态可分为粉末、颗粒和块状 3 类；按黏性可分为非黏性、半黏性和黏性物料 3 类。非黏性物料，如大米、砂糖、咖啡、粒盐、结晶冰糖和各种干果等。将它们倾倒在水平面上，可以自然堆成锥体，又称为自由流动物料，是最容易充填的物料。半黏性物料，如面粉、粉末味精、奶粉、绵白糖、洗衣粉、青霉素粉剂等。这类物料不能自由流动，充填时会在储料斗和下料斗中搭桥或堆积成拱状，致使充填困难，需要采用特殊装置破拱。黏性物料，如红糖粉、蜜饯果脯和一些化工原料等。这种物料相互之间的黏结力较大，流动性极差，充填更为困难。黏性物料不仅本身易黏结成团，甚至会黏结在容器壁面上，有时甚至不能用机械方式进行充填。

3. 充填工艺及装置

（1）粉料包装的形式　市面上粉料的常见包装形式主要为袋装和罐装，如奶粉的包装大体可分为两种：软包装（复合膜包装），金属罐包装，如图 6-9 所示。

（2）充填工艺的选择　现以奶粉为例，阐述充填工艺的特点，奶粉属于半黏性物料，流动性较差，有一定的黏附性，充填时易搭桥或起拱，充填比较困难。奶粉在进行充填时主要有 3 种方式：螺杆充填、真空容器充填、真空量杯充填。目前，罐装或袋装乳粉的包装生产线的充填包装机设备，均采用螺杆计量充填机，其是通过螺杆转动控制奶粉的下料量，从而实现对奶粉的计量充填操作。而一般的螺杆充填机在充填过程中很容易暴露在空气环境中，进而使得已经消毒灭菌的奶粉与微生物接触，引发奶粉的变质。若简单地加入一个“真空原件”或将其装入“充填原件”，即可提高真空设备和充填设备的生产能力。奶粉的生产通常是大批量的，对于大规模、定量化生产奶粉、充填金属罐奶粉的企业生产线，充填方式选择真空容器充填或真空量杯充填都是很好的选择。而螺杆充填法对于其他环境要求不高的粉末状产品仍然可以适用，但对于奶粉而言，该方法的适用程度远不如两种真空方法，但后续封口时将管内抽真空处理后也

(a) 复合膜包装

(b) 金属罐包装

图 6-9　奶粉包装

可适用于奶粉包装。

（3）充填装置的特点　螺杆充填是控制螺杆旋转的圈数或时间量取物料，并将其充填到包装容器中。充填时，奶粉先在搅拌器的作用下进入导管，再在螺杆旋转的作用下通过阀门充填到包装容器内。螺杆可由定时器或计数器控制旋转圈数，从而控制充填容量。螺杆充填具有充填速度快、飞扬小，充填精度较高的特点。图 6-10 所示为螺杆充填机的结构和工作原理图，主要由计量装置、物料供送机构、传动系统、控制系统、机架等组成。

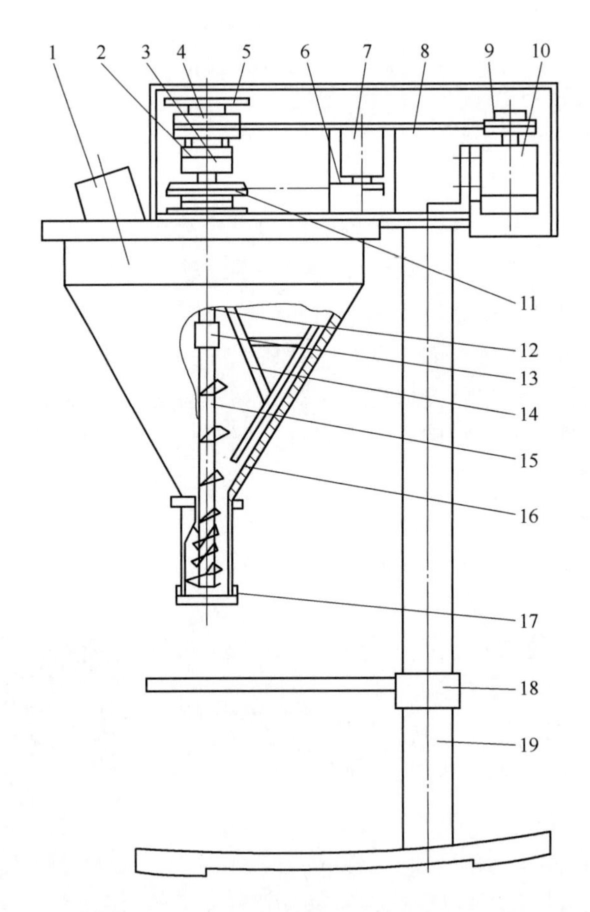

1—进料器；2—电磁离合器；3—电磁制动器；4—大带轮；5—电码盘；6—小链轮；7—搅拌电机；8—齿形带；9—小带轮；10—计量电机；11—大链轮；12—主轴；13—联轴器；14—搅拌杆；15—计量螺杆；16—料斗；17—筛粉格；18—工作台；19—机架。

图 6-10　螺杆充填机结构示意图

螺杆充填机料斗中装有旋转的螺杆和搅拌器，当包装容器到位后，传感器发出信号使电磁离合器合 2 上，带动螺杆转动，搅拌器将物料拌匀，螺旋面将物料挤实到要求的密度，物料在螺旋的推动作用下沿着导管向下移动，直到从出料口排出，装入包装容器内。达到规定的充填容量后，离合器脱开，电磁制动器 3 使螺杆停止转动，充填结束。螺杆每转一圈，就能输出一个螺旋空间容积的物料，精确地控制螺杆旋转的圈数，就能保证向每个容器充填规定容量的物料。图 6-11 所示为螺杆充填机外形。

二、灌装技术

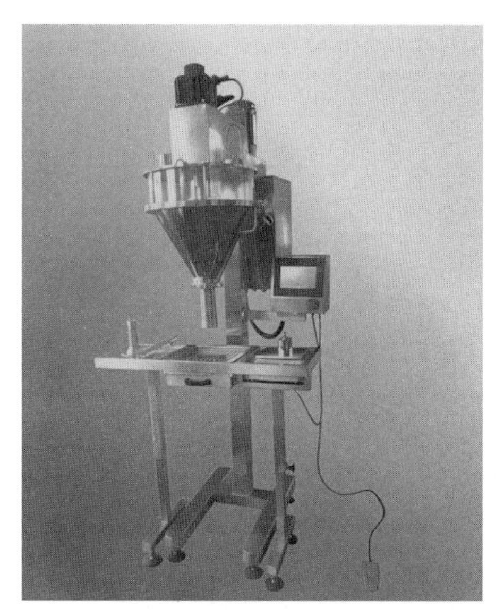
图 6-11　螺杆充填机外形

液体物料的充填称为灌装。需要灌装的液体物料甚多，涉及食品饮料、洗涤用品、化工产品等。需要灌装的各种液体物料有不同的物理和化学特性，如黏度、色香味、酒精含量、二氧化碳含量、挥发性物质含量、毒性等。可以盛装各种液体产品的容器也有不同种类，如玻璃瓶、金属罐、塑料瓶、纸袋、塑料袋，复合材料制成的杯、管、盒等。液体物料的化学物理性质各不相同，故灌装方法也不同。

1. 灌装技术及选择

液体物料中影响灌装的因素主要有液体物料的黏度、液体中是否溶有气体以及液体起泡性和微小固体物含量等。一般分为两大类：定容积灌装和定液位灌装。在选用灌装方法和灌装设备时，首先要考虑的因素是液体物料的黏度。定容积灌装是以液体的溶剂体积为计量进行灌装，适用于密度比较稳定的液体产品，主要有活塞容积式灌装和隔膜容积式灌装。而定液位灌装则是以包装容器内液体产品液位高度来控制充填量。根据液体物料性质不同，常用的灌装方法有：①纯重力灌装法。是在常压下利用液体自身的重力将其灌入包装容器内。常用于灌装不含气又不怕接触大气的低黏度的物料，如白酒、果酒、酱油、牛奶等。②纯真空灌装法。这种方法采用压差真空式进行灌装，即使储液箱与包装容器内部形成压力差，这种方法由于真空吸力会使非刚性容器收缩变形，通常限于灌装狭颈玻璃瓶，不宜用于塑料容器或其他非刚性容器。③定液位灌装法。又称纯压力灌装法，是在低真空（10~16Pa）下的重力灌装，尤其适用于白酒、葡萄酒及农药的灌装，因为灌装过程产生的紊流程度低，液体中的挥发气体逸散量小，不易改变液体浓度。压力灌装法，因其灌装阀与料缸分开放置，主要用于不含气液体物料狭颈容器的灌装。对于灌装含 CO_2 的饮料，如汽水、啤酒和香槟酒等则需要气体压力灌装。

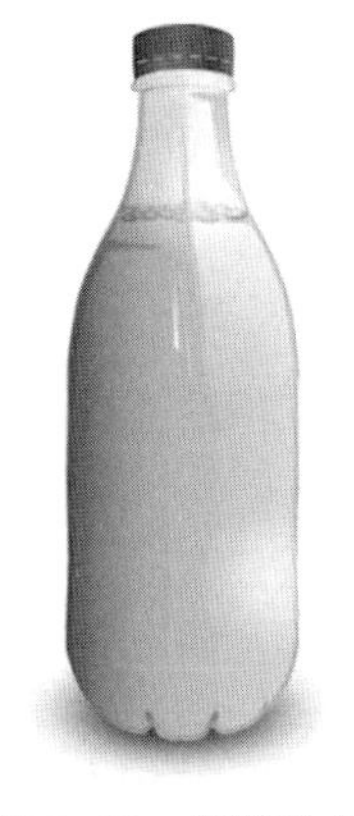
图 6-12　瓶装牛奶

2. 灌装工艺及设备

现以瓶装牛奶（图 6-12）为例，简要阐述液体包装工艺装置的结构及原理。

不同的液体适应于不同的灌装工艺，所以按灌装原理可分为等压灌装、负压灌装、常压灌装等。牛奶是低黏度不含气液体物料，通常选用常压灌装方式进行灌装，图 6-13 所示为常压灌装结构。液体由料缸流入瓶内，瓶内原有气体由排气管排出，当灌至排气管嘴截面时，气体不再能排出。随着液料的继续灌入，液面超过排气管嘴，瓶口部分的剩余气体只得被压缩，一旦压力平衡，液料就不再进入瓶内而沿排气管上升。

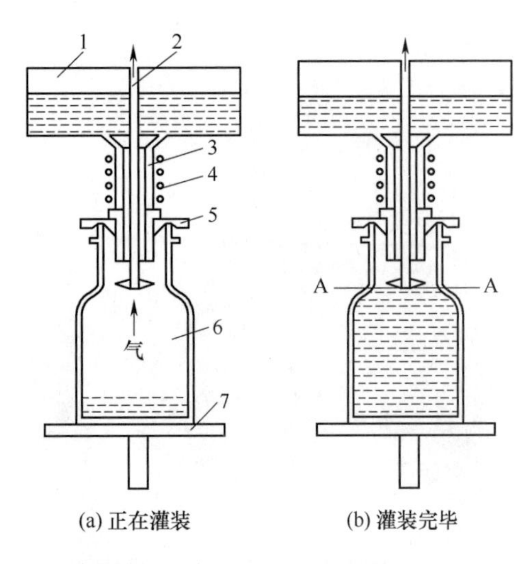

(a) 正在灌装　　(b) 灌装完毕

1—储液缸；2—排气管；3—灌装阀；4—弹簧；5—密封装置；6—包装容器；7—升降机构。

图 6-13　常压灌装结构

3. 灌装技术装备

灌装技术装备可以集机械、电子、光学、气液技术为一体，包括容器清洗、灭菌干燥、灌装与密封、包装质量自动检测、物料自动输送、自动装箱储存等作业工序在内的多功能灌装机和自动包装生产线。

常压灌装机主要用于灌装低黏度、不含气的液料，如酒类、乳品、调味品以及矿物油、药品、保健品等。由于是容积定量，重力灌装，其液损很小。图 6-14 所示为常压灌装机的总体结构，图 6-15 所示为常压灌装机灌装工位。

这种旋转式灌装机可高速连续工作，设备的生产率较高。

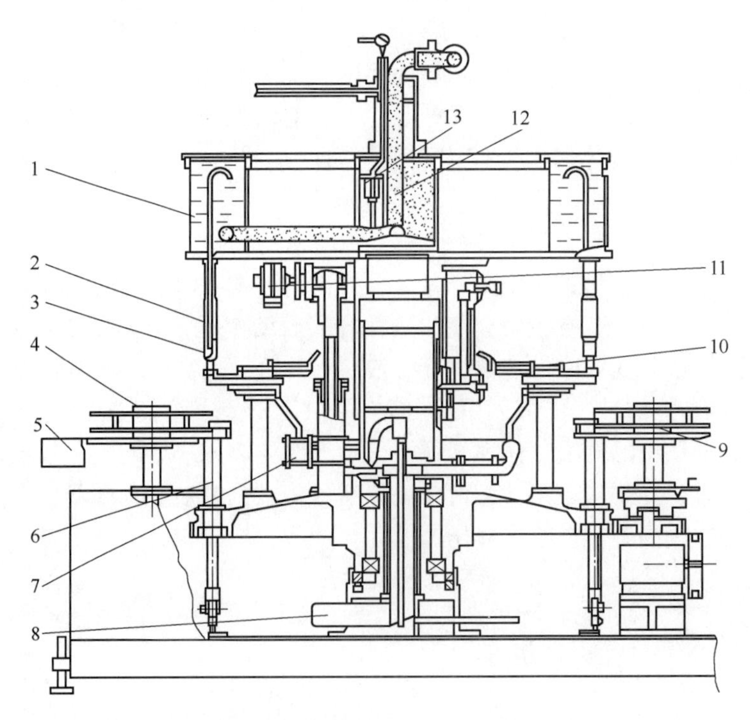

1—储液箱；2—灌装阀；3—清洗阀；4—供送拨轮；5—进瓶输送装置；6—升瓶机构；7—洗涤泵；8—排水管；9—出瓶拨轮；10—清洗装置；11—驱动电机；12—进液料管；13—液位控制浮球开关。

图 6-14　常压灌装机的总体结构

三、裹包技术

裹包是用较薄的柔性材料，将产品或经过原包装的固体产品全部或大部分包起来的方法。裹包的类型较多，适应性广，既适用于个体包装，也适用于集合包装；既可用于销售

图 6-15　常压灌装机灌装工位

包装，也可用于运输包装。用于裹包的材料类型很多，如纸、塑料薄膜、铝箔、复合薄膜等柔性材料，都可作为裹包材料。裹包还具有操作简单、包装成本低、使用和销售都很方便和应用十分广泛等特点，在包装领域内占有十分重要的地位，在食品和日用品包装中尤为突出。裹包技术按裹包形式可分为折叠式裹包、扭结式裹包和制袋充填封口一体化包装技术。

1. 封箱工艺及设备

图 6-16 所示为典型的纸箱裹包机工艺流程，图 6-17 所示为一片式纸箱裹包机。其工作原理是：装箱时，先把压好痕、切好角的单张纸板通过真空吸头从纸板仓取出，放在链式输送带上，并预折成直角形。然后将堆码好的物料用推料板推到纸板的裹包工位，接着按纸板上的压痕进行制箱裹包，再经涂胶和封箱后送出。

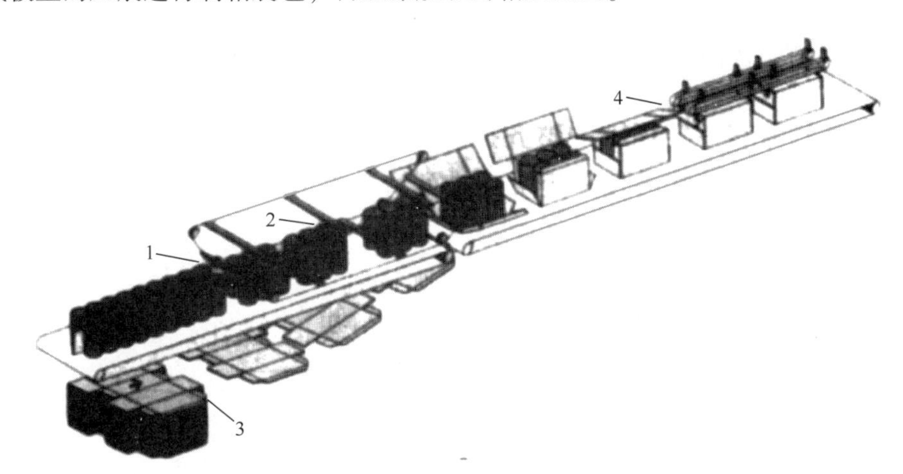

1—容器进口；2—容器分隔器；3—纸板进口；4—包装件成型装置。

图 6-16　纸箱裹包机工艺流程

2. 颗粒产品包装工艺及设备

颗粒是指在一定尺寸范围内具有特定形状的几何体，颗粒状产品广泛分布于食品、药品、日化等领域。现以食品类中糖果颗粒包装（图 6-18 所示为扭结式糖果包装）的工艺以及其设备为例进行分析。

图 6-17　一片式纸箱裹包机

图 6-18　扭结式糖果包装

扭结式裹包机是用挠性包装材料裹包物品，将末端伸出的裹包材料扭结封闭的机器。主要适用于糖果、冰棒、食品、药丸（圆柱形、长方形）等物品的自动裹包。也适用于日用品、小五金等行业中各种物品的自动裹包。扭结式裹包机是典型的包装过程机械，包含了较为复杂的各类机械传动机构，其工作过程基本上是使用机械模仿人手进行扭结包装的过程。一般需要完成被包装物的整理、排列、输送、包装纸的切断供给、夹紧裹包、扭结、排出等动作，图 6-19 所示为包装扭结工艺路线图。

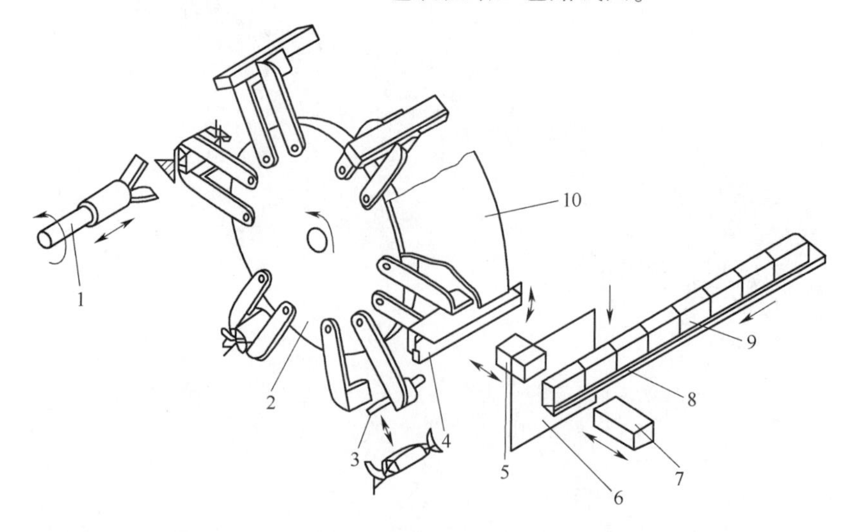

1—扭结手；2—工序盘；3—打糖杆；4—活动折纸板；5—接糖杆；6—包装纸；7—送糖杆；8—输送带；9—糖果；10—固定折纸板。

图 6-19　包装扭结工艺路线图

图 6-20 所示为裹包执行机构，裹包机构主要由六钳夹糖盘 23、送糖杆 15、接糖杆 20、活动折纸板 17、固定折纸板及摆动凸轮 24、连杆等组成。其工作原理，如糖钳手 19、21 张开或闭合，则是由槽轮机构驱动工序盘，由偏心轮经连杆驱动凸轮 24 摆动一定角度，当凸轮 24 往复摆动时，驱动滚柱 25，经一对啮合的扇形齿轮使糖钳手实现张开或闭合。就是通过机构这些巧妙的设计，而实现了糖果的裹包。

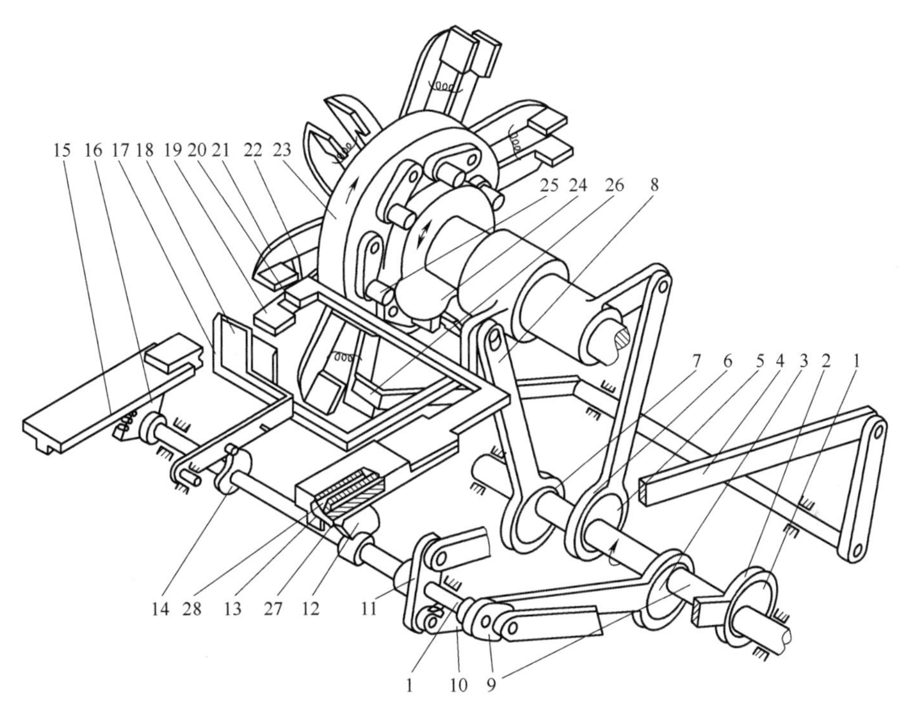

1、3、5、7—偏心轮；2、4、6、8、10—连杆；9—曲柄；11—双销曲柄；12、16—扇形齿轮；13—后冲滑块；14、24—凸轮；15—送糖杆；17—活动折纸板；18—挡板；19、21—夹钳；20—接糖杆；22—拉簧；23—六钳夹糖盘；25—滚柱；26—打糖杆；27—缓冲杆；28—弹簧。

图 6-20　裹包执行机构

3. 块状产品包装工艺及设备

在生活中，有许多块状物品，小到一块饼干、一块肥皂，大到一块硬盘、一块机械的铁板等，而他们都需要包装的保护或衬托才能完美的到达用户的手里。折叠式裹包是裹包中使用最普遍的一种方法。其基本工艺过程是：从卷筒材料上切取一定长度的包装材料，或从储料架内取出一段预切好的包装材料，然后将材料包裹在被包装物品上，用搭接方式包装成筒状，再折叠两端并封紧。根据产品的性质和形状、表面装饰和机械化的需要，可改变接缝的位置和开口端折叠的形式与方向。图 6-21 所示为两端折角式裹包工艺过程，这种方式适合裹包形状规则方正的产品。

裹包机的种类很多，从用途上分有通用和专用裹包机；从自动化程度上分有半自动和全自动裹包机等。它们可以单独使用，也可以配置在生产线中使用。选用裹包机时应考虑包装速度，可根据产品的大小、形状和裹包形式，以及单件或多件包装而选用。

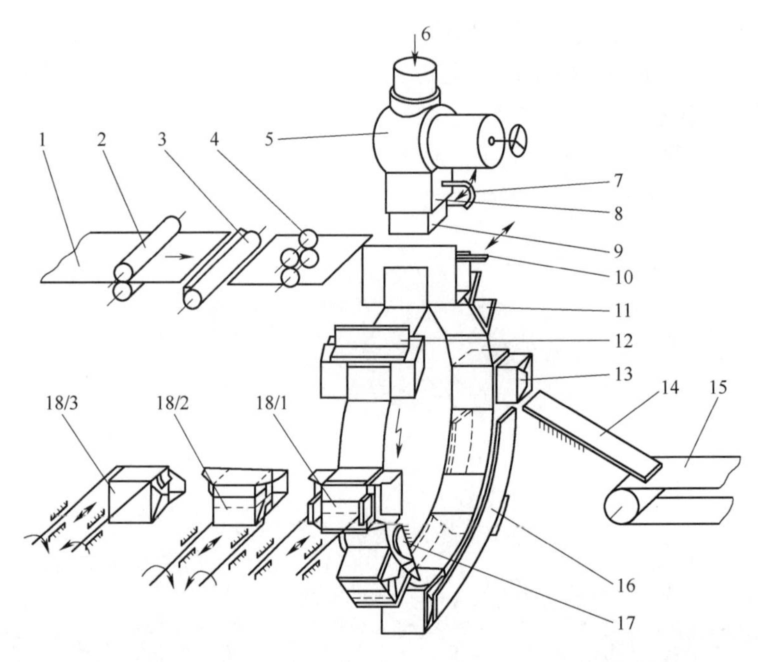

1—卷筒包装材料；2—送料辊；3—裁切辊；4—传递辊；5—定量泵；6—加压料斗；
7—钢丝刀；8—成型筒；9—块状黄油；10—内侧折叠器；11—转盘；12—外侧折叠器；
13—包装好的物品；14—滑道；15—传送带；16—弧形压板；17、18 —两侧折叠。

图 6-21　两端折角式裹包工艺过程

四、封合技术

纸盒和纸箱的装填物绝大多数是以各种个体包装形式出现。纸盒的内容物有经纸塑材料裹包块体产品，袋装的散体、粉料、液体产品，还有瓶装的颗粒料、液村产品等。纸箱的内容物有各种盒装、袋装、裹包、瓶装的产品，还有较大型的缓冲包装结构的机电产品。完成对物料供送、容器成型、充填、封缄、输出等工艺过程中的装盒/箱并封缄工序称为封合技术。

灌装后的牛奶瓶产品可以沿铅垂方向装入直立的箱内，所用的机器称为立式装箱机；产品也可以沿水平方向装入横卧的箱内或侧面开口的箱内，所用的机器称为卧式装箱机。铅垂方向装箱通常适用于圆形的和非圆形的玻璃、塑料、金属和纤维板制成的箱装容器包装的产品，分散的或成组的包装件均可。铅垂方向装箱技术广泛用于各种商品，如饮料、酒类、食品玻璃用具、石油化工产品和日用化学品等。常见的立式装箱机均为间歇运动式，对提高速度有一定限制。为了提高速度，有的设计成多列式，即在同一台装箱机上，每次装几个箱。立式连续装箱机如图 6-22 所示。

产品在空箱运输带上方运送时，有一组夹持器与要装箱的产品同速前进，到达规定位置后，夹住产品并逐渐下降，将产品装入箱内，然后松开提起返回。如此连续循环进行，不停顿地装箱。图 6-23 所示为瓶子吊入式装箱机结构，该装箱机主要由箱输送装置、瓶子输送装置、抓头梁和启动夹头、控制系统等组成。

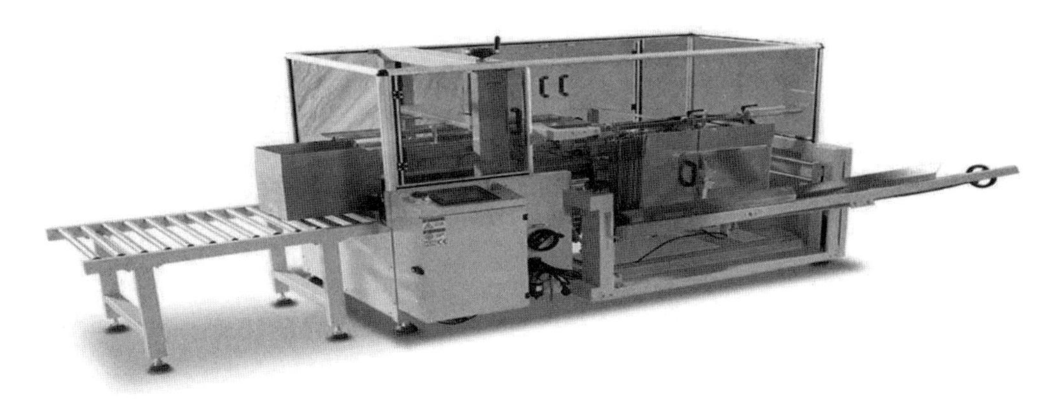

图 6-22　立式连续装箱机

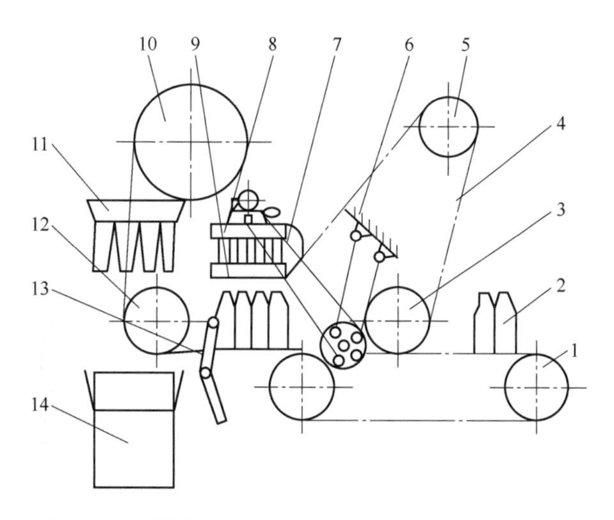

1—输送链；2—瓶子；3—张紧轮；4—链条；5—主动链轮；6—双摇杆；7、12—导向轮；
8—抓头梁；9—气动夹头；10—大链轮；11—瓶子导向套；13—挡光板；14—纸箱。

图 6-23　瓶子吊入式装箱机结构

第四节　传送与定位控制

在包装机械设备中，包装材料、制品和容器的供送及待包装产品的供送（物料供送系统），是整个包装生产线的必不可少的“咽喉”部分。它决定整个设备的生产效率和自动化程度，包装作业性能和成品质量关系重大。包装物料供送系统因物而异，各具特点，需要配套的供送、定位技术及装置。

一、传送带的设计与适用

包装产品中散体物料占有较大比例，故散体供送装置在食品、药品、电子、轻工等行业的包装中应用十分普遍。现以散体物料的供送为例，阐述物料传送带的设计特点及适用产品。图 6-24 所示为齿鼓式给料器，适合于圆杆形硬质物料，将人工定向或自动定向后

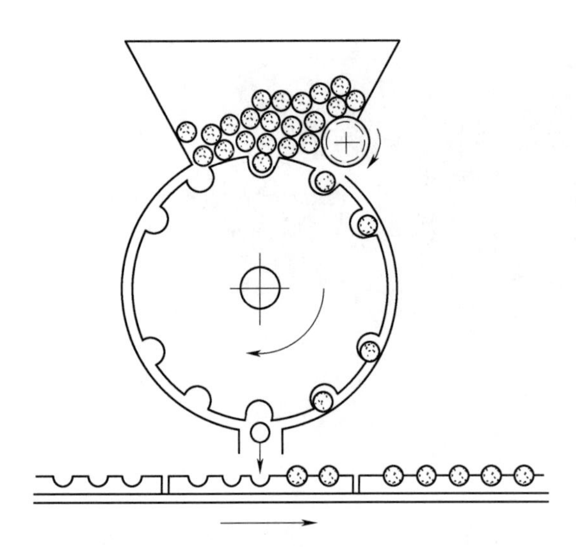

图 6-24　齿鼓式散体供送方法及装置

的物料存于料斗内，经过齿鼓轮的旋转逐个被送入下部的输送带上。

供送机构也可以是其他零部件，如叶轮式给料器适合于圆锥或圆台形硬质物体，它是利用叶轮的环形区内均布若干支板，形成与物件外形大小相对应的孔形通道，使落入的物件自动定向排列于外壳的出口导槽内。槽盘式给料器适合于长方形软质物料，如糖果、巧克力等。它是利用输送带加料，物件落于转盘上，沿静止的带齿的螺旋导板自动地按其长轴做定向排列，待滑进周边的凹槽内，便按其厚度再做一次定向排列，从槽形出料口流出。

二、定位控制方法与原理

若要实现较高生产率，一般的物料供送系统对于入口处的物料的排列次序与方向有一定的要求。为此，必须在物料供送滑道上配以相应的定向机构和整列机构。对于不同类型的物件，须采用不同的自动定向排列与分隔供送装置。

1. 定向排列

对于滑道上的物件，可充分利用其本身的几何形状与特点完成定向排列。对散乱物料的排列定向可有两种方法，即消极定向法和积极定向法。图 6-25 所示为阶梯柱状物件定向排列机构，斜置的滑道板使大端在上的物件因重心偏高向侧边翻落，大端在下的物件可安然通过。还可以采用以下方法：如滑道上设有定向排列限制块；轨道中设有上下坡障碍板；设有特定大小的 V 形缺口；或利用挡板上的缺口（与凸起外形相配合）使凸起向上的物件通过；利用适形轨道（宽度略大于物件高度 H）上开设的落料孔（孔直径略大于物件端面直径 D），使直立的柱体从孔中落下；利用滑道上开设的仿瓶形落料孔等方式，使物料定向排列。

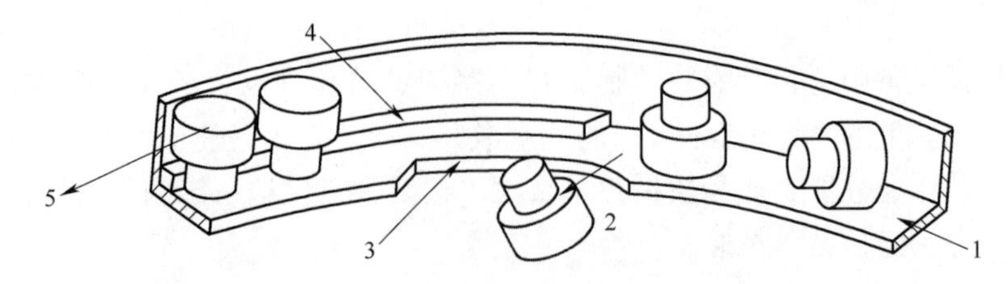

1—滑道；2—工件落下；3—缺口；4—定向排列器；5—工件送入滑料槽。

图 6-25　阶梯柱状物件定向排列机构

2. 物料分隔

各种产品的包装作业有各自的生产节拍要求，故在物件的定向排列的同时或之后，再配以物料的分隔送料机构，以满足下游作业机所需的送料节奏要求。图 6-26 所示为较典型的螺杆式物件分隔送料机构简图。分隔机构有螺杆式分隔机构、星形轮分隔机构、沟槽滚筒式分隔机构及凸轮式分隔机构，可实现连续转动或间歇转动，使物件依分隔机构的几何结构特点，分隔输出。图 6-26 所示的螺杆式分隔机构，是让物件进入螺杆齿沟内实现以螺距为间距的物料分隔，该分隔机构在球形、柱形、瓶类容器的强制性供给中被广泛采用。

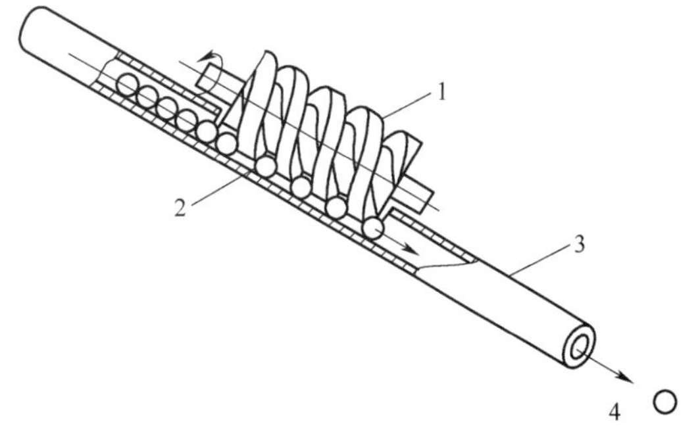

1—蜗杆；2—工件；3—滑料槽；4—送出工件。

图 6-26　螺杆式物件分隔送料机构简图

第五节　包装质量的自动检测

一、包装质量检测方法

包装品包括包装材料和容器，包装件是产品包装后的总称。对于包装品的质量除了集中于外观形状外，还强调其使用功能。为此，对包装品也规定了技术规范和检验步骤与方法。包装品及包装件的质量检测方法有两种：一种是在产品数量少的情况下，做到全数检验，把不合格产品剔出来。另一种是在数量大时，采取抽样检验，即从整批产品中抽取样本，检验样本的质量代表整体的质量。样本必须尽可能随机选取，为使抽样结果有足够的可信度，从技术与经济两方面综合考虑后，可适当增加样本数量。一种是在产品数量少的情况下，做到全数检验，把不合格产品剔出来。抽样检验标准有国际标准 ISO 2859 系列计数标准和 ISO 3951 系列计量标准，我国有国家标准计数抽检标准 GB/T 2828. 1—2012 与计量抽检标准 GB/T 6378. 1—2008 为包装行业的抽样检验提供了有效的依据。

二、包装质量检测内容

包装制件的质量控制包括计数检测、自动检重、物重选别、机器视觉在线检测、红外在线有序排列检测等。现举例说明：

1. 自动检重

图 6-27 所示为托盘连续式物重选别机工作原理，其称重带由一条宽带或几条窄带组成。其称重部分与其他连续带式称重机相似，主要特点是含有对不合格品的剔除机构，对所有动作控制形成闭环系统，比起单纯称重机要复杂。其称重鉴别仪除了称重器常有元件外，还有 A/D 变换器、差动变压器、振荡器、测试比较电路、欠量输出、超量输出的电子器件。此机型多用于小型袋装、盒装、盘装产品的物重选别。

如在包装生产线上安装一台自动检重仪，则不需要中断产品的输送，也无需人员管理，就可在线完成 100%产品的重量检验。自动检重器中心部分为称重传感器，前面有产品的输入装置、后面有产品输出装置，按一定的生产节拍，剔出不合格产品。各种剔除装置有滑动承载板式、空气冲吹式、气压推杆式、摇摆闸门式及落下通过式。它可以实现

3 种功能：①满足包装单位重量要求。②对湿度敏感的吸潮产品，用自动检重器的信号反馈，实现工艺过程控制（SPC）。③提供运行分析数据，进行合格率和不合格率的统计。

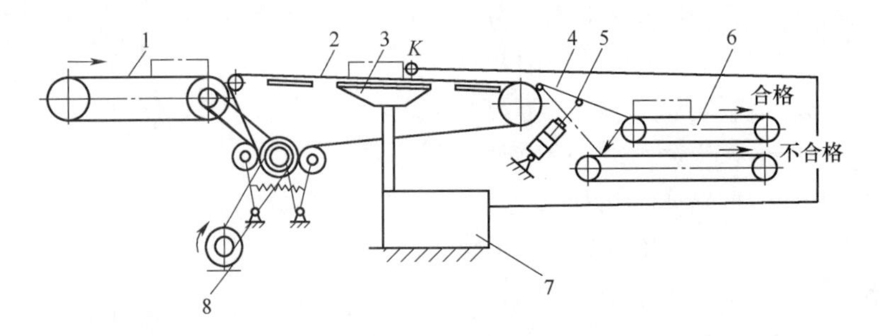

1—供送装置；2—称重输送带；3—秤盘；4—导向板；
5—摆动汽缸；6—分流输送带；7—称重鉴别仪；8—驱动电机。

图 6-27　托盘连续式物重选别机工作原理

2. 机器视觉在线检测系统

由于包装过程多是无人操作，经常会出现产品缺损、漏装、错装的现象。如果用人工的方法来检查，要消耗大量的人力，而且也会影响产品的超净环境。因此，可以采用先进的机器视觉技术，通过计算机自动识别所包装品的缺损状况、漏装现象、错装现象，并控制机械手剔除残损及不合格产品，可以说机器视觉技术的快速发展为药品质量的无损检测提供了一种有效的技术支持。

下面以药品包装在线检测系统为例，介绍装置的组成、原理及主要特点。

图 6-28 所示为药品在线包装检测系统的构成，检测系统的结构可以分成图像采集、图像处理以及控制 3 个单元。主要由照明光源、CCD（Charge Coupled Device）工业相机、位置传感器、图像处理器（工控计算机）以及控制单元、定位装置、传送带、PLC 执行装置等部分构成。

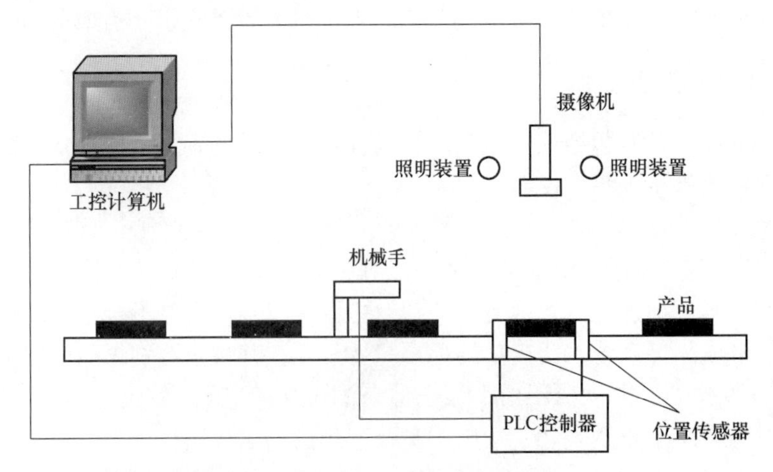

图 6-28　药品在线包装检测系统构成

从图 6-28 中可知，药品到达指定位置时，触发部件启动，图像处理单元启动，结构光发生器和摄像头工作，并快速获取多幅图像数据，这些图像数据包括各种药品缺陷信息。

在实际生产现场，受各种噪声以及不同区域光照强度不一致等因素的影响，会造成采集系统获取的图像中包含干扰信息，不能直接作为图像处理系统的像源。它必须经过图像去噪、图像增强、锐化等预处理操作，才能被图像处理系统所用，所以需要进行图像处理算法的研究。通过对图像进行解码和组合运算，对目标进行处理和分析，发现不合格产品，即与 PLC 通讯，由 PLC 计算位置数据，当不合格产品位移至指定位置，通过剔除装置剔除。

图 6-29 展示了片剂和胶囊生产线剔除装置。片剂生产线剔除装置包括了气源、过滤器、减压器、喷嘴、换向阀、汽缸、节流器。图 6-30 所示为泡罩包装机药粒缺陷视觉检测系统。

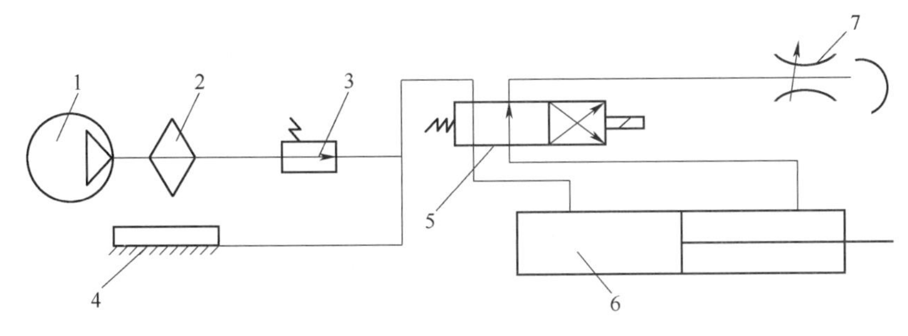

1—气源；2—过滤器；3—减压器；4—喷嘴；5—换向阀；6—汽缸；7—节流器。

图 6-29　片剂和胶囊生产线剔除装置结构示意图

药品在线检测装置具有以下特点：①能自动检测药品缺粒现象，准确可靠，大大减轻了药品检测的劳动强度。②处理速度快，检测一次只需 0.1s。③在工作环境中能连续不断地工作，不受外部光照的影响，并且不受药品样式的影响。④具有自动检测工作状态的功能，系统工作不正常时能自动报警。

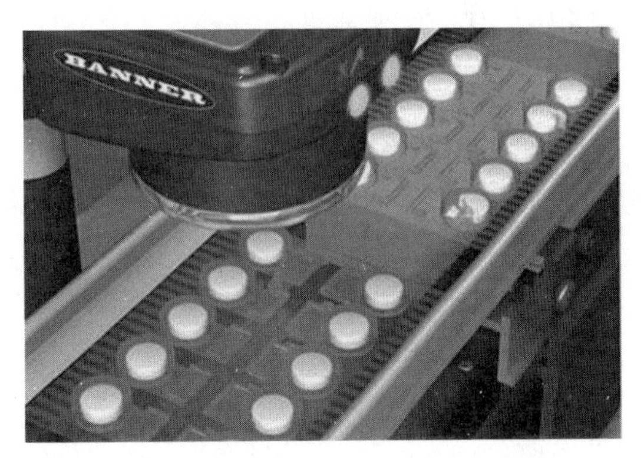

图 6-30　泡罩包装机药粒缺陷视觉检测系统

而在铝塑包装机中胶囊的红外在线有序排列检测系统，则是利用红外光电非接触检测技术，通过对胶囊的体貌外形尺寸局部特征信息的提取、检测、识别，而实现铝塑包装过程中胶囊的在线检测与调头。

第六节　工业 4.0 与智能制造

一、工业 4.0 概述

工业 4.0 是基于工业发展的不同阶段做出的划分。按照目前的共识，工业 1.0 是蒸汽机时代，工业 2.0 是电气化时代，工业 3.0 是信息化时代，工业 4.0 是利用信息技术促进产业变革的时代，也就是智能化时代。数字化是实现工业 4.0 的基础条件，本质是以万物互联为基础，通过物联网和互联网等相关技术，把不同产业领域以及环节之间的隔阂打通，实现关键术语、规格标准等语义统一化和标准化。将传统工厂关注的制造环节向前端设计环节以及后端服务环节不断延伸。通过嵌入式处理器、传感器和通信模块，把各要素联系在一起，使得产品和不同的生产设备能够互联互通并交换信息，未来智能工厂能够自行优化并控制生产过程。图 6-31 所示为工业 4.0 参考架构模型（Reference Architecture Model Industrie 4.0，RAMI 4.0），对工业 4.0 理念进行了进一步地明确和阐述。

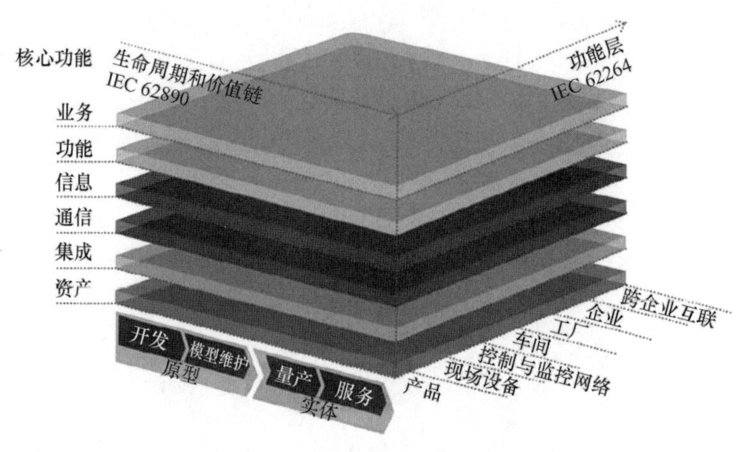

图 6-31　工业 4.0 参考架构模型

二、包装与智能制造

1. 智能制造

智能制造通常被认为是新一代信息通信技术与先进制造技术的深度融合。其目的是通过集成知识工程、制造软件系统、机器视觉和机器控制，对制造技术人员的技能和专家知识进行建模，以使智能机器在没有人工干预的情况下进行小批量生产。目前智能制造的目标是面向产品的全生命周期，以新一代信息技术为基础，以制造系统为载体，在其关键环节或过程，具有一定自主感知、学习、分析、决策、通信与协调控制能力，能动态适应制造环境的变化，从而实现高效率、低成本和高质量的优化目标。强调自主感知，通过万物互联，连接一切可数字化的事物，利用数据和算法获得智能。不仅要采用新型制造技术和装备，还要将快速发展的信息通信技术渗透到工厂，在制造领域构建信息物理系统，改变制造业的生产组织方式和人际关系，带来研发制造方式和商业模式的创新转变。智能制造、自动化等设备离不开机械视觉，也一定少不了图像传感器。几十年来，CCD 和 CMOS（Complementary Metal-Oxide Semiconductor）技术，一直在争夺图像传感器的优势。

2. 包装一体化工艺流程

图 6-32 所示为常见的手机包装盒，从一个完整的包装设计来说，包括最里面的缓冲包材料（珍珠棉、纸浆模塑）和屏幕的塑料膜，手机盒子（纸板），盒子的精美平面设计。还要一个个装入纸箱，包括纸箱的印刷设计，瓦楞纸层数决定纸箱在堆码过程的承受能力；在运输的过程中，还需要用到托盘（尺寸大小需要参考集装箱的尺寸）、缠绕膜等辅助包材，以及标签的使用。目前大多从客户产品实物本身作为出发点考量，这也是国内

大部分包装传统生产商和设计服务商业务的现状。

包装一体化可以延伸到前端包装产品设计，突出包装保护的重点位置和元件。包装方案的整体设计和优化需要从外包装的平面设计，到内衬的结构设计以及运输包装的标准和规范。其核心是参与客户的运营中，响应客户的柔性生产需要，提供稳定优质的品质，库存数据和客户需求预测的共享，糅合到客户 ERP（企业资源计划，Enterprise Resource Planning）体系中，为客户提供包装库存管理 JIT（Just in time）看板服务，JIT 生产方式（以降低成本为基本目的，在生产系统的各个环节全面展开的一种使生产有效进行的新型生产方式），包材回收，现场的辅助包装作业，物流配送，第三方采购等全方位的服务。给客户的不仅仅是“产品+服务”，而是“产品+服务+数据”。

图 6-32　手机包装盒

3. 自动包装机与包装过程控制的发展

自动包装机是自动机械的一种，其结构组成与其他自动机械一样，由原动机、传动机构、工作机构和控制装置四大部分组成。区别于其他自动机械的基本部分是自动包装机的工作机构，它借助于控制装置，自动完成包装生产过程的各种作业。如被包装物料的进给、分拣、计量、装填，包装材料和容器的传送、定向排列、定位、分离及成形制袋，包装材料的粘合、干燥、整形、封切、转位传送、排出包装成品，以及在包装作业过程中进行重量、位移或位置、数量、温度、压力、速度等物理参数检测，包装成品质量检测、剔除废品以及系统的故障报警等一系列工艺操作和辅助操作。由于包装品的种类繁多，自动包装机的功能各种各样，实现其功能的设备、工艺操作的繁简程度也千差万别。

自动包装线主要由完成主体作业的自动包装机、必要的运输储存装置和确保工作节拍的控制系统等组成，目前已出现了集机械、电子、控制、计算机、传感器、人工智能等学科先进技术于一体的全自动包装生产系统，广泛应用于饮料、啤酒、食品、药品、卷烟、茶叶、牙膏等产品的包装。

包装过程控制的开端可以追溯到 18 世纪，真正发展是在 20 世纪。包装生产过程开始采用单机对温度、压力、流量等工艺参数进行控制的自动化控制技术。液压气动仪表、电动单元组合仪表及巡回检测装置等自动化仪表的采用，使得一些复杂的生产过程实现了集中控制。随着生产过程向着大型化、连续化方向发展，对控制设备和控制方式提出了崭新的要求，在生产过程领域实现了自动化。控制系统由单输入、单输出，发展为多输入、多输出，开始用组装仪表。以单机自动化和专用设备自动化为主，然后出现了微处理器和以微处理器为主要构成单元的控制装置，集散控制系统（DCS）、可编程逻辑控制器（PLC）、工业 PC 机和数字控制器，已成为控制装置的主流。到 20 世纪末，信息技术飞速发展，出现了现场总线控制系统，现场仪表的数字化和智能化，形成了真正意义上的全数字过程控制系统。进入 21 世纪，随着自动化技术、计算机技术、通信技术的迅速发展，过程控制向着数字化、网络化和综合自动化方向发展，利用网络技术，集成生产、经营、销售、管理等信息，形成一个能适应各种生产环境和市场需求的、多变性的、总体最优的高质量、高效益、高柔性的生产管理系统。

智能型包装在保护消费者权益与人身安全、保护市场正常秩序、方便商务电子化、开发新颖的产品消费形式等方面将起到重要的作用，具有极广阔的发展前景。智能包装技术是集合了多元知识基础的新兴技术分支，注重创造性设计和以人为本思想。目前按其技术特点可分为：功能材料型、功能结构型、信息型。智能包装技术在世界各国的应用刚刚开始，有些技术还处于实验和研究阶段。了解和研究智能包装技术以适应我国包装工业的发展和全球经济一体化，具有很大的现实意义。如何抓住这个机遇，发展我国的包装事业，提升我国包装的技术含量，以适应当今经济形势的要求，是我们所面临的问题。

第七章　包装印刷

本章导读

印刷技术是视觉信息印刷复制的全部过程，包括印前、印刷、印后加工和发送等。即通过制版、印刷、印后加工批量复制文字、图像的方法。为吸引消费者注意，包装通常采用鲜艳夺目的色彩、投其所好的式样和外观。包装印刷是实现这一目标的必要手段。本章从包装设计（原稿）开始，再进行印前设计、制版、印刷和印后加工等工艺过程进行了概括性的阐述，以期使读者建议对包装印刷有基本认知。

本章学习目标

通过本章学习，学生们可以充分理解包装与印刷的关系，认识不同的包装印刷材料的特性、各种制版方式、印刷方式与印后加工的工艺特点。了解包装印刷的工艺流程，以生产出满足不同要求的包装产品。了解在大数据时代，包装印刷未来的发展趋势。

第一节　印刷概述

一、印刷概念及其本质

按国标 GB/T 9851. 1—2008 中的规定，印刷是指“使用模拟或数字的图像载体将呈色剂/色料（如油墨）转移到承印物上的复制过程”。按照复制方式可分为传统印刷和数字印刷两类。

传统印刷是以原稿为依据，利用直接或间接的方法制成印版，再在印版上敷上黏附性的油墨，在印刷压力的作用下，使印版上一定黏附性的油墨转移到承印物表面上，从而批量复制成印刷品的技术。其必须具有原稿、印版、油墨、承印物和印刷机械五大要素，才能进行印刷。

数字印刷是将数字形式描述的版面信息直接转换成印刷品的过程，即从计算机直接到纸张。数字印刷是印刷技术数字化和网络化发展的一个新生事物，是当代印刷技术发展的一个趋势。原稿上的图文信息，经数字化采集转为数字文件，在数字印刷机上由数字文件中的数据直接控制输出设备，使色料在承印物上着色，印刷过程无需压力（如喷墨印刷与静电印刷），又称无版印刷或无压印刷。

二、印刷在包装中承载的功能

1. 提升商品社会性功能

印刷能提升商品社会性功能，即对商品起媒介作用，也就是把商品介绍给消费者，把消费者吸引过来，从而达到扩大销售占领市场的目的。包装中视觉效果的传达是包装中的精华，是包装最具商业性的特质。包装通过设计与印刷，不仅使消费者熟悉商品，还能增强消费者对商品品牌的记忆与好感。包装印刷产品以明亮鲜艳的色调，使之在强烈的传统文化节律中表达或渗透着现代的艺术风韵和时代气息。这就使包装的商品具有了生命活力和美妙的诗意。当然商品的自身价值也会身价得到提升。有的包装制品甚至可以当作艺术品供人玩味珍藏。这样一来，就能将消费环节的诸多因素调动起来，在消费环节中进行全方位的渗透，以达到促进消费的最佳实效。

2. 防伪技术功能

随着市场经济的发展与假冒伪劣商品对名优商品的冲击浪潮不断增强，印刷防伪技术已广泛应用于商品包装领域之中，并且各种新的防伪印刷技术仍在不断发展，主要防伪方式有激光全息防伪和特种油墨防伪，如图 7-1 所示。在激光全息防伪技术方面，现已有防伪幻纹，防伪加密技术。油墨防伪技术方面，有触摸式可逆变色油墨，光敏、温敏、压敏变色油墨，可印于塑料、纸张、木材、陶瓷、玻璃、涤纶膜等载体。另外，自检拆封式标签技术、微电脑打码技术已在国内新产品上使用。这些新技术的出现，无疑为防伪技术的应用开辟了更广阔的市场。

3. 包装印刷的装潢与美化功能

包装印刷的图文信息多为有关产品的介绍、品牌、商标、装潢图案、广告、产品使用说明等，如图 7-2 所示为销售包装的装潢印刷品。因此，要求包装印刷品墨色厚实、色泽鲜艳、层次丰富、细腻、视觉冲击力强。

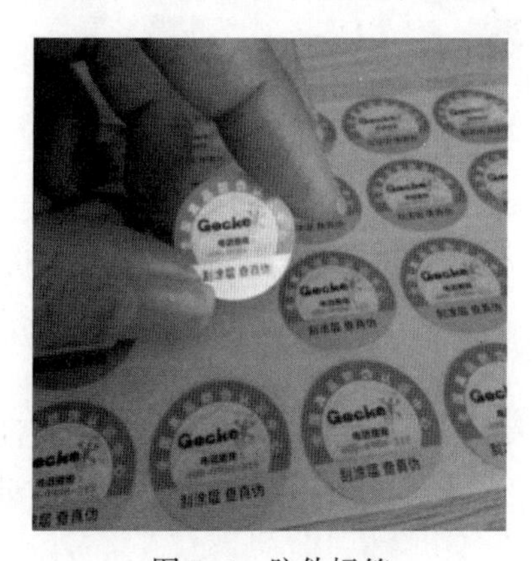

图 7-1　防伪标签

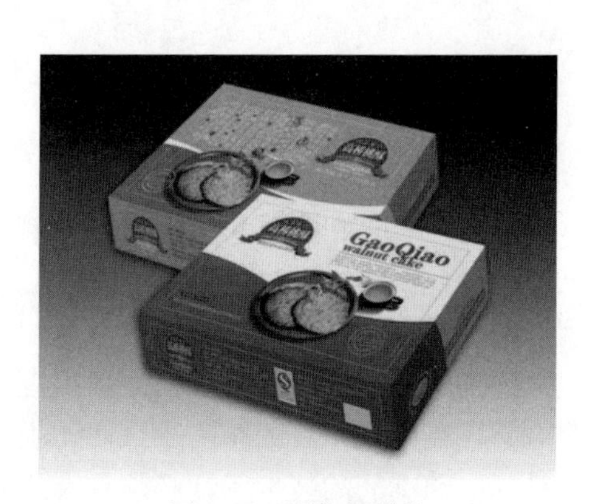

图 7-2　装潢印刷品

第二节　印刷前处理

广义的印刷是指印前、印刷、印后以及与图文复制相关的各个工序与工艺，使印刷产品获得所要的形状与使用性能的总称。因此，基本工艺流程如图 7-3 所示。

该图中的原稿制作、印前设计与制版整个工艺过程总称为印前处理。

一、现代印前处理系统

现代包装印刷系统的设计理念是采用全自动生产系统、联线和脱线上光、印后以及灵活的幅面调整，运用集成的工作流程实现高速、高质量和低成本的印刷，图 7-4 所示为现代印前处理和制版框架结构。在这一印刷系统内，一方面将包装印刷件从成本核算到计划，将印前、印刷以及印后加工、成品发运等生产工艺集成在一起；另一方面将印刷生产

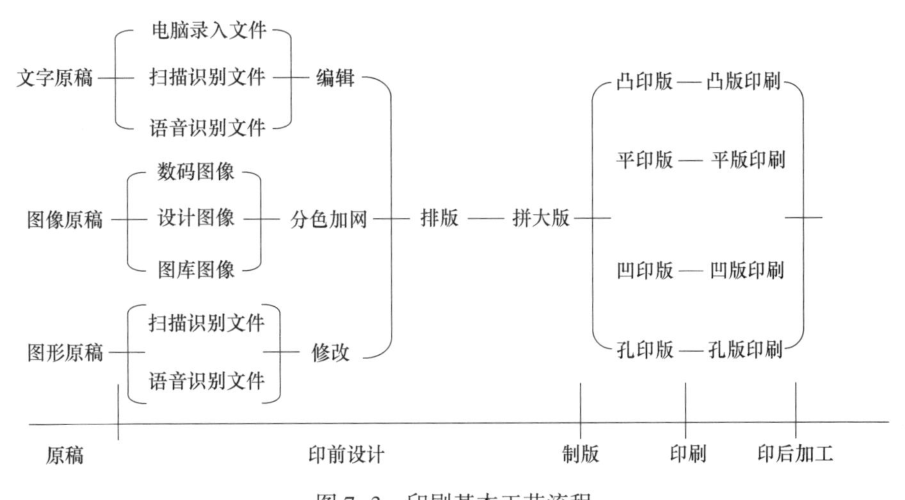

图 7-3　印刷基本工艺流程

链内的所有管理技术也集成和连接到工作流程当中。这种集成减少了操作人员的工作量，提高了性价比和生产效率。

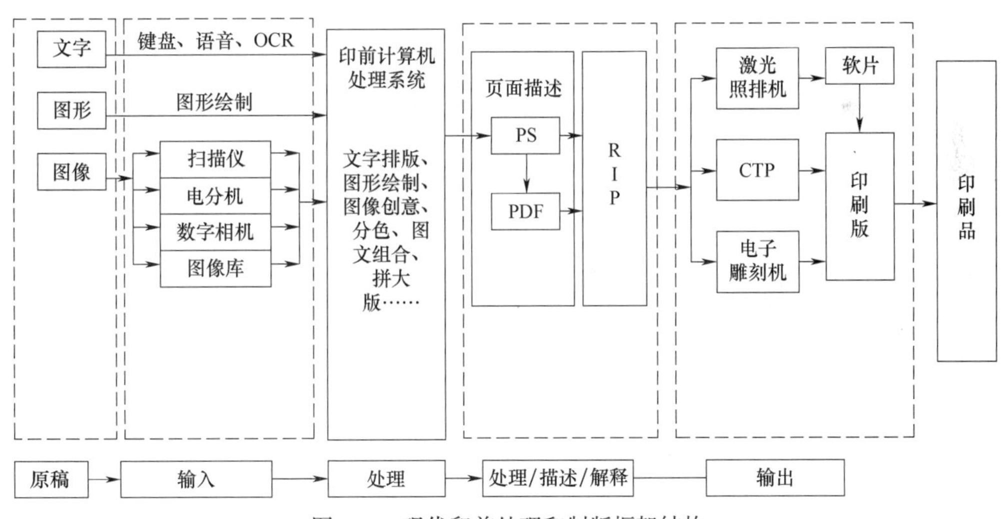

图 7-4　现代印前处理和制版框架结构

海德堡智能生产，可以打造智能化的印刷企业，从网络接单、订单排期，到印前制版、印刷生产、印后加工乃至物流服务，每一台设备以及每一道工序都能全自动运行，整个生产过程无需人工干预。

图 7-5 所示为印刷的数字化工作流程，通过“印易通”（作业规划软件）为传统印刷厂、合版印刷厂、印刷销售企业等机构，提供高效、安全、基于云的智能一体化解决方案。同时“印通天下云平台”还可以提供多种服务包括如：包括电子商务销售网站、手机移动端支持、订单智能化处理、印前生产自动化、ERP 生产管控、报价体系、财务管理、绩效管理、DIY 工具模板等，涉及印刷销售、工厂生产和日常企业管理的各个方面。它是印刷企业增加销售体量，提升生产效率，降低管理成本的好帮手。

“快印云”是国内最大的全能型本地印刷服务平台，可为用户提供高品质、高效率、

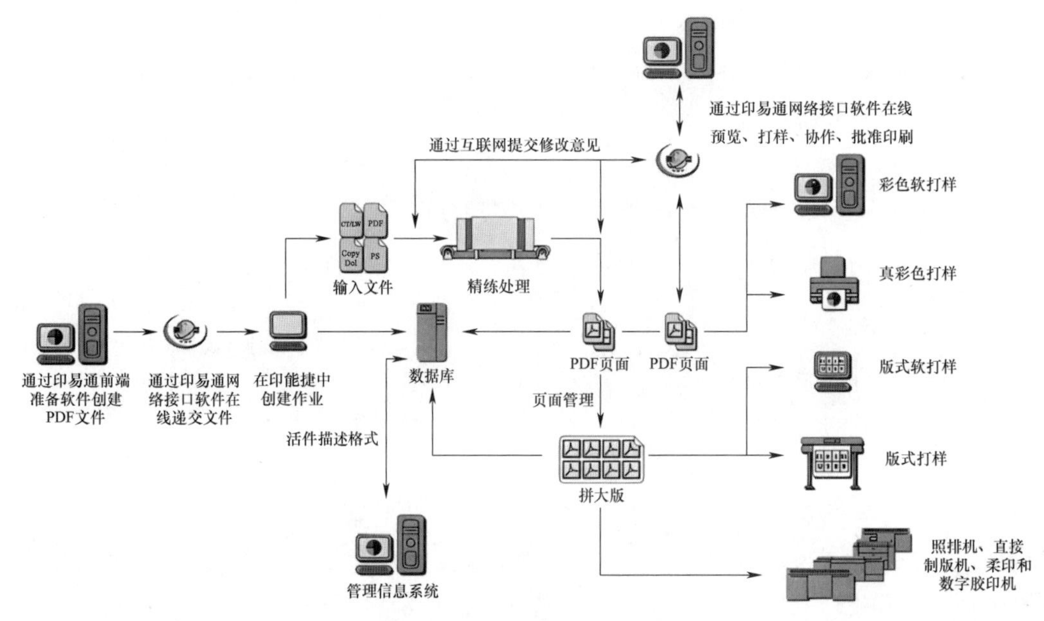

图 7-5　印刷的数字化工作流程

高性价比的快速印刷生产，广告类产品生产、配送、咨询及相关延展服务。“快印云”已逐步在重庆、成都、西安、贵阳、广州、北京、上海等全国各地分站站点上线，服务于中间客户快速印刷平台与综合服务。

工业 4.0 时代不是智能系统取代人工的时代，达成工业 4.0 的目标关键还在于调动人的能动性。新的生产模式对企业员工综合素质、学习能力提出了更高的要求。企业员工将从设备的操作工变为给软件、设备下指令的“指挥官”，变成生产流程的协调者、管理者。这将对员工的专业水平要求越来越高，技术工种也会越来越细分，蓝领和白领之间的界限越来越模糊。

二、数字印刷

数字印刷系统主要是由印前系统和数字印刷机组成，有些系统还配上装订和裁切设备，从而取消了分色、拼版、制版、试车等步骤，它将印刷带入了一个最有效的运作方式：从输入到输出，整个过程可以一个人控制，数字印刷是一个全数字化的生产系统，它涵盖了印刷、电子、电脑、网络、通信多种技术领域。图 7-6 所示为施乐 Versant 2100 Press 彩色数码印刷系统。

计算机印刷是一个完整数字化的生产系统，数字流程贯穿了整个生产过程，从信息输入一直到印刷，甚至装订输出。计算机印刷把印前、印刷和印后融为一体，它犹如一台“联合收割机”。系统入口（信息输入）的数字信息，系统出口（信息输出）所需形态的信息产品，如设计原稿摄影作品印刷品等。数字印刷信息来源很多，可以是网络传输的数字文件或图像、印前系统传输的信息，也可以是其他数字媒体，如光盘、磁光盘、硬盘携带的数字信息。计算机印刷的产品种类也是多种多样的，既可以是商业印刷品，也可以是出版物、网络和数字媒体，它是一个完整的印刷生产系统，由控制中心、数字印刷机装订

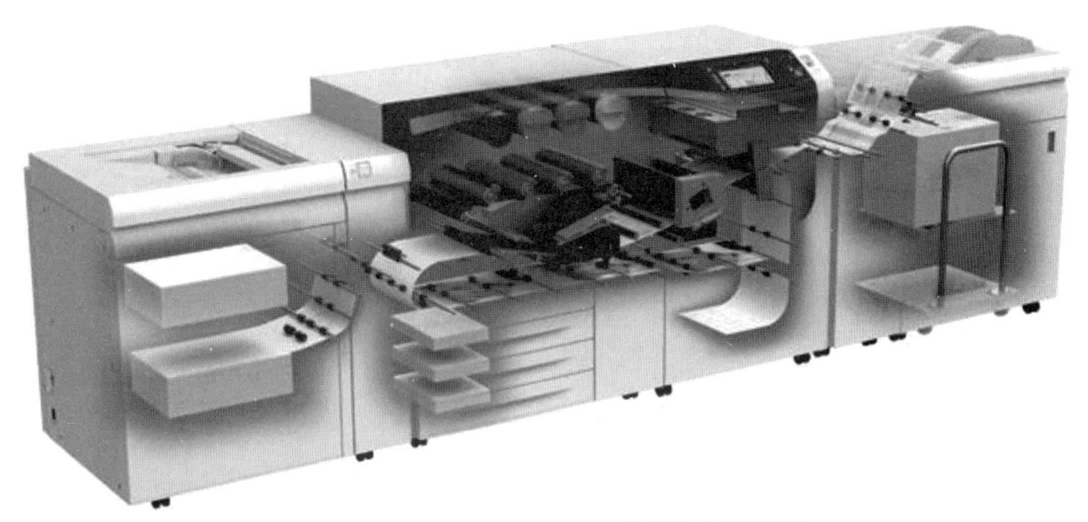

图 7-6　施乐 Versant 2100 Press 彩色数码印刷系统

及裁切部分组成，所有操作和功能都可以根据需要预先设定，然后由系统自动完成。数字印刷大大缩短了印刷周期，减少了人工操作，提高了产品质量。数字印刷具备按需生产的能力，按需印刷是能够最大限度地满足人们个性化印刷要求的一种印刷解决方案，可以做到一张起印，基本上即印即取，这样的小量而快速的印刷方式适合四色打样、短版活的印刷，以及价格合理的多品种印刷。

对传统包装印刷产品的图文内容、墨色、阶调层次、光泽等，均匀一致性要求特别高，长版活为多，如烟酒、食品、医药包装，更是长年累月的印刷同一包装产品，而数字印刷的最大特点是按需印刷和个性化印刷，从而限制了数字印刷在包装领域的应用。当然随着人们富裕程度和支付能力的提高，在一些大中城市出现个性化的包装需求，比如婚庆场景的请柬，发放的喜烟、喜糖的个性包装上印上新郎和新娘婚纱照或签名、喜庆的照片或祝福寄语等，既喜庆又有纪念意义，适合数字印刷机印刷，包装企业做印后成型加工处理。

第三节　印 刷 技 术

包装印刷品的种类繁多，应用范围极为广泛，采用的工艺原理、印刷方法以及使用的承印物都各不相同，一般采用传统印刷为主，数字印刷为辅。还可以按照印版形式、印刷色数、印刷品的用途等进行分类。按照印版形式主要分为凸版印刷、平版印刷、凹版印刷、孔版（丝网版）印刷，其印版特点各有不同。

一、凸印

印版的图文部分凸起，明显高于空白部分，印刷原理类似于印章，早期的木版印刷、活字版印刷及后来的铅字版印刷等都属于凸版印刷。印版特点是图文部分凸起，白部分（非图文）凹下，图文部分在相同平面、空白部分可在不同平面，如图 7-7 所示。

凸版印刷是历史最悠久的一种印刷方法，其印刷原理如图 7-8 所示，一般采用直接印刷方式进行印刷。在进行凸版印刷时图文部分被均匀地油墨层覆盖，非图文部分不沾油墨。在压印机构作用下，图文部分附着的油墨便被转印到承印物的表面而得到印刷成品。凸版印刷，使用的印刷机械有平压平型、圆压平型、圆压圆型，图 7-9 所示是一种典型的四色凸版印刷机。凸版印刷的产品有杂志、书刊正文、封面、标签及包装装潢材料等。

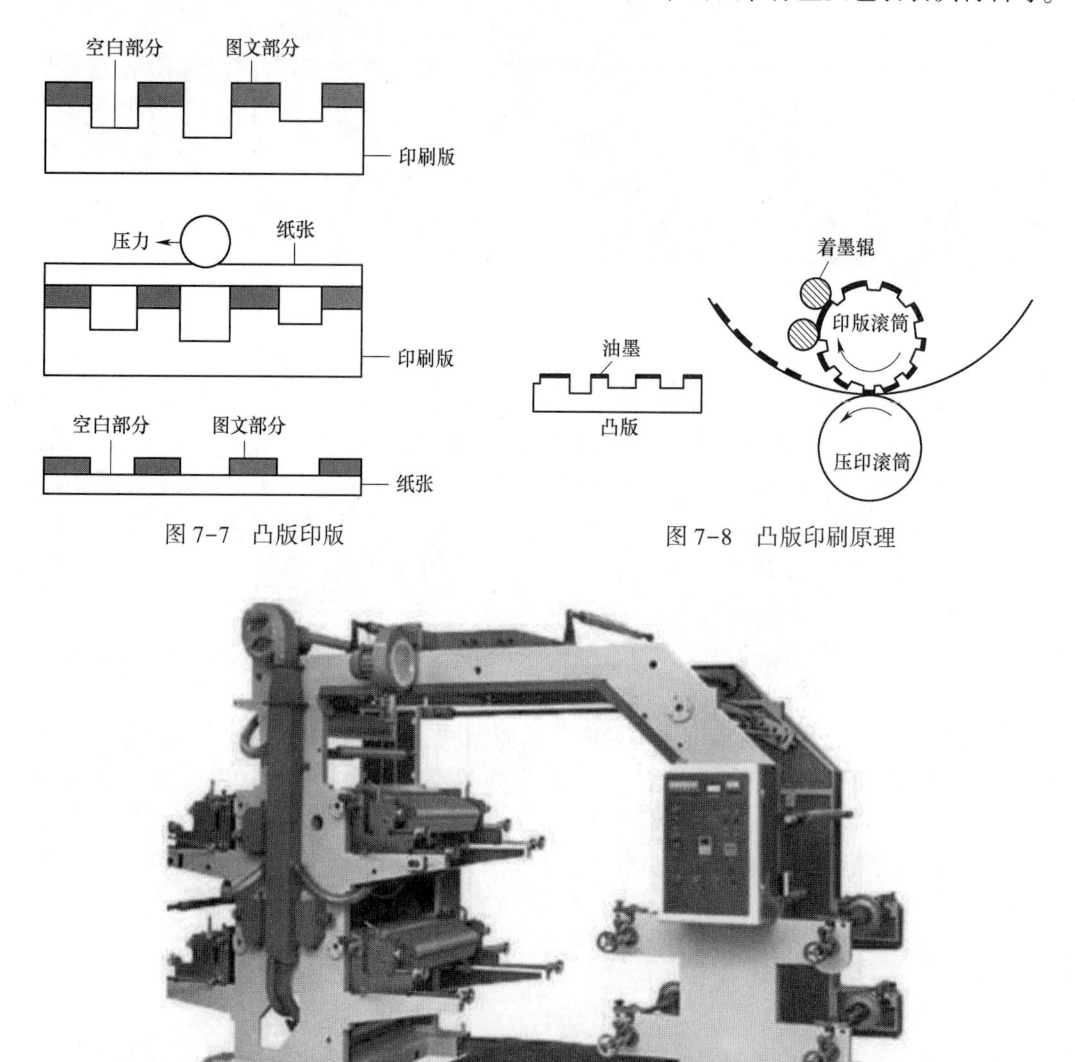

图 7-7　凸版印版

图 7-8　凸版印刷原理

图 7-9　四色凸版印刷机

柔性版印刷使用高弹性的凸版，采用带网穴的金属（或陶瓷）网纹辊定量供墨，印刷的油墨是流动性好、黏度较低的水性油墨或溶剂型油墨，其印刷原理如图 7-10 所示。

柔性版印刷可印刷各种纸张（典型的如瓦楞纸）、塑料薄膜、金属薄膜、不干胶等印刷材料。

柔性版印刷属于直接印刷方式，其结构如图 7-11（a）所示。柔性版印刷机的输墨机构比较简单，它一般是借助于刮墨装置，把油墨均匀地分布在网纹传墨辊上，再由网纹传墨辊把油墨传递到印版滚筒，最后通过压印滚筒进行印刷。

图 7-11（b）所示是柔性版印刷机组外形图，上置式印刷单元里有若干组相同的印刷装置。由于印速较快，每一组印刷单元都设有干燥装置。

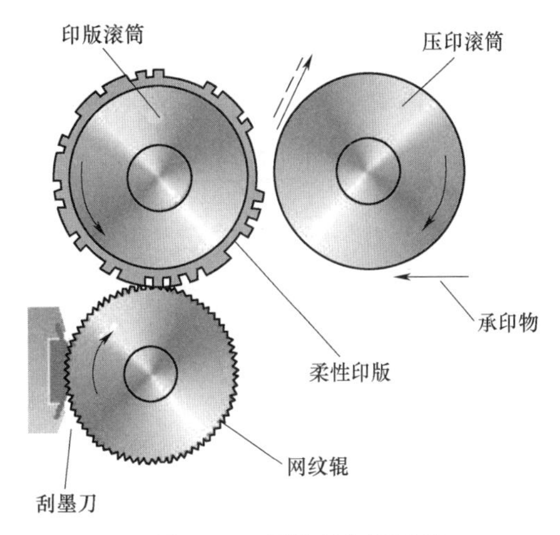

图 7-10　柔性版印刷原理

二、凹印

印版的图文部分低于空白部分，常用于钞票、邮票等有价证券的印刷。图 7-12 所示为凹版印版，其特点是图文部分凹下，空白部分（非图文）凸起，构成印版支撑面，空白部分处于相同平面（或曲面）上；图文部分深浅不同，构成浓淡层次。

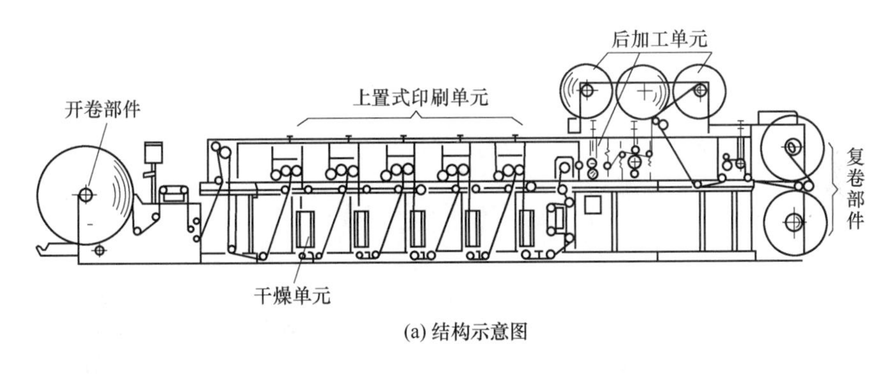

(a) 结构示意图

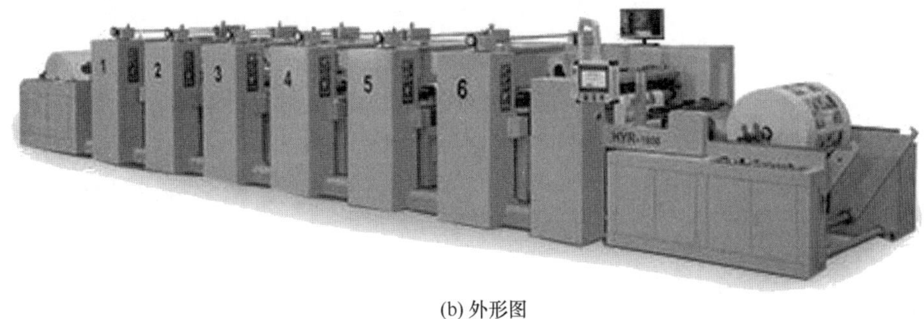

(b) 外形图

图 7-11　柔性版印刷机组

凹版印刷原理如图 7-13 所示，为直接印刷方式。印刷时，先使整个印版表面涂满油墨，然后用特制的刮墨刀，把空白部分去除，使油墨存留在图文部分的“凹孔”之中，在较大的压力作用下，将油墨转移到承印物表面。用印版图文部分凹孔的深浅和面积两个维度的差异，来改变墨量的大小，这样转移到承印物上的墨层有厚有薄，墨层厚的地方，颜色深；墨层薄的地方，颜色浅。原稿上的浓淡层次，在印刷品上得到了再现。

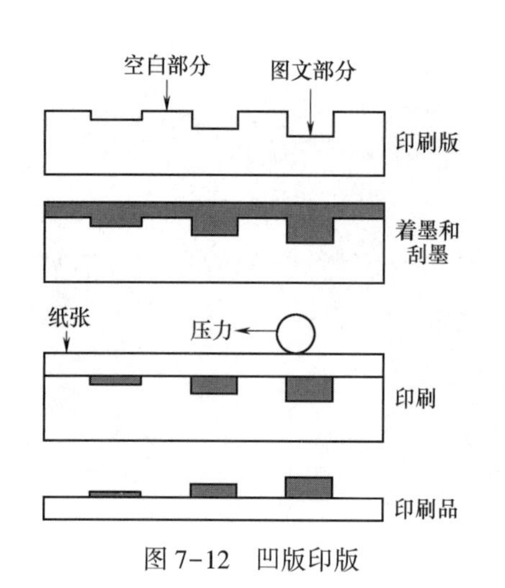

图 7-12　凹版印版

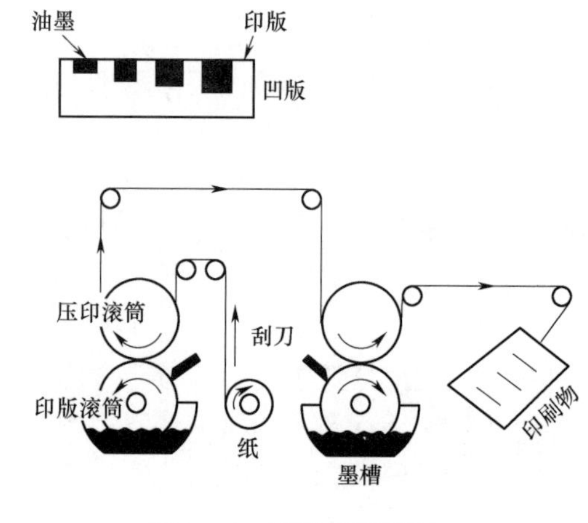

图 7-13　凹版印刷原理

凹版印刷机（图 7-14）主要为圆压圆型轮转印刷机，很少有单张凹版印刷机。凹版印刷的主要产品有烟盒、塑料软包装、有价证券、钞票、精美画册、包装装潢材料等，产品墨色浓重，阶调、颜色再现性好。

图 7-14　凹版印刷机

三、孔版印刷

印版的图文部分为洞孔，油墨通过洞孔转移到承印物表面，常见的孔版印刷有镂空版和丝网版等。印版特点是需印刷图文部分可以使油墨漏过，空白部分被封堵，油墨不能通过。

孔版印刷（图 7-15）采用直接印刷，印刷时，先把油墨堆积在印刷版材的一侧，然后用刮板或压辊，边移动边刮压或滚压，使油墨透过印版的孔洞或网眼，漏印到承印物表面，又称漏印。孔版印刷的成品，墨层厚实。包装中常用的是丝网印刷（图 7-16），是孔版印刷的一种。丝网印版是由紧绷的丝网紧贴在网框上，上有漏空图文的版膜层组成印版。印刷时油墨在刮墨板的挤压下从版面通孔部分漏印在承印物上。

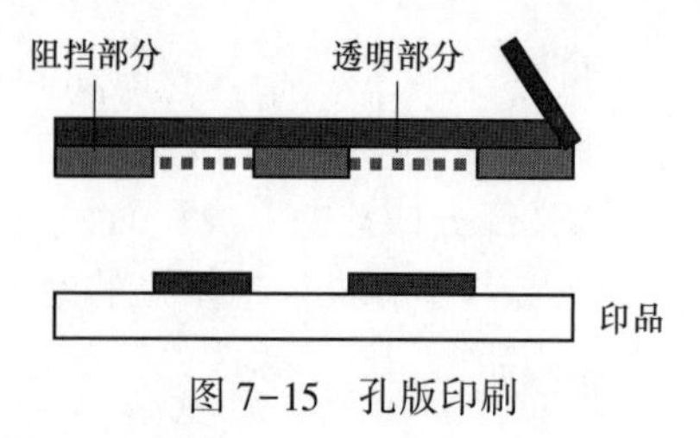

图 7-15　孔版印刷

孔版印刷机有平面和曲面两种，能够在平面、曲面、厚、薄、粗糙、光滑和软硬性的多种承印物上进行印刷，主要产品有商业广告，包装装潢材料、印刷线路板、名片以及棉、丝织品等。图 7-17 所示为全自动丝网印刷机。

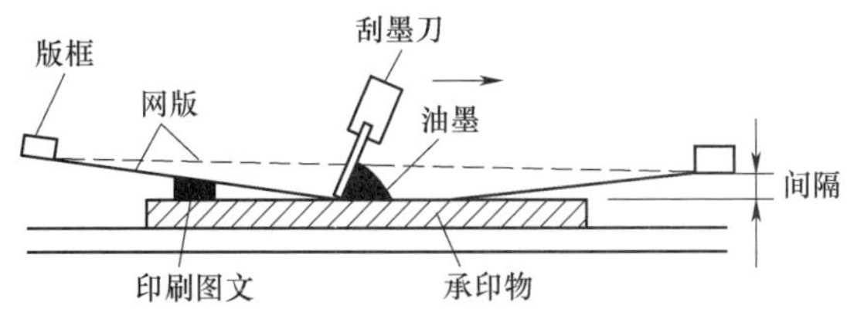

图 7-16　丝网印刷原理

四、胶印

图 7-17　全自动丝网印刷机

印版的图文部分和空白部分（非图文）几乎处于同一平面，利用油水相斥原理进行印刷。印版特点是图文部分亲油，空白部分亲水（润版液），印版上的油墨先转印到橡皮辊上，再转印到承印物表面，是一种间接印刷方式，故称胶印，又因图文部分、空白部分几乎在同一平面上，又称为平版印刷。图 7-18 所示为平版印刷。

平版印刷目前多用计算机制版（CTP 版）或预涂感光版（PS 版），制版简单，印刷质量好，广泛用于印刷书刊、精美画报、商标、挂历、地图等，是目前占统治地位的印刷方式。缺点是墨层厚度有限，色调再现性不够强。图 7-19 所示为平版印刷原理图。

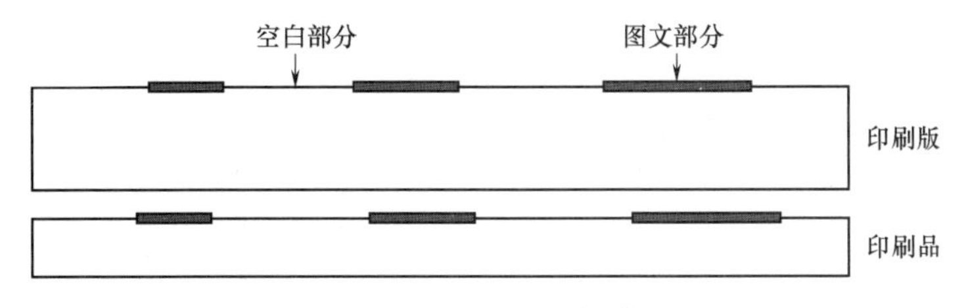

图 7-18　平版印刷

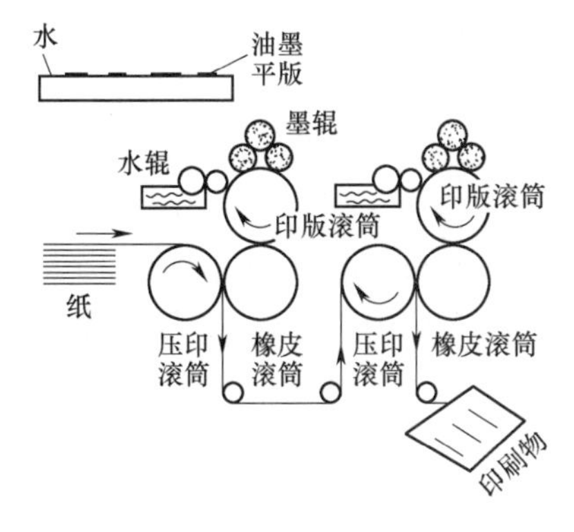

图 7-19　平版印刷原理图

平版印刷使用的印刷机除打样机为圆压平型之外，全部是圆压圆型的印刷机，印刷幅面大、印刷速度快。许多平版印刷机安装有自动输墨、输水、自动套准系统，有的印刷机还配备了自动上版、卸版装置、自动清洗装备，印刷质量好，印刷效率高。图 7-20 所示为典型的四色平版印刷机。

图 7-20　四色平版印刷机

第四节　印 后 加 工

印后加工顾名思义就是印刷以后对印刷品按照要求的形状和使用性能进行加工的生产过程。常见的印后加工工艺主要包括模切、压痕、上光和覆膜等包装装潢所要求的工艺。模切、压痕在前面的章节已阐述了。在印刷品的表面上进行上光、覆膜、烫箔或其他加工处理，通常叫做表面整饰加工。表面整饰加工，不仅提高了印刷品的艺术效果，如增加表面的光泽度、表面的凹凸立体感等；而且具有保护印刷品的作用，如耐光性、耐水性、耐磨性等。本节主要介绍上光和覆膜工艺。

一、上光

上光是在印刷品表面涂（或喷、印）上一层无色透明涂料，经流平、干燥（压光）后在印刷品表面形成薄而匀的透明光亮层的加工技术，借以使纸张表面呈现光泽的物理性质。它具有以下特点：①增加印刷品表面平滑度，使之呈现出更强的光泽。②增加了印刷表面的耐磨度，能够对印刷图文起到保护作用，因而广泛应用于包装装潢、商标等。③提高了包装印刷品表面防污、防水、耐光、耐热性能，因此延长了包装的使用寿命。④上光工艺可以产生部分的特殊效果，如局部上光、哑光工艺等，增加了产品外观的艺术性。⑤提升商品档次，增加附加值，包装是产品的外衣，精致的包装效果能够提高产品的档次。

上光工艺过程一般包括上光涂料的涂布和压光两个过程。

上光涂布工艺流程如图 7-21 所示。图 7-22 所示为 SG-80 型上光涂布机的原理。涂布 UV 涂料的时候，干燥固化的过程就用紫外光干燥过程，现在的上光过程也可以把普通涂料和 UV 涂料组合起来，上光后的印刷品必须经过冷却，以免堆积发生粘连的现象。

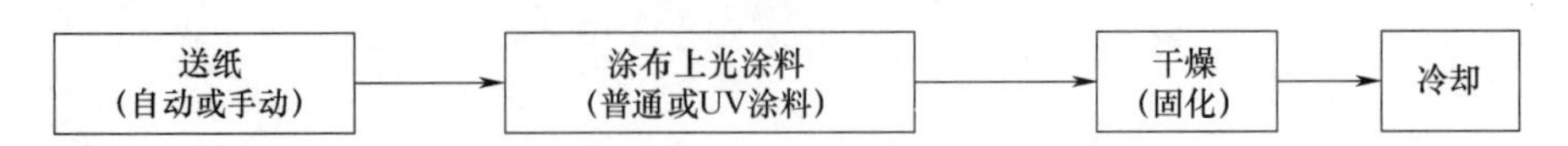

图 7-21　上光涂布的工艺流程

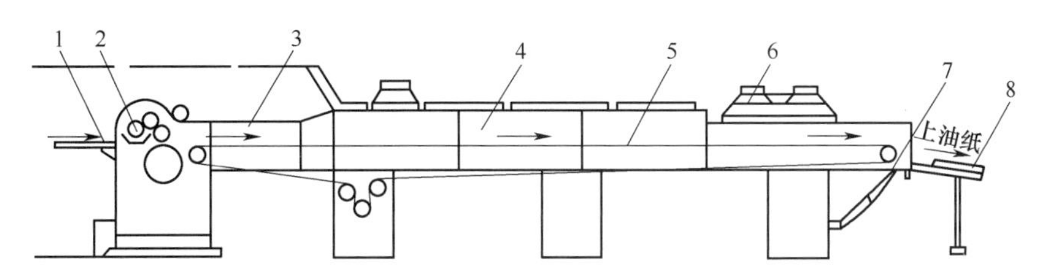

1—印品输入部分；2—涂布机构；3—接纸部分；4—烘干部件；
5—传送带；6—冷却部件；7—吹纸机构；8—输出部分。
图 7-22　SG-80 型上光涂布机的原理

图 7-23 所示为 YG100 型压光机的工作原理。从工艺流程（图 7-24）知道压光的质量与温度、速度、压力及压光钢带的光滑程度有很大的关系。

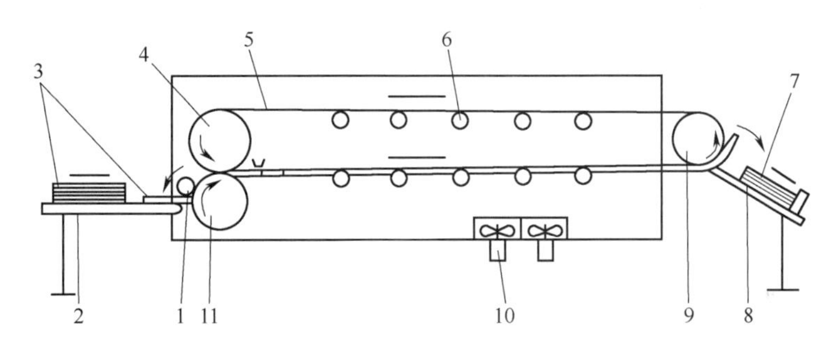

1—导纸辊；2—印品输送台；3—印刷品；4—热压辊筒；5—传送带；6—传送导轮；
7—印刷品；8—收纸台；9—传输辊筒；10—通风系统；11—压力辊筒。
图 7-23　YG100 型压光机的工作原理

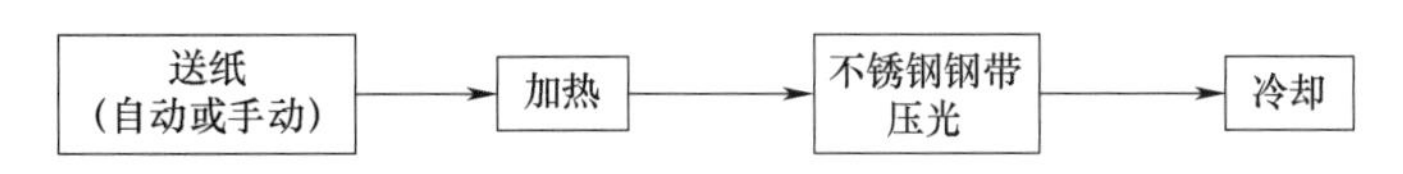

图 7-24　上光压光的工艺流程示意图

二、覆膜

覆膜，即贴膜，就是将塑料薄膜涂上黏合剂，与印刷品经加热、加压后使之黏合在一起，形成纸塑合一产品的加工技术。经过覆膜的印刷品，表面多了一层薄而透明的塑料薄膜，表面更平滑光亮，从而提高印刷品的光泽度和牢度，图文颜色更鲜艳，富有立体感，同时更起到防水、防污、耐磨、耐折、耐化学腐蚀等作用。

1. 覆膜原理

覆膜是热压复合前，将胶液均匀地涂敷于塑料薄膜表面，经干燥装置干燥后，由复合装置对塑料薄膜与印刷品进行热压复合，最后获得纸塑合一的产品。图 7-25 所示是覆膜的原理，覆膜产品的黏合牢度取决于薄膜、印刷品与黏合剂之间的黏合力。这种黏合力就是要求黏合剂与薄膜和印刷品的原子核分子充分接近，实现纸塑合一。实现一定黏合强度的基本条件，主要包括：黏合剂分子对薄膜和印刷品表面的润湿、移动、扩散和渗透。

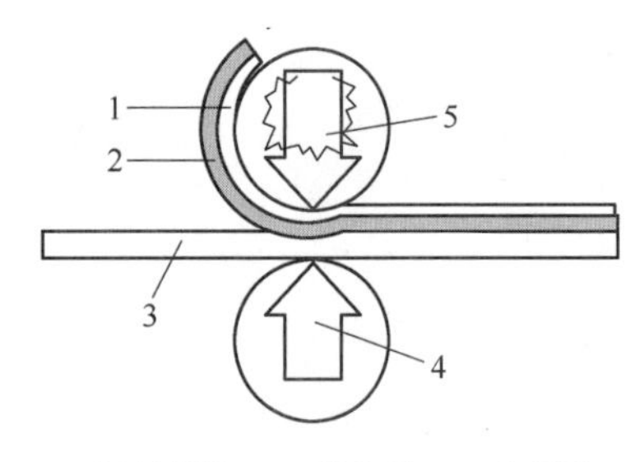

1—塑料薄膜；2—黏合剂；3—印刷品；4—硅橡胶辊；5—热压辊。

图 7-25　覆膜的原理

覆膜也称为贴塑，广泛应用于书刊的封面、包装盒面，特别是高级包装盒面、精美画册、挂历、台历、印刷宣称品，各种说明书等。

2. 覆膜的作用

印刷品表面覆膜后变得更加光滑光亮，同时具有了耐磨、耐潮、耐光、防水、耐折和防污的功能，不仅可以保护印刷品，还可以延长印刷品的寿命。如果在印刷品表面复合的是透明光亮的印刷品，则增加印刷品的表面光泽度，会使印刷品光彩夺目；如果复合的是哑光的薄膜，给人一种古朴、典雅的感觉，所以覆膜可以提高印刷品的艺术性。

3. 覆膜工艺

覆膜工艺按照黏合剂的涂布时间和复合材料的不同，可以分为即涂覆膜工艺和预涂覆膜工艺。即涂覆膜工艺又分为湿式覆膜和干式覆膜。如即涂覆膜工艺是将卷筒塑料薄膜涂敷黏合剂后经干燥，由加压与印刷品复合在一起的工艺，工艺流程如图 7-26 所示，即涂型覆膜机的结构如图 7-27 所示。

干式覆膜就是在塑料薄膜上涂布一层黏合剂，经干燥烘道蒸发除去溶剂后在热压状态下与纸印品黏合成覆膜产品。湿式覆膜就是在涂敷了黏合剂没有干燥时直接复合的工艺。

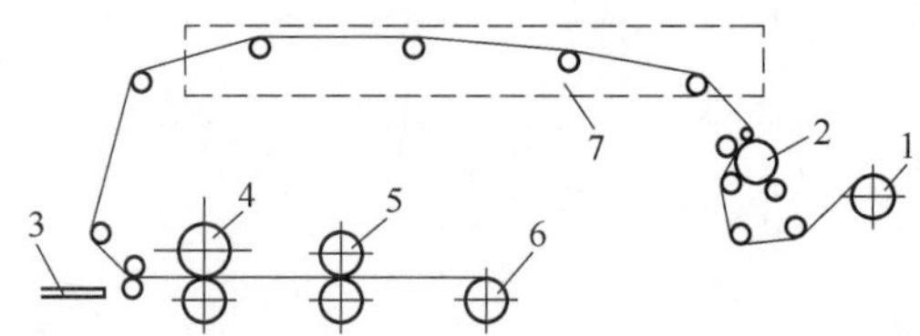

图 7-26　即涂覆膜工艺流程

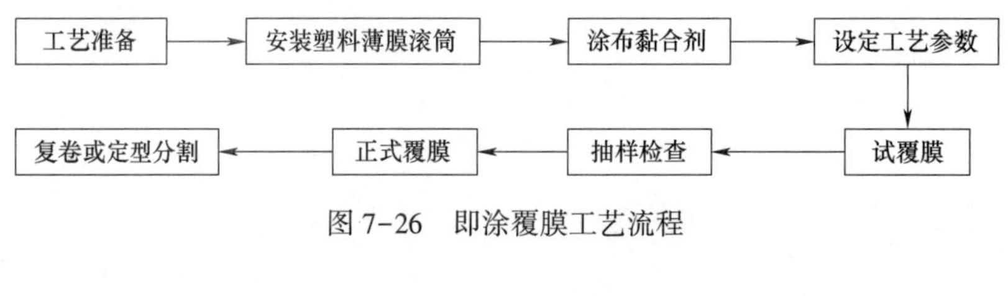

1—塑料薄膜放卷；2—涂布部分；3—印刷品输入台；4—热压复合部分；5—辅助层部分；6—印刷品复卷部分；7—干燥部分。

图 7-27　即涂覆膜设备的结构

预涂覆膜工艺是指将黏合剂预先涂布在塑料薄膜上，经烘干收卷后作商品出售，需覆膜时在无黏合剂涂布装置的覆膜设备上进行热压完成纸塑复合。工艺流程如图 7-28 所示，预涂覆的设备比即涂覆少了一个黏合剂涂覆的过程，其他的结构相似。

4. 覆膜工艺的发展

当前覆膜生产过程中出现的覆膜质量和环境污染问题，尤其是覆膜过程中溶剂挥发产生和包装废弃物产生环境污染问题，引起了政府有关部门和印刷界的关注与重视，淘汰溶剂型即涂覆膜工艺，采用预涂覆膜工艺是以后的发展趋势。

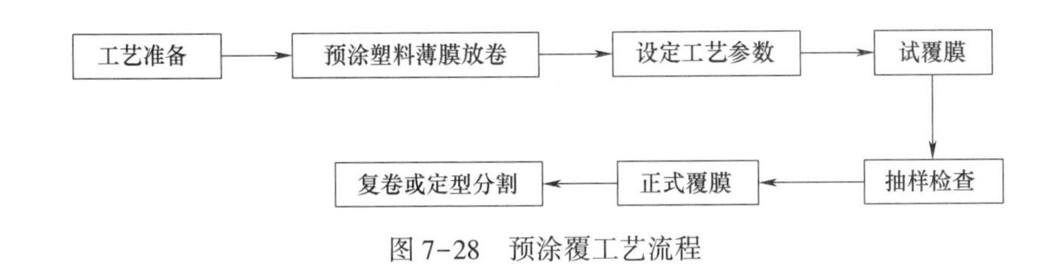

图 7-28　预涂覆工艺流程

第五节　印刷技术的创新发展

一、版材处理技术创新

利用纳米功能涂层材料在铝版基表面形成特殊微纳结构和亲水特性，发展了纳米绿色版基制备技术，从根本上解决了电解氧化过程产生的高耗能和高污染问题。实现了纳米粒子制备和稳定分散、纳米涂层材料的规模制备及涂布工艺等技术创新，成功制造出微纳结构的打印制版铝基版材，并建立了系统的检测方法和质量标准。

（1）绿色制版关键技术　通过纳米转印材料和纳微米结构版材对表面浸润性的调控，实现纳米版材非图文区亲水、图文区亲油的成像特性，发展出无需曝光冲洗的纳米材料绿色制版技术。纳米绿色制版技术具有工艺简捷、操作方便、成本低廉等优势，是目前最环保的印刷制版技术，实现对印刷图案最基本要素点、线、面的精确控制；通过磁悬浮直线电机和大理石平台等技术创新，突破喷墨打印设备输出精度不够高和速度不够快的技术缺陷，未来有可能彻底解决印刷制版污染难题。

（2）纳米绿色印刷制造技术的拓展　实现绿色、低成本的纳米绿色印刷电子技术，并制定了印刷电子相关国际标准；印制的电子票卡在全国科技活动周、亚太经合组织（APEC）会议等成功应用。采用绿色印刷工艺制造的绿色地铁票通过全部考核并投入使用。

针对印刷产业的未来发展，我国实现了纳米尺度精细图案和功能器件的印刷制备，进一步将绿色印刷技术从传统的纸质产品拓展到印刷电子、光子器件，发展出系统的纳米绿色印刷制造技术，将从根本上缓解传统制造行业由于曝光蚀刻工艺造成的严重环境污染，推动众多重要产业的技术变革和绿色发展，必将迎来印刷产业再度辉煌。

二、印刷低温技术创新

1. LED 光源在印刷的应用

光源和相应的 PI（光引发剂）在光固化树脂聚合过程的初始步骤中，起着关键作用。传统的汞灯或稀有气体的压力蒸汽灯用于 UV 固化时，光源发出的是多谱线宽光谱，这些类型的灯在非常高的温度下工作，并且大部分能量被浪费在热量、可见光和红外光上，因此老化速度快，灯泡的使用寿命大大缩短。为了有效激活 PI，人们尽可能使其吸收光谱与光源的发射光谱有较大重叠。因此，如果在某段波长范围内没有 PI 的吸收，就会导致大量无用的辐射，造成浪费。此外，传统光源产生的热量还可能对聚合反应产生不利影响，甚至导致未固化聚合物的热降解。而 LED 光源的使用可以克服能耗高、热量大和寿命短等缺点，它发出的光具有相对较窄的波长范围，还可以针对不同的 PI 进行定制，从而获得最大的吸收。同时，LED 是冷光源，散热相对可控，因此具有寿命长、功耗低的优点。

在印刷 UV 上光工艺中，UV 光源的选择至关重要，UV-LED 光源在光油的固化中完全可以替代传统汞灯，尤其能避免 UV 上光过程中，纸张因为高温而造成的弯曲变形，再者 UV-LED 光源的使用节约了大量的电能，相比传统汞灯，节约了大量的成本，为企业赢来更多的成本效益。

2. 冷烫印

冷烫印是使用一种特种电化铝箔，其背面不像热烫印技术预先已涂有胶黏层，而是将胶黏剂在印刷机上直接涂在印品需烫印的部位上，当电化铝箔与印刷品接触时，由于胶黏剂的作用，电化铝箔将转移黏附在印刷品涂有胶黏剂需进行整饰的表面上。即在无热量的压印滚筒的压力作用下将无热熔胶的专用电化铝黏贴在黏合剂上而实现电化铝层的转移。冷烫印过程如图 7-29 所示。

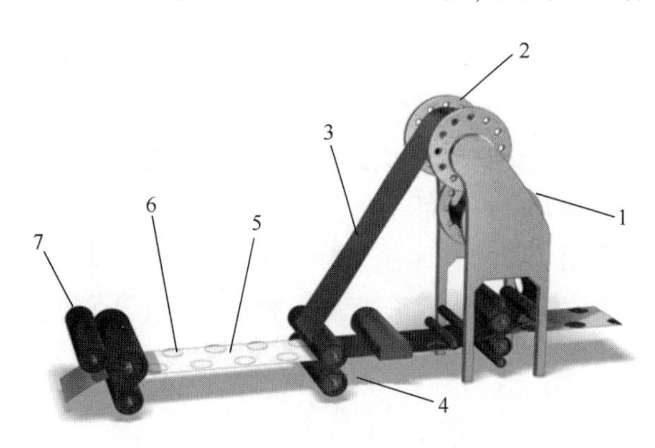

1—收卷；2—出卷；3—金属膜；4—施压单元；5—承印物；6—冷烫胶水；7—印刷单元。

图 7-29　冷烫印过程

（1）冷烫印工艺　冷烫印工艺可分为干式冷烫印和湿式冷烫印。其中干式冷烫印是在待涂布的胶黏剂固化后再烫印到承印物上，该工艺适用于网点、细线的印刷，适合的基材是纸张。而湿式冷烫印在涂布的胶黏剂上先烫金后固化，主要用于烫印较大面积的图像，可在水性油墨及 UV 油墨表面进行冷烫印，适合的基材是塑料。

（2）冷烫印工艺特点

① 速度快，基本是圆压圆烫印，且不需普通烫印箔热熔胶熔化的时间，更适合高速印刷。

② 可使用柔性印版，制版的速度快、周期短，适应短周期的快件加工。

③ 烫金辊由普通金属辊代替，降低了费用，不需热源而减少了能耗。

④ 使用柔性印版可降低制作烫印金属版费用，大约为烫印金属版费用的 1/10。

⑤ 免除了制版中的化学腐蚀工艺，不会产生制版使用的化学药物的废气、废液的污染，符合环保的要求。

⑥ 由于使用印刷对位，冷烫印的套印精度高，且可配合全息图像技术、激光全息透明材料技术等，可在有价证券和包装装潢等印刷品上，达到很好的防伪效果。

此外冷烫印对承印材料的要求较高，目前还只能印在表面平滑的基材上，否则会造成基材表面没有足够的胶黏剂来黏附冷烫箔。

三、印刷电子技术及其应用

1. 印刷电子技术简介

印刷电子技术是基于印刷原理的电子制造技术。印刷电子，即“印刷+电子”，就是将传统印刷工艺的优势与新兴的纳米电子油墨材料相结合，将不同功能（电荷传输性能、介电性能或光电性能）的纳米材料制备成印刷墨水，以打印的形式在基底上成型，从而形成包含各种半导体器件、光电与光伏器件的功能电路。

2. 技术优势

印刷电子制造电子元器件具有大面积、柔性化、个性化、低成本、绿色环保等优势。

（1）不依赖基底材料的性质　集成电路芯片只能在硅基半导体晶圆上制备，平板显示中的液晶显示屏只能在玻璃基板上制备。而印刷可以在任何材料表面沉积功能材料。

（2）实现大面积与批量化制造　集成电路芯片加工目前可以实现的最大晶圆尺寸只有直径 300mm，而印刷电子器件可以在 1m 以上的面积上，通过高速连续卷对卷方式印刷电路图案。

（3）实现微型器件集成制造　可以将很多电子元器件与连接线集成印刷，比如传感器、电池、无源器件、有源器件、显示元件等。

（4）制造成本低　我们大量使用的各种电子设备中的集成电路芯片 IC 包括印刷电路板 PCB，都是通过复杂的光刻、显影、刻蚀等一系列加工步骤实现的，传统集成电路芯片的加工方法要经过从镀膜、涂胶、烘烤、曝光、去胶、刻蚀、显影、烘烤 8 个步骤，而印刷加工则只需要印刷、烧结 2 个步骤，一台设备就可以完成全部印刷制造环节。

（5）制造过程绿色环保　一方面增材制造本身减少了原材料浪费，减少了因腐蚀而形成的污染排放；另一方面，印刷本身大多没有高温工艺环节，节省了能源，减少了碳排放。

（6）可数字化与个性化制造　喷墨印刷电子不需要模板，可以快速制造小批量个性化电子产品。

3. 应用领域

印刷电子技术可以应用的领域非常广阔，图 7-30 所示是印刷电子技术应用领域。

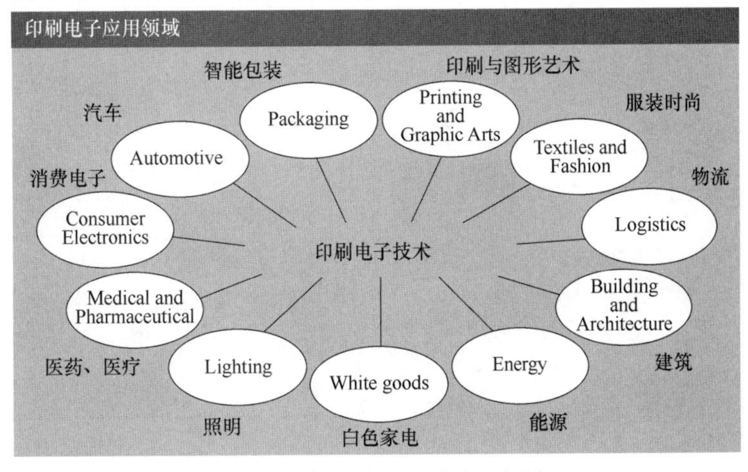

图 7-30　印刷电子技术应用领域

（1）智能包装应用领域　通过印刷可以直接将电子智能元器件印在传统商标上，使包装可以跟踪物流信息、防伪信息，与使用者互动，监控产品生命周期等。除了监控其正常的产品是否过期之外，通过放置传感器，真实检测并分析食品是否变质。拉菲庄园酒标如图 7-31（a）所示上直接印刷 RFID 标签可以实现产品的追溯和防伪，图 7-31（b）所示是艾利丹尼森公司的 TT Sensor Plus 的标签，尺寸仅有信用卡大小，该标签包含了使用印刷电子技术制作的时间-温度记录器、电池和 NFC 芯片，用户通过智能型手机就能轻松地获取产品运输过程中的时间、温度、距离等信息。日本 7-11、全家、罗森等便利店企业和日本经济产业省签订了协议，全面推广 RFID 技术来提升零售行业的自动化，预计到 2025 年，这些便利店的所有商品都将使用电子标签，需求量将达到每年 1000 亿个。

(a) 酒标上直接印刷RFID标签

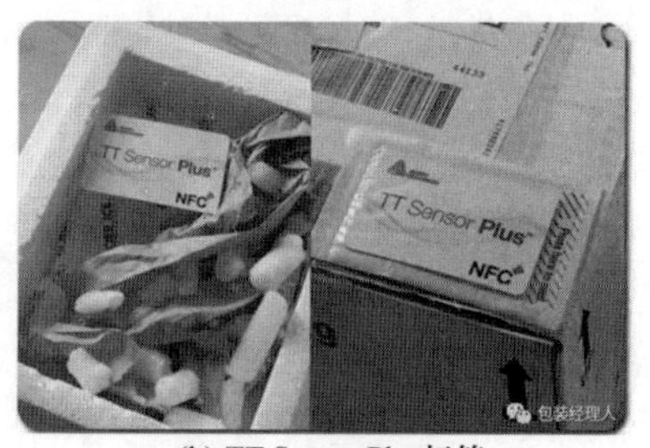

(b) TT Sensor Plus标签

图 7-31　智能标签

（2）医疗和生物领域　印刷电子技术在医疗和生物领域的应用潜力巨大。例如，利用印刷电子技术制造的生物传感器可用于实时监测生命体征和疾病进展，为医疗保健提供更加个性化的解决方案。又如，葡萄糖动态监测系统，可以提供连续、全面、可靠的全天血糖信息，了解血糖波动的趋势，发现不易被传统监测方法所检测到的高血糖和低血糖，可以帮助患者更好地管理和控制的血糖，动态葡萄糖传感器皮下植入电极部分一般需要借助印刷电子技术实现。

（3）消费电子产品领域　印刷电子技术在消费电子产品中的应用主要集中在柔性显示器如图 7-32（a）所示的柔性折叠屏、电子纸和可穿戴设备如图 7-32（b）所示的智能可穿戴设备等方面。这些设备具有轻薄、可弯曲和低功耗等特点，为消费者带来了全新的使用体验。

（4）军事与航空航天领域　在军事和航空航天领域，印刷电子技术因其轻质、高可

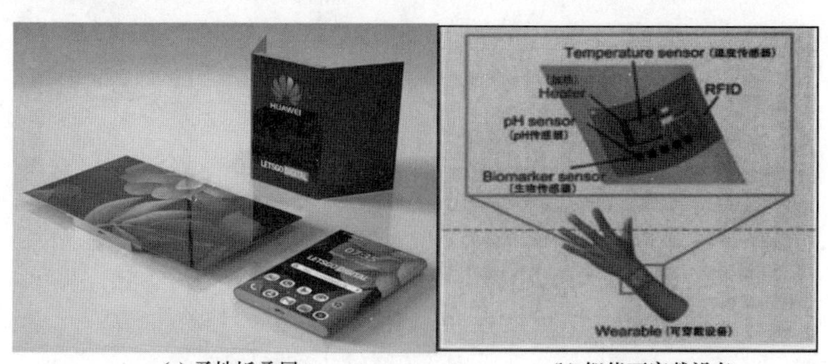

(a) 柔性折叠屏　　(b) 智能可穿戴设备

图 7-32　柔性显示产品

靠性和耐极端环境等特点而受到广泛应用。例如，用于制造飞机和卫星的柔性太阳能电池板以及用于导航和通信的柔性电路板，都可借助印刷电子技术得以实现。

（5）通信与网络领域　印刷电子技术在通信和网络领域的应用，主要表现在柔性射频识别标签和无线充电等领域。这些技术的应用有助于提高充电效率和设备寿命，同时为物联网（IoT）的发展提供了技术支持。

（6）工业与自动化领域　在工业和自动化领域，印刷电子技术主要用于制造各类传感器、执行器和控制器。这些电子器件具有可靠性高、适应性强和制造成本低等特点，可有效提高生产效率和降低工业 4.0 的实施成本。

4. 印刷电子技术研究方向

（1）材料技术研究　未来，随着材料科学的不断发展，研究者将探索具有更高导电性、稳定性和生物相容性的新型电子墨水材料。此外，为实现大面积和高精度印刷，研发人员将致力于改进现有材料并探索新的制程技术。

（2）制程优化　为提高生产效率和降低成本，印刷电子技术将进一步优化制程。例如，采用自动化和机器人技术代替传统的手工印刷，以提高生产效率；利用新型纳米压印技术实现高精度和大面积的印刷；以及探索新的固化方法以提高电子元件的稳定性和可靠性。

（3）应用创新　随着 5G、物联网、人工智能等技术的不断发展，印刷电子技术的应用场景将不断扩大。例如，利用印刷电子技术制造的柔性传感器可用于智能家居、智能交通和智能城市等领域；同时，可穿戴设备和植入式医疗器械等新兴领域，也将受益于印刷电子技术的进步。此外，随着军事和航空航天领域对高性能、轻质和小型化电子设备的需求不断增加，印刷电子技术将在这些领域发挥重要作用。

印刷电子技术是一种具有巨大潜力的新兴技术。在未来的发展中，该技术将持续受益于材料科学、制程优化和应用创新的推动。尽管目前受技术成熟度限制，大面积推广应用仍存在一定的挑战，但随着技术的不断进步和完善，印刷电子技术将在更多领域发挥越来越重要的作用。

第八章　包装数字化设计与辅助工程

本章导读

数字化是当今社会发展的重要趋势之一。根据社会对于包装工程专业人才的需求，专业开设高等数学、线性代数、概率论、工程图学、包装容器结构设计与制造、包装计算机辅助设计、包装结构设计等课程，需要与时俱进地开设相应的数据处理软件、计算机辅助设计软件、计算机分析软件，加快包装数字化发展，以弥补传统设计方法与分析方法不足。

本章学习目标

除了认真学习好理论课程外，重视理论与软件的结合也是一项重要的学习任务与学习方式。通过本章学习，学生们可以充分理解包装与数字软件的关系，认识到软件的使用对包装设计与分析的重要作用。

第一节　包装数据处理软件介绍

包装工程专业作为工程专业，会涉及较多的数学问题，需要学习一些数据处理软件。本章节将逐一介绍数据处理软件、CAD/CAM 软件、CAE 软件分类与应用。关于包装结构设计，使用计算机辅助设计（CAD），进行包装设计、图形设计、三维建模和优化，以提高包装的功能性、美观性和生产效率。包装件在运输过程中，常涉及振动与冲击载荷，新材料和新结构的运用等情形，关于包装材料或结构的强度、稳定性等工程分析，确保包装在运输和使用中的稳固性，应用数字化技术辅助工程（CAE），将会使包装设计结果更加符合实际情况。

包装工程专业开设的高等数学、概率论、线性代数、程序设计语言、工程图形等学科基础课程，为包装应用力学、包装计算机辅助设计、运输包装设计等专业课程奠定了理论基础。学科基础课程会涉及较为复杂问题的求解，需要 MATLAB、Octave 等软件进行数学运算与数据处理，图 8-1 所示为软件适用的相关课程。

一、相关课程介绍

高等数学、线性代数、概率论等课程，包含无穷级数展开、微分方程求解、线性方程组求解、概率计算等内容，这些内容牵涉复杂运算，很多情形没有解析解，需要通过数值手段进行处理。通常采用商业软件 Matlab、Maple、Mathematic，或者开源软件 Octave、SCILAB 等来实现数值求解。

二、数据软件介绍

目前，商业版 Matlab、Maple、Mathematic 大型计算软件，均具有一定的市场，功能比较强大。以 Matlab 为例，20 世纪 70 年代，美国新墨西哥大学计算机科学系主任 Cleve

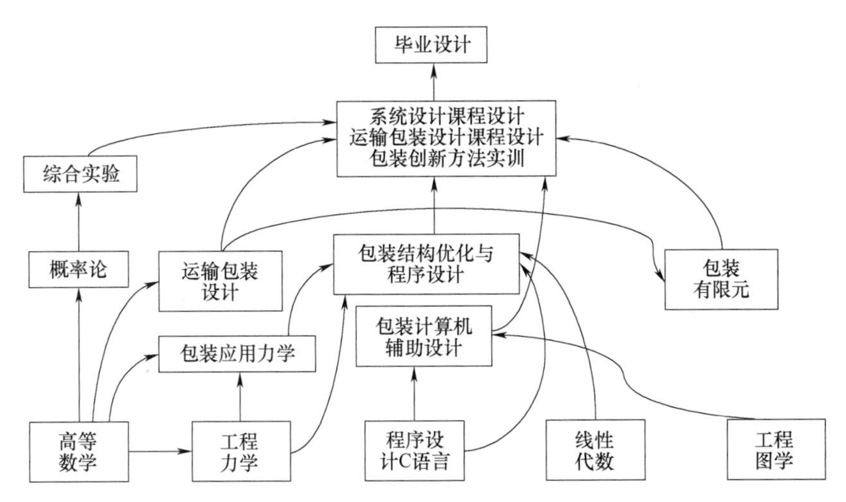

图 8-1　软件适用的相关课程

Moler 用 Fortran 语言编写了最早版本的 Matlab，1984 年由 Moler、Steve Bangert 等合作成立的 MathWorks 正式推出 Matlab 1.0。Matlab 6.5（2002 年推出），此版本大概有 650M 的容量，2011 年 Matlab 7.11 版本，安装后大概有 3G 左右，比 Matlab 6.5 版本有很大提升。Matlab 功能比较丰富，包括数值计算、信号与图像处理、控制系统仿真等，被称为“工科神器”。既然是商业版计算软件，自然需要购买使用权后才能利用它进行产品开发、科研论文发表、教材出版，甚至大学生学科竞赛。

关于开源软件，本章节仅介绍 Octave。Octave 是一款免费的科学计算软件，它旨在提供与 Matlab 语法兼容的开放源代码科学计算及数值分析的工具。Octave 是模仿 Matlab 而设计，它与 Matlab 有许多相同的功能，也就是说 Matlab 程序代码可以直接或少量修改即可在 Octave 上运行。Octave 计算速度与 Matlab 相比，它的最大优势是可以通过网址下载免费安装使用。

三、数据处理案例

下面以物体碰撞的物理现象为例介绍如何进行数据处理。如图 8-2 所示，物体 1 以初速度 v_1 运动，碰撞物体 2。

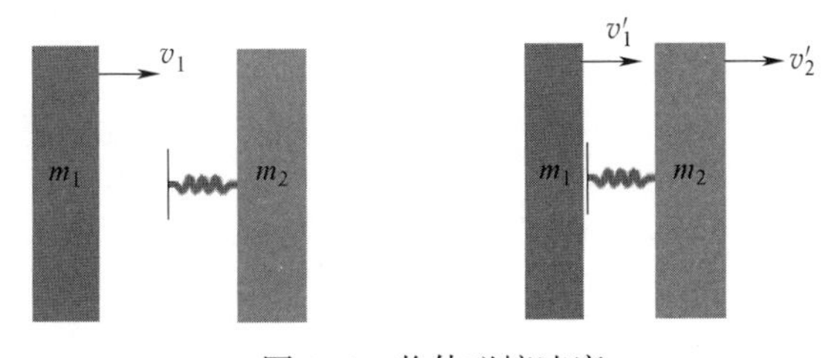

图 8-2　物体碰撞速度

不考虑摩擦与能量守恒，利用动能定理与动量守恒，可以算出碰撞之后的速度：

$$v_1'=\frac{(m_1-m_2)v_1}{m_1+m_2};\quad v_2'=\frac{2m_1v_1}{m_1+m_2} \tag{8-1}$$

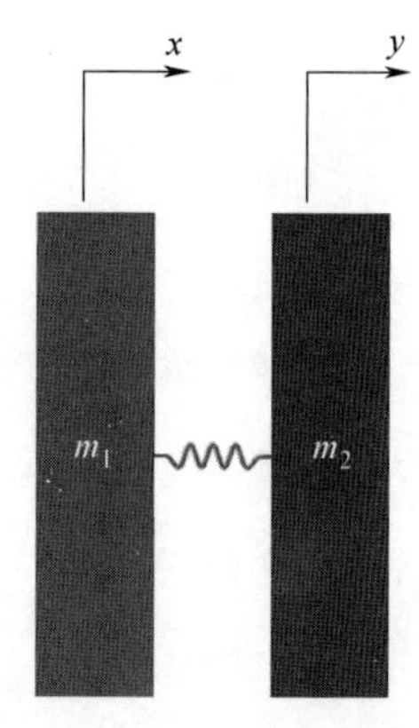

图 8-3　坐标示意图

式（8-1）表现的是状态，但没有包含时间因素，即物体的运动随时间的变化关系。这是由于动能定理与动量守恒推导过程中没有引入动态因素，需要利用微分方程求解即可分析两物体碰撞过程及碰撞之后的速度。在两物体的初始位置分别建立坐标系，用 x、y 表示，如图 8-3 所示。

两物体碰撞的振动方程为

$$\begin{cases} m_1\ddot{x}+k(x-y)=0 \\ m_2\ddot{y}-k(x-y)=0 \end{cases} \tag{8-2}$$

设 $x=x_1\sin(\omega t-\varphi)$；$y=y_1\sin(\omega t-\varphi)$；代入式（8-2），得到

$$\begin{cases} (k-m_1\omega^2)x_1-ky_1=0 \\ -kx_1+(k-m_2\omega^2)y_1=0 \end{cases} \tag{8-3}$$

进一步整理，得到：

$$\omega^2[m_1m_2\omega^2-k(m_1+m_2)]=0 \tag{8-4}$$

求解方程得到：

$$\omega_1=0;\quad \omega_2=\sqrt{\frac{(m_1+m_2)k}{m_1m_2}} \tag{8-5}$$

把式（8-5）代入式（8-4），得到

$$r_1=\frac{y_1}{x_1}=1;\quad r_2=\frac{y_1}{x_1}=-\frac{m_1}{m_2} \tag{8-6}$$

式（8-6）表明，$r_1=1$ 时，说明 $\omega=0$ 时两个物体的运动是同步的，两物体运动包含两部分的运动叠加，两物体的运动方程分别是

$$\begin{aligned} x&=x_1\sin(\omega_1t-\varphi)+y_1\sin(\omega_2t-\varphi_2) \\ y&=x_1\sin(\omega_1t-\varphi)+r_2y_1\sin(\omega_2t-\varphi_2) \end{aligned} \tag{8-7}$$

对应的初始条件为：

$$x(0)=0;\quad y(0)=0;\quad \dot{x}(0)=v_1;\quad \dot{y}(0)=0 \tag{8-8}$$

联立式（8-7）与式（8-8），得到

$$\begin{aligned} x&=-\frac{v_1r_2}{(1-r_2)}t+\frac{v_1}{(1-r_2)\omega_2}\sin(\omega_2t) \\ y&=-\frac{v_1r_2}{(1-r_2)}t+\frac{v_1r_2}{(1-r_2)\omega_2}\sin(\omega_2t) \end{aligned} \tag{8-9}$$

对式（8-9）求导，可以得到速度方程。

【案例】 $m_1=4$；$m_2=6$；$k=500000$；$v_1=3$；$v_2=0$，求解物体碰撞过程中速度与时间的变化关系。

【MATLAB/Octave 程序如下】：

$m_1=4$；$m_2=6$；$v_1=3$；

$k=500000$；

$r_2=-m_2/m_1$；$w_2=\text{sqrt}((m_1+m_2)\times k/m_1/m_2)$；

$t=$linspace（0，0.1）；

$x=-v_1\times r_2/(1-r_2)+v_1/(1-r_2)\times\cos(w_2\times t)$；

```
y=-v1×r2/(1-r2)+v1×r2/(1-r2)×cos(w2×t);
plot (t, x);
hold on; plot (t, y,'r');
legend ('物体 1 速度','物体 2 速度');
```

运行上述程序，得到如图 8-4 所示的速度-时间关系图，此案例表明：物体 1 速度达到最大值时，物体 2 的速度达到最小值，反之亦然。读者可以通过此案例直观地证明式（8-1）的正确性。这个案例也表明，利用微积分，不但能求解结果，也能求解过程，这是由于微积分包含了时间因素。

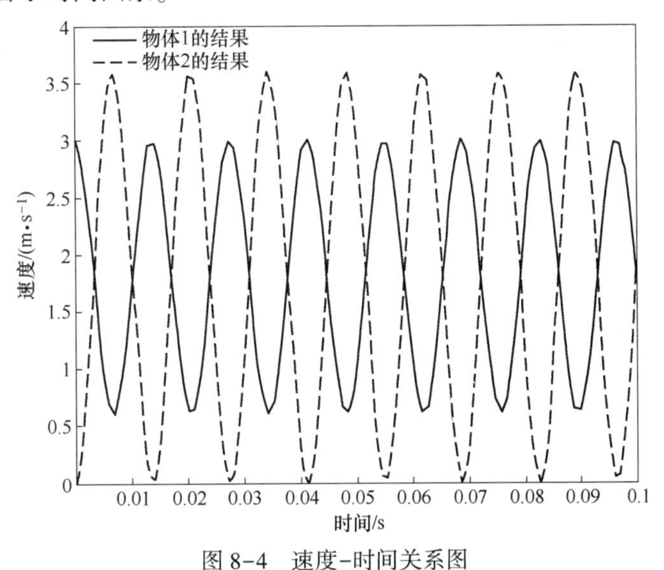

图 8-4　速度-时间关系图

第二节　包装 CAD/CAM 软件介绍

一、相关课程与理论介绍

在工程图学、包装容器结构设计与制造、包装计算机辅助设计等课程中，可以接触 AutoCAD、Inventor、ArtiosCAD 等软件，为课程的学习提供另外一扇门。

二、CAD/CAM 软件介绍

AutoCAD（Autodesk Computer Aided Design）是 Autodesk 公司首次于 1982 年开发的自动计算机辅助设计软件，用于二维绘图、设计文档和基本三维设计，由于简单易学，现已经成为国际上广为流行的绘图工具。

Inventor 是美国 AutoDesk 公司推出的一款三维可视化实体模拟软件，可以直接在 Autodesk Inventor 软件中进行应力分析。Inventor 改变传统的 CAD 工作流程，不但简化复杂三维模型的创建，而且工程师可专注于设计的功能实现。此软件可以方便快速创建数字样机或包装方案，并利用数字样机来验证设计的可靠性，工程师即可在正式确定方案前更容易发现设计中的缺陷。

ArtiosCAD 软件在世界上被作为全球标准进行使用的包装结构设计 CAD 系统。创建包装工作流程不是一件容易的工作，与其他工艺的流程一样，它要求将各个环节有序的集成在一起。包装工作流程的开发商可以帮助企业设计一个合理可行的模块化综合型流程解决方案，以适应不同种类的包装生产。

三、CAD 案例介绍

通过一个旋转 CAD 案例，弄懂结构与数字之间的关系，然后介绍软件在包装木盒设计与制造中的应用。

【案例】　如图 8-5 所示，曲线满足 $x=0.1\tanh(20y)$；曲线绕 y 轴旋转的 3D 结构。

求解思路：曲线在旋转的过程中，纵坐标 y 不变化，横坐标 x 发生角度投影变化，然后又衍生出了 z 坐标，这样就构成了三维空间。

【MATLAB/OCTAVE 程序如下】：

```
y=linspace (0, 0.2, 30);
x=0.1 * tanh (20 * y);
s=linspace (0, 2 * pi);
[yy, ss]=meshgrid (y, s);
[xx, ss]=meshgrid (x, s);
xxx=xx. * sin (ss);
zz=xx. * cos (ss);
mesh (xxx, yy, zz);
```

图 8-6 所示为曲线旋转之后的结果。本案例运用计算机辅助设计与制造（CAD/CAM）技术设计并制作木质包装盒，重点描述了设计过程和制作过程，运用三维软件对木质包装盒的外观造型进行 3D 建模，再经过数控编程和模拟仿真，最后运用数控机床制造出木制包装盒。试验过程及成品证明 CAD/CAM 在木质包装盒的批量生产制作上是可行的。

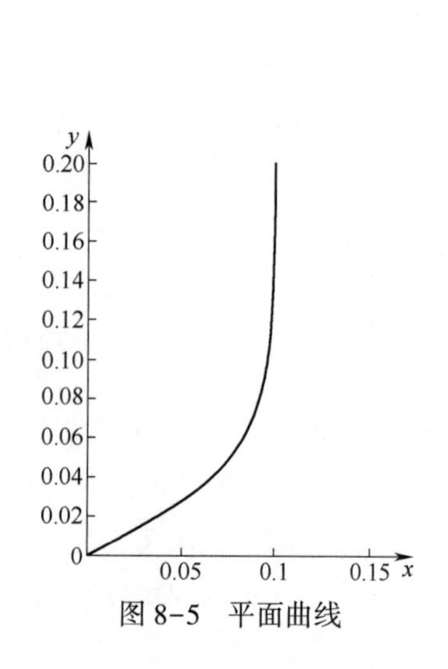

图 8-5　平面曲线

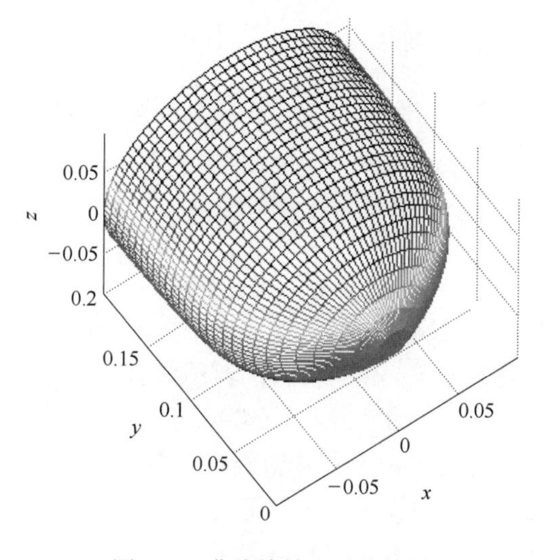

图 8-6　曲线旋转之后的结果

第三节　包装 CAE 软件应用

一、相关背景介绍

泡沫衬垫、蜂窝结构、气柱袋等结构在产品包装中越来越常用。保证它们能科学有效地保护产品是包装工程需要解决的重要问题。这些实际工程问题涉及大变形力学、流固耦合、颗粒力学、热封力学等前沿力学问题，利用传统的力学理论模型已不能求解析解。因此，常借助一些商业性的非线性力学软件，例如 ABAQUS、LS-dyna 等对这些问题分析。

二、CAE 软件介绍

本部分仅介绍大型商业软件 ABAQUS。有限元软件 ABAQUS，擅长求解高级非线性力学问题。它的材料库包含泡沫模型、CEL 欧拉、SPH 光滑粒子、FEM-DEM 耦合模型（特色功能）等，可以满足包装行业大部分所需求的模型。例如，利用 Ogden 超弹理论或弹塑性理论可以对超弹泡沫进行数值计算；利用正交各向异性弹塑性本构关系，可以模拟蜂窝、瓦楞纸结构的大变形非线性力学行为。

在“A phenomenological constitutive modelling of polyethylene foam under multiple impact conditions”和“超弹塑性泡沫连续冲击动力学行为分析的新方法”文献中就是利用 ABAQUS 软件携带的超弹泡沫材料本构模型（HYPERFOAM），该模型是基于应变能密度函数而提出的，代表性的应变能密度是 Ogden 提出的势函数，此函数 U 是 3 个主伸长量 λ_1、λ_2 与 λ_3 函数，其数学表达式为：

$$U(\lambda_1,\lambda_2,\lambda_3) = \sum_{i=1}^{N}\frac{2\mu_i}{\alpha_i^2}\left[\lambda_1^{\alpha_i}+\lambda_2^{\alpha_i}+\lambda_3^{\alpha_i}-3+\frac{1}{\beta_i}(J^{-\alpha_i\beta_i}-1)\right] \tag{8-10}$$

式中　μ_i，α_i，β_i——待识别常数；

J——λ_1、λ_2、λ_3 三者的乘积。

在 Ogden 势函数中引入损伤函数，即可得到 MULLINS 效应本构模型的势函数，即

$$U(\lambda_1,\lambda_2,\lambda_3,\eta)=\eta U_0(\lambda_1,\lambda_2,\lambda_3)+\phi(\eta) \tag{8-11}$$

损伤变量由下式给出：

$$\eta=1-\frac{1}{r}\mathrm{erf}\left(\frac{U_m-U_0}{m+\beta U_m}\right) \tag{8-12}$$

式中　r，m，β——材料常数；

U_0——卸载阶段的瞬时应变能；

U_m——卸载阶段的最大应变能。

上述公式以超弹泡沫材料模型与马林斯模型植入有限元软件，分别对应有限元工具 ABAQUS 中的 HTPERFOAM 与 MULLINS 本构模型。由式（8-11）与式（8-12）所共同决定的应力-应变整体形状，式（8-11）中的参数能够表征线弹性阶段、应力屈服平台阶段及压实阶段 3 个典型区域所围成的形状，式（8-12）能够表征非线性卸载阶段。

对于单轴情形，其应力-应变关系为：

$$\sigma = -\sum_{i=1}^{N}\frac{2\mu_i}{\alpha_i}\left[(1-\varepsilon)^{\alpha_i-1}-(1-\varepsilon)^{-1}\right] \tag{8-13}$$

Deshpande 提出可压缩泡沫三维屈服函数：

$$\phi \equiv \frac{1}{\left[1+\left(\frac{\alpha}{3}\right)^2\right]}\left[\sigma_e^2+\alpha^2\sigma_a^2\right]-\sigma_y^2 \leqslant 0 \tag{8-14}$$

式中　σ_a——平均应力；

σ_e——Mises 等效应力；

σ_y——单轴屈服极限；

α 为：

$$\alpha=\frac{3k}{\sqrt{(3k_t+k)(3-k)}} \tag{8-15}$$

式中：

$$k=\frac{\sigma_c^0}{p_c^0},k_t=\frac{p_t}{p_c^0} \tag{8-16}$$

式中　p_c^0——初始静水压强；

p_c——静水压强，决定屈服面的演化大小。

p_c 为：

$$p_c(\varepsilon_{pl}^{vol})=\frac{\sigma_c^{vol}(\varepsilon_{pl}^{vol})\left[\sigma_c^{vol}(\varepsilon_{pl}^{vol})\left(\frac{1}{\alpha^2}+\frac{1}{9}\right)+\frac{p_t}{3}\right]}{p_t+\frac{\sigma_c^{vol}(\varepsilon_{pl}^{vol})}{3}} \tag{8-17}$$

式中　ε_{pl}^{vol}——体积塑性应变；

p_t——静水压强，决定拉伸面的演化大小；

σ_c^{vol}——体积塑性应力。

三、案例介绍

将 Hyperfoam 和 Mullins 效应模型相结合来模拟聚合物泡沫的冲击响应，泡沫参数见表 8-1，有限元模型如图 8-7 所示，建立了聚乙烯泡沫的二维有限元模型来评估软化效果。近似网格尺寸为 2.5mm。使用两个离散刚体分别模拟质量块和静态地板。泡沫模型选用 4 节点双线性平面应变四边形，简化积分，即 CPE4R，同时使用 R2D2 对刚体进行网格划分。泡沫和两个刚体之间的界面被建模为表面到表面的接触。泡沫在第一次冲击事件结束时的变形状态需要通过 INITIAL state 函数应用于第二次冲击分析。在该模型中，撞击

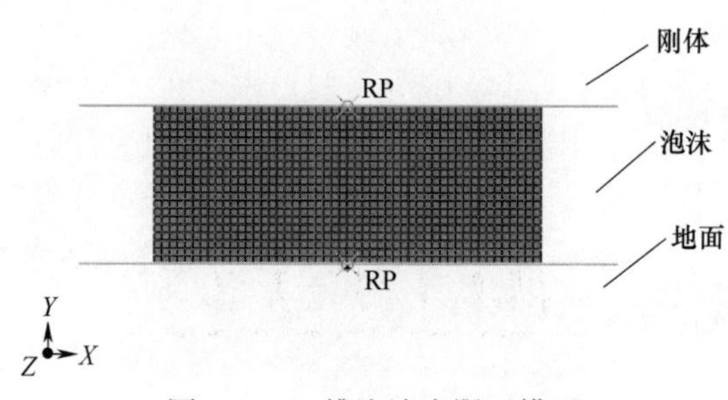

图 8-7　二维泡沫有限元模型

器增加了 10kg 的撞击质量，并施加了-3.43m/s 的初始速度，对应于从 600mm 的高度自由落体。将连续 6 次撞击载荷下的预测加速度-时间曲线与图 8-8 中的测量数据进行了比较。每次冲击模拟的最大加速度值都是令人满意的。

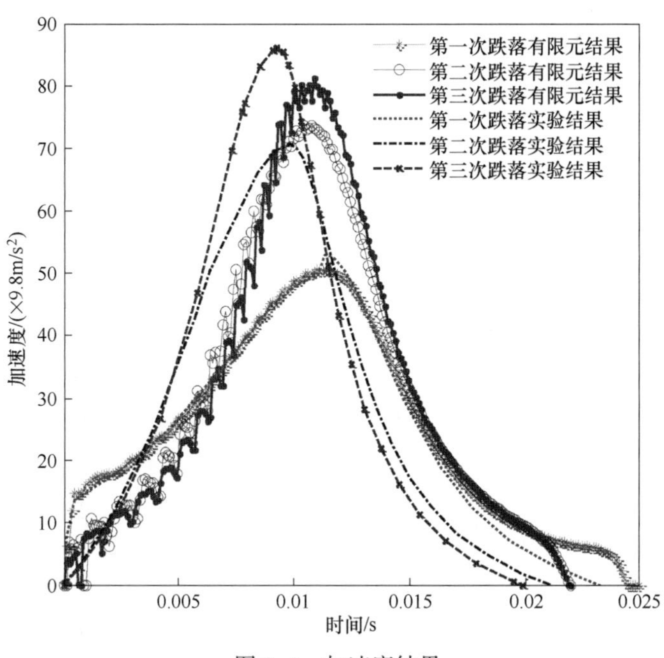

图 8-8　加速度结果

表 8-1　泡沫 ogden 有限元参数

μ_1	α_1	μ_2	α_2	μ_3	α_3	r	m	β
0.99MPa	29.78	845.4 Pa	-2.48	0.0138MPa	-0.0088	1.5001	0.002 MPa	0.9

第九章　包装与文化传播

本章导读

商品包装是商品在市场流通的重要承载物，同时也是使产品能够流通的信息传播方式。包装要满足人的生理、心理和社会文化的需要，就使得包装的内涵从自然科学技术扩大到人文社会科学和审美文化的领域。本章分别从包装中的信息与文化、包装与中国文化的传承、包装与中国红色文化、包装的文化自信等角度，逐一阐述包装的文化价值及其文化传播的特点。

本章学习目标

通过本章学习，学生们可以充分理解包装的系统组成中，文化已经成为不可或缺的信息传递要素，包装信息所传播的不同领域的文化所影响的商品价值也各有不同，需要包装工程师掌握的各类文化体系知识层出不穷，发展新时代的包装工业任重而道远。

第一节　包装中的信息与文化

文化广义的解释是一个群体（可以是国家，也可以是民族、企业、家庭）在一定时期内形成的思想、理念、行为、风俗、习惯、代表人物，及由这个群体整体意识所辐射出来的一切活动。文化促进了人类社会的发展，促进了人类物质文明的建设，也促进了人类创造工具的动力和使用工具的范围。因此，文化在现代商品社会中对科技水平、人文思想、艺术变革等方面都产生了较大的影响，它的发展也必然推动包装设计向前发展。

包装的文化价值与商品价值不同，不能把包装的文化价值简单地理解为产品的使用价值，也不能将商品的使用价值与文化价值完全割裂。文化是以人作为目的，反映着人的发展过程及其成果的范畴。文化价值是指某一事物对于人的全面发展所具有的意义。因此，包装通过文化传播来表达商品的某种特定的有用性，也可以表明商品的使用价值，它反映了商品对人所具有的意义和用途。

文化传播一般用审美方式来实现，这种对商品使用价值给予展示和承诺的展现，可以促进商品交换价值的实现。以信息和文化传播为目的的商品审美创造不仅可以满足人们的物质和文化需要，提高人们的精神文明水准，而且有助于提高企业形象和市场竞争力，给企业带来巨大的经济效益。

包装是与消费者进行沟通的重要媒介，通过精心设计、精巧配置文字与图像，既是“吸引”又是一种“促销”手段，其传播功能通过包装信息与消费者进行交流，能够长期、重复地展示产品和品牌诉求。调查显示，消费者初次购买产品，包装起着重要作用。包装的“吸引”是要引起消费者的求知欲和阅读欲望，包装的“促销”是要解决产品的说服问题，要求包装元素的组合必须促使消费者产生购买冲动。

一、包装的信息传达

包装不仅要表现出产品的内在特征，还要与消费者在感知层面上进行沟通。因此包装的信息传达设计是利用视觉语言在感知层面与消费者进行沟通的表达艺术。

在传统包装中，人类从截竹凿木、模仿葫芦等自然物的造型制成包装容器，到用植物茎条编成篮、筐、篓、席，用麻、畜毛等天然纤维，粘结成绳或织成袋、兜等用于包装，经历了一个很长的历史阶段。在包装技术上，已采用了透明、遮光、透气、密封和防潮、防腐、防虫、防震等技术，及便于封启、携带、搬运的一些方法。但是这些包装也只起到了在包装容器功能当中容装的作用，如果这些容器表面没有相关销售信息或产品信息，它们在市场上是无法流通的，无法流通也就无法被看作真正意义上的商品包装。

所以，传达商品信息是包装装潢与造型设计的首要任务。以图形、图像、文字、色彩、版式等视觉符号的平面装饰构成等艺术手法，准确地传达出所包装商品的类别、品牌、名称、型号等全面信息，引导消费者正确选择商品。同时，包装容器造型及其结构的象征语义，也应正确传达所包装商品的准确信息。另外，商品的宣传卡、吊牌、使用说明书、封口标签、质检卡、消费辅助物等，都是传达商品信息，方便消费者使用的不可分割、相互联系补充的构成部分。

包装装潢还是一种特殊的广告工具。它可以使消费者了解商品，从而引发他们的购买欲望。设计良好的包装能够通过其广告功能，紧紧地抓住消费者的注意力，默默地影响消费者的购买行为。

二、文化对包装信息传达的影响

文化对包装信息传达的影响包括民族文化、艺术文化、传统文化、审美文化等。

1. 不同民族传统文化对包装的影响是不同的

民族传统文化是指一个民族中能代代相传的东西，这种代代相传的东西表现在创造物中，形成了共同的风格和心态。例如：德意志民族具有长于思辨、思考、理性化的民族特征，他们将设计与理性化和秩序化联系起来，产生了生产的标准化，从而促进了设计的逻辑化、理性化与体系化风格的产生。美国是一个由世界各地移民形成的国家，各民族共存的竞争使它具有较大的包容性，在市场竞争机制的制约下，美国的设计一开始就呈现出强烈的商业色彩。日本对民族传统文化非常重视，特别是在包装设计中表现得尤为突出。轻便耐用是日本文化的显著特征，在包装材质上也很好地显示了这一点，他们非常擅长挖掘天然材料的独特品质，例如草编篮包装、樱桃树叶包装以及竹子包装等。

2. 艺术文化中对包装设计影响较大的主要是造型艺术

绘画对包装设计的影响，表现为绘画这一种造型艺术为包装设计提供了最基本的表达设计意图的手段。包装设计所面临的物质功能与外在形式的结合问题，和现代雕塑注重“内在形式”的要求不谋而合，因而，现代雕塑的理论与表达手法，对包装设计产生了较大影响。现代包装设计的发展，正在受到建筑艺术的影响，这个影响主要体现在包装物外形与造型结构的设计方面。包装造型设计的一些风格开始以建筑设计风格为榜样，建筑设计风格的发展在逐渐地影响着包装设计的风格。

3. 审美观念对包装的影响不容忽视

包装设计不能将包装容器的形式美设计作为自己的唯一目标，以免追求形式美而造成形式与内容的脱离。但是，形式美的设计在包装设计中，仍然是一个重要的组成部分。因此，研究审美观念对形式美创造的作用，是十分必要的。审美观念直接指导着人们的审美实践活动，制约着人们对美的创造，规定着人们审美的方向。由于时代、民族、个性、年龄、环境及职业等差异的存在，导致了审美个体在审美判断上的差异。这就要求设计者在设计过程中，慎重地处理设计者与消费者在审美观念上的差异问题：设计者过于超前的审美观念，可能会导致惊世骇俗或为人不屑一顾的作品；完全迁就消费者，将导致设计的失却与放弃提升民族审美情操的责任。包装设计的责任之一，就是在这两者之间找到一个合适的平衡点，既能反映某一群体的审美观念，又不放弃设计师的社会责任。

三、包装对文化传播的贡献

现代包装设计是随着人类生活与文化双重需要而产生并发展的设计型学科，它将物质层面的器物技术与精神层面的文化传承相结合，涵盖了人们社会生产、生活的各个领域。

市场机制对于社会物质生产起着支配作用，人与人之间的物质交往是以普遍的商品交换的形式实现的。商品交换过程会遇到设计产品的文化价值与商品价值、设计文化的发展与社会主义市场经济发展之间的关系问题。承载商品使用价值的是产品，承载商品文化价值的是包装。设计师的职责在于如何在文化取向与市场取向之间达到协调，从适应市场到创造市场。

新产品包装的创意能否在市场上取得成功，与市场调查和对市场需求的把握有直接的关系，但即使在调查研究的基础上，所提出的产品创新方案也往往只有 1/10 是能够给企业带来良好效益。产品包装的设计不仅要确保良好的功能，还要有优异的外观设计和合理的价格定位。最终决定商品命运的是消费者，只有符合市场需要的产品才能取得成功。消费者的行为是制定企业战略的出发点，也是企业确定产品策略以及产品功能、价格和信息设计的基础。而消费者的购买行为一般受消费定势的影响，消费定势的形成，除了商品质量有关外，商品包装所传达的品牌形象也至关重要。市场需求不断推动着产品的更新换代，在市场竞争中新老名牌也会不断交替，包装设计师要善于通过产品的差别化和细分化，寻找满足人需求的新的契合点，从而主动的开拓市场，完成文化传播的使命。

以包装为载体的商品美是促进商品流通的功能承担者，它应成为整个商品使用价值的展示和承诺，这种展示与承诺通过包装实现，而包装则通过文化传播来实现。从这种关系来说，通过包装实现的商品美在商品价值构成上可以产生两方面的作用：一方面，作为使用价值的构成和对使用价值的表现，可以增加消费者对这一商品的需求。由品牌特色而形成的竞争优势，造成商品价格的向上浮动，从而创造出更大的附加值。另一方面，当这种品牌特色形成强烈的名牌效应时，便可以在同类商品中形成审美价值或使用价值的垄断地位，从而形成垄断价格。这便使该商品取得远高于平均价格的更大利润，也为企业带来更大的隐形资产。

所以，包装设计中文化应用与传播是商品包装审美创造的重要途径，不仅可以满足人们的物质和文化需要，提高人们的精神文明水准，而且有助于提高企业形象和市场竞争力，可以给企业带来巨大的经济效益。

第二节　包装与中国文化的传承

我国是有丰富文化传统的文明古国，我国的文化集儒、道、佛之大成，对周围国家和地区的思想观念影响极大，形成了东亚文化圈。

我国人民深受传统文化所影响，在生活方式、审美水平、人际关系等方面均有充分体现。寻根情结、民族情结等更是深埋在我国人民心中。在设计观念、设计技巧中，设计师会有意无意透漏出其民族意识。从民族文化中获取素材、灵感，融入包装设计中，既能使设计特色明显，又可传扬、发展我国传统文化。

一、包装中传统文化元素的应用

传统文化中提炼出来的传统文化元素是人类历史长期发展过程中的积淀，借鉴和利用传统文化元素有助于更好地丰富现代包装的表现能力，使其拥有更为深厚的文化底蕴和更为广阔的发展空间。中国传统文化元素主要包括传统图形、汉字与传统色彩。

1. 传统图形

传统图形是一个部落或一个民族表达文化观念的综合体现，是一种对文化观念的传播载体，传统图形与现代包装设计理念的融合，也赋予了全新的文化内涵。可以融入现代包装设计的中国传统图案，如中国传统吉祥动物；青龙、白虎、朱雀、玄武、凤凰、蝙蝠等；代表中华民族特色的图案；十二生肖、祥云、太极等。很多符号、图形，如麒麟、龙凤、八仙，均有着鲜活的文化寓意。“岁岁平安”“松鹤延年”等寓意，一直被设计师们所广泛采用。仙鹤等表示长寿的象征，往往出现在老人产品的包装上。剪纸、鲤鱼等表示喜庆的象征，多被运用在新春礼物的外包装上。

2. 书法文字与图形化汉字

中国的书法体，通常所说的有“正草隶篆”，但由于工具特殊，各代书家作书运笔神妙，出现许多不同的变化字体，成为多种特殊的艺术造型。中国书法字体，从纯粹的绘画演变为线条符号而言，大致可分为六种字体：

① 古文：指上古时代的象形文字，包括甲骨文、金文、石鼓文。

② 篆书：有西周后期的大篆，也称为籀书，和秦时的小篆。

③ 隶书：隶书源于秦代，取大篆与小篆的笔法，加以减省整理而成。隶书在不同时期形成多种不同时代的风格特色，有汉隶、唐隶、清隶等字体。

④ 草书：草书是有组织、有系统的简省字体。创自汉初，演变过程是先有“章草”、再有“今草”，之后又有“狂草”。

⑤ 正书：又称“楷书”，是糅合隶书、草书而成的一种书体，今天已成为一般书籍通行的标准字。

⑥ 行书：是正书的变体。中国文字自唐以后，即少有变化，而行书则被认为是最流行的字体，一直沿用到现在，在实用美术上有崇高的地位。

汉字书法字体是其他设计字体不可替代的，具有独特的中华民族传统文化的艺术风格与特色。许多地方的老字号以名家优美独特的书法书写的字号牌匾，年深日久成为企业的标牌形象。在现代商标设计、广告设计和包装设计中，书法的应用也很广泛，与设计字体相互衬补，发挥各自的表现特点，为表达不同的信息内容服务。例如：高端品牌“青花瓷汾酒”是汾酒的经典之作，如图 9-1 所示。它的包装版面仅以行书衍化的“汾”字为识别要素并进行图像化，其字形如写意画的竹叶般清雅高洁，很好地强化了产品的清香型品牌意向。

图 9-1 “青花瓷汾酒”包装

汉字在图形化和可视化方面的优势在其他语言中是无法比拟的。中国汉字是事物图形演变或抽象的结果，它本身就是对图像或图形的意象概括。因此，汉字往往会产生“文字图形”或“图形文字”的换位衍生现象。这些把文字与图形有机结合起来的“汉字图形”，不依赖其他装饰而成为形式感极强的特色化标志，其信息内涵深刻，视觉说服力强。

3. 中国传统的色彩体系

在中国古代色彩艺术的历史中，有两条清晰的发展脉络，一条是宫廷士大夫的色彩艺术，另一条是民间的色彩艺术，其中成为主流传承的是五色体系。

人类最早的色彩概念是黑、白、红 3 种颜色，大约公元前 5000 至公元前 3000 年，我国新石器时代各时期的彩陶就具备了这些典型特征。到周秦时期，我国已形成以“玉帛”为中心的灿烂的色彩文化。《周礼・大宗伯》称：“以玉作六器，以礼天地四方：以苍璧礼天，以黄琮礼地，以青圭礼东方，以赤璋礼南方，以白琥礼西方，以玄璜礼北方。”因此，以苍色代表天，以黄色代表地，以青、赤、白、黑分别代表东、南、西、北，或春、夏、秋、冬。后来又把青、赤、白、黑、黄五色与木火金水土五种物质联系起来，使色彩理论成为五行学说的组成部分。

五行学说的发展形成了中国古代的五色体系和美学思想。阴阳五行说是中国最古老的哲学体系，它将五行与五色相匹配：金、木、水、火、土与白、青、黑、赤、黄相对应，并将色彩赋予一定的文化内涵。五色成为五行的象征，是天地、四时、万物本身色彩的一种高度概括和提炼。图 9-2 所示是 kindle 与故宫、永乐宫从 2019 年起合作推出的五色新年礼盒设计，科技和传统文化相结合，用新的方式传承古老传统，承载随时随地的思考之光。

二、中国传统文化在包装设计中的传承模式

在包装设计中传承中国传统文化，并非要一味采取复古的表现方式。传统文化也在随时代的发展而逐渐演变，但并不会因此失去本有的特色及魅力。设计师应学会以最佳的表现形式在设计中体现出对传统文化的传承。

1. 设计风格的传承

可提炼相关的视觉元素体现中国特色的设计风格。例如，将中国水墨元素融入设计中，展示中国风的隽雅飘逸，这样的设计风格不仅让人眼前一亮，还充分达到了传承文化的目的。图 9-3 所示的“龙井茶”包装，主视觉不采用任何的茶叶元素，仅仅依靠品牌的认知度，结合飘逸的水墨来表达出此款单品包装的特性。

图 9-2　kindle 的五色新年礼盒

图 9-3　水墨龙井茶包装

2. 语境设计的传承

巧妙的语境设计可将传统文化魅力充分表达出来，在熟悉中国传统文化的特色、主旨后，在语境设计中加以体现。

图 9-4 所示的“海上生明月”乘风之礼是国潮风中秋月饼礼盒设计，包装以海上明月的古诗句为灵感来源，从语境形成产品视觉内容，进而传达产品自身蕴涵的中秋祝福情意，内部食品全盘放置于一片海面之上，模拟月亮在海面升起的过程，增加了节日的仪式感，包装的趣味性和互动性在此得到增强。

图 9-4　“海上生明月”乘风之礼国潮风中秋月饼礼盒

3. 民族特色的传承

在设计包装文化时，博大精深的传统文化足以成为设计源泉。若想使得设计新鲜、有创意，民族文化也可为其提供大量灵感、素材。现在很多包装中民族特色均比较明显，文化、艺术水准较高。

图 9-5　“酒鬼”酒包装

图 9-5 所示是黄永玉设计的“酒鬼”酒包装，用一个厚实墩墩的小麻布口袋打样，麻绳系口。黄永玉还专门画了一幅酒鬼图，“酒鬼背酒鬼，千斤不嫌赘，酒鬼喝酒鬼，千杯不会醉，酒鬼出湘西，涓涓传万里”。这个设计极具湘西的文化特色。

4. 文化审美意识的传承

“天人合一”是我国传统文化中的一大重要思想，所以，我国人民观念中包含着“兼容并蓄”意识，可以在包装设计中体现出来。

图 9-6 所示“Chatu 优质中国茶”的包装设计是由深圳古一设计完成的。这个设计案例分享强调了可持续材料的使用，追求简约和功能性，以及传达环保理念，以更好地满足消费者对环保和可持续发展的需求。案例中的图片均为古一设计的原创设计。

Chatu 是一种优质的中国茶，产于四川、河南和福建省。中国的茶园是包装设计灵感的源泉。它们独特的形状因地形而异，与采茶人手上的图案相似。包装的质地重复了采摘茶叶的种植园的形状，并且与三种茶（白、绿、红）中的每一种相匹配。模制纸浆包装用天然染料染色。它的形状很像中国传统的茶壶。茶叶用双层棉袋包装。包装设计应尽可能透气和环保。

图 9-6 “Chatu 优质中国茶”的包装设计

5. 民间艺术传承

我国传统文化中，民间艺术也是一种优秀的文化形式。很多民间艺术表现新颖奇特、冲击性强。因其独特性，包装设计中也会使用民间艺术来吸引消费者的注意。如剪纸、年画、脸谱等图案就深受人们欢迎。包装的设计要力图满足消费者心理需求，就要有创意。民间艺术的包装设计可引起人们的共鸣，激发其购买冲动。中国人的乡土意识、民族意识浓厚，包装设计可迎合消费者品位、突出自然、民俗气息。图 9-7（a）所示包装设计的灵感来源于经典的中国传统七巧板拼图游戏和剪纸艺术。图 9-7（b）所示包装盒的设计使用了花鸟元素共同寓意的花样新年剪纸。

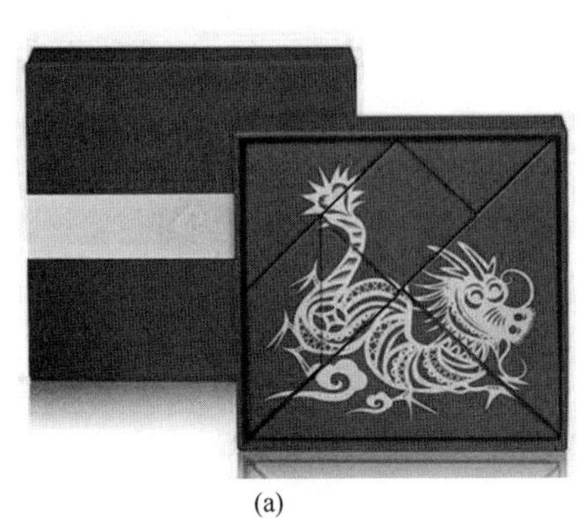
(a)

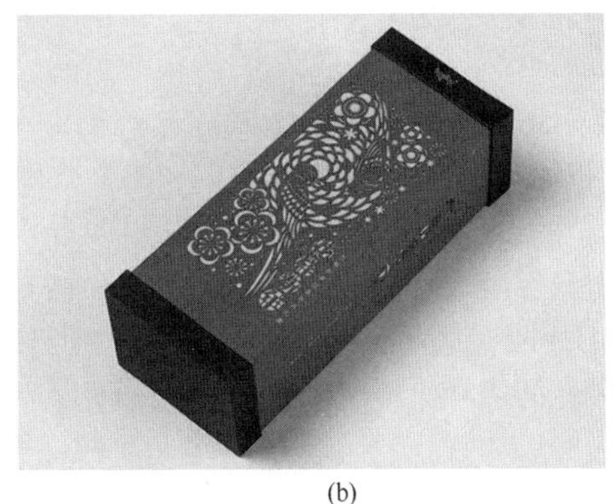
(b)

图 9-7 包装的民间艺术传承

三、中国传统文化在包装设计中的应用

1. 节庆包装设计

中国的传统节日很多，包装产品在这些节日的市场中占有举足轻重的地位，应用较多的如春节、中秋、端午等。

春节主要是趋吉避凶，表现的也是热闹喜庆的气氛，窗花、春联、年画等都是人们在欢度春节的一种形式，这些形式也就成为为庆祝春节所设计的包装常见的表现素材。从春节所用的物品来看，不论是放烟花爆竹，还是贴的春联、窗花，点的蜡烛都是以红色为主，有时辅助以黄色。红色是中国的传统色彩，鲜艳热情奔放，给人以喜庆的感觉，非常有节日的气氛，黄色是中国古代的帝王专用色，被赋予了贵族的色彩，在酒的包装设计中，用红黄金等颜色给人以节日喜庆的气氛，也符合中国人的消费倾向，同时诠释了酒文化的功能——喜庆、福寿和馈赠。图 9-8 所示的“金六福”酒包装就采用了红色。图 9-9 所示的五粮液酒品包装采用的就是金黄色，被赋予了贵族色彩。

图 9-8 “金六福”酒包装

图 9-9 五粮液酒品包装

2. 婚庆包装设计

中国传统婚礼中红色是主打色，如大红花轿、红色绣布、吉祥图案的红包、大红灯笼、红红的剪纸喜字等，在我国传统的婚礼仪式总以大红烘托喜庆、热烈气氛。新娘子在当天以红色的盖头蒙面，这些风俗习惯大部分在中国现代婚礼中依然被延续着。

婚庆包装设计中更多的要体现欢喜、热烈、吉祥等氛围，设计中需要对传统的吉祥纹样造型进行借鉴。将造型元素进行重组、再创造，在传承传统文化的同时注重创新，衍生出适合婚庆包装设计的造型元素。图 9-10 所示的婚庆包装图案，成功地借鉴了中国传统吉祥纹样中的“龙”和“凤”的纹样，将它们很好地打散重构，使其各居一半，将两种极具代表性的吉祥纹样结合在一起，形成了“龙凤呈祥”的标志性婚庆包装图案，祝愿新婚二人能百年好合。

图 9-10 喜糖包装中的“龙凤呈祥”

中国传统的吉祥纹样形式多样，它们都各具艺术特色，图 9-11 所示婚庆礼盒包装中“鱼”谐音“余”，所以人们将年年有“鱼”与年年有余联系在一起，象征着富贵。吉祥纹样的寓意已深入人心，将其运用到婚庆包装设计中，不仅使民族特色得到延展，更能让人们在约定俗成中寻找情感共识，让人们从心理上接受并喜欢。

图 9-11　婚庆礼盒包装

3. 民俗包装设计

民俗，即民间风俗，泛指一个国家或民族中由广大人民群众创造、传承的生活文化。民俗文化由广大人民群众创造，以民俗事象作为载体，既能呈现国家或地域的物质精神文化，又是非物质文化的重要组成部分。

民俗文化具有深厚的艺术价值，不仅能够传承传统文化，还能为地方特色产品包装设计提供新的思路和灵感。无论是将其中的民俗文化元素原汁原味地引入，还是经过再创作、再优化而呈现的视觉效果，都能够对地方特色产品包装价值提升起到关键作用。

在一部分较为传统的食品包装设计中，常常能看见将地方民俗活动和该食品的摄影图片直接还原作为包装图案来使用，如图 9-12 所示。此类商品或其依据的地方民俗文化本身就极具特色，搭配开天窗或镂空的设计形式来展现，具有十分直观醒目的视觉效果，能直接唤起消费者的有关记忆。这种设计手法对比现今众多形式的包装设计显得比较老套，不能满足大部分消费者，尤其是青年消费者的审美需求。但也不必完全摒弃，因为该方法拥有直观的优势，因此，在进行食品包装设计时，可以根据该特性将实物图片结合当下的一些流行元素，让二维的平面图案与三维的立体图案融合到一起，呈现新的视觉形式。

图 9-12　摄影图片+开窗设计包装

象征手法是包装设计中最常见的手法之一，通常是将地方民俗文化中的代表元素、特色元素提炼出来，并进行一定的演变设计，融入包装设计中。以内蒙古的马奶酒包装为例（图 9-13），包装上融汇了牛角、皮质酒囊、当地表达“吉祥”寓意的盘肠纹等特色纹样组合，成吉思汗和身着当地服饰的蒙古人民款待敬酒的造型印画等地方民俗文化内容，具有典型的草原风格，直接地传递着产品信息，让消费者一看便知。

图 9-13　内蒙古马奶酒包装

4. 文创包装设计

文创包装是利用原生艺术品的符号意义、美学特征、人文精神、文化元素对原生艺术品进行解读或重构，通过设计者对文化的理解，将原生艺术品的文化元素与产品本身的创意相结合，形成一种新型的文化创意包装。

文创设计的典型代表是故宫文创。故宫文创包装设计从中国传统文化中提炼出代表新中式的文化元素，通过将传统文化与流行文化相融合，提出“让文化流行起来”的理念。

故宫文创包装设计在蕴藏的中国文化的深层含义中寻找设计元素以及灵感，将馆藏文物中的元素、符号，和博物馆文化中的故事、文化习俗等融入产品的设计中。图 9-14 所示是故宫 2022 年新款万福集庆新春套装小福礼对联包装，采用了中国传统五大色系中最喜庆的红色以及富贵大气的金色，充满了节日的喜庆，包装上采用了金色凤凰图案，寓意吉祥如意。图 9-15 所示是故宫翠点星荷餐具套装，包装中以青色为主色调，搭配淡粉色。青色正是此包装荷塘的颜色，粉色正如荷花的颜色，荷花在我国古代诗词中象征着高洁，正如“出淤泥而不染，濯清涟而不妖”。除此之在包装的左上角还采用了金色“祥云”图案，其造型独特，婉转优美，寓意祥瑞之云气，表达了吉祥、喜庆、幸福的美好祝愿。

图 9-14　故宫 2022 年新春套装

图 9-15　故宫翠点星荷餐具套装

第三节　包装与中国红色文化

红色文化是在革命战争年代，由中国共产党人、先进分子和人民群众共同创造并极具中国特色的先进文化，蕴含着丰富的革命精神和厚重的历史文化内涵。

广义的红色文化是指世界社会主义和共产主义运动整个历史进程中，形成发展的人类进步文明的总和。狭义的红色文化是指中国共产党领导人民进行的革命和建设进程中形成发展的，以社会主义和共产主义为指向的，把马克思列宁主义与中国实际相结合，兼收并蓄古今中外的优秀文化成果而形成的文明总和。可以将“红色文化”概括为革命年代中的“人、物、事、魂”。其中的“人”是在革命时期对革命有着一定影响的革命志士和为革命事业而牺牲的烈士；“物”是革命志士或烈士所用之物，也包括他们生活或战斗过的革命旧址和遗址；“事”是有着重大影响的革命活动或历史事件；“魂”则体现为革命精神即红色精神。

红色文化最根本的特征是“红色”，它具有革命性和先进性相统一、科学性与实践性相统一、本土化与创新性相统一以及兼收并蓄和与时俱进相统一等特征。

一、中国红色文化的核心元素

红色文化作为一种重要资源，包括物质和非物质文化两个方面。其中，物质资源表现为遗物、遗址等革命历史遗存与纪念场所；非物质资源表现为包括井冈山精神、长征精神、延安精神等红色革命精神。在包装设计的红色文化传播中，更侧重于非物质的红色革命精神的表现。

1. 中国红色文化的色彩元素

红色文化有别于其他文化的根本点在于红色，因此，要探究红色文化的基本内涵，离不开红色的色彩表现，图 9-16 所示为酱酒包装设计。在西方人眼中，红色是中国的“国色”，中国人本身就是有着强烈红色情结的民族。

图 9-16 酱酒包装设计

2. 中国红色文化的视觉元素

可用于包装设计的中国红色文化的设计元素一般是从馆藏文物、历史史料、红色故事中，提炼、转换为视觉元素。

这些视觉元素在包装版面的符号表现中能够代表红色文化的人、物和事。从“人”的角度来看，红色文化符号就是在红色文化发展的特殊历史时期中具有代表性的人物，这些人物在特殊的历史背景下深刻体现着红色文化所富有的高尚精神，成为一种红色文化符号，只要提到这些伟大人物，就会立即联想到红色文化，从而深刻体会到红色文化所具有的精神内涵；从“物”的角度来看，红色文化符号就是特殊历史时期人们使用过的物品，例如，周总理用过的搪瓷杯、红色革命区人民用过的扁担等；从“事”的角度来看，红色文化符号就是在特殊历史时期下发生过的能够体现红色文化精神内涵的事件，例如，瓦窑堡会议、井冈山会师等。另外，还有一些俗语也能够体现出红色文化，例如，“吃水不忘挖井人”“红军不怕远征难”等。

二、包装设计中的红色文化传播

从现代包装的设计趋势来看，人文与科技的结合已经逐渐成为必然，作为一种艺术衍生品，现代文创产品能够对文化元素、人文精神和美学特征进行重新地整合和解读。将红色文化元素作为红色文化的载体应用于包装的设计中，不仅使红色文化得到有效的宣传，还使产品包装更具有民族性和品牌性，可以有效地促进包装设计的创新发展。

例如，作为中国红色文化的一部分，韶山毛泽东故居展示了毛主席少年时代的活动轨迹，是毛主席及其家人相继走上革命道路的发源地。韶山毛主席故居文创产品开发设计的目的是传承和发扬毛泽东思想，进一步推动中华优秀文化的创造性转化与创新性发展，并以此为契机，打造韶山文化品牌，提升韶山城市形象。从毛主席故居、纪念馆、毛氏宗祠、毛主席铜像等景点入手，用简单的手绘或简笔方式提炼出图形元素，突出韶山的特色。

再如，井冈山是中国革命的摇篮，90 年前，以毛泽东、朱德为代表的中国共产党人在井冈山开创了第一个农村革命根据地，点燃了中国革命的星星之火。从此，井冈山便以其丰功伟绩而浓墨重彩地载入了中国革命史册。经过一代又一代井冈儿女的传承、提炼、加工，当年的事迹演变成了根植于井冈山的红色故事和传说，形成了井冈山的独特红色文化现象。

井冈山红米酒（图 9-17）是江西省井冈山市的特产。红米酒的包装既可以选择红色故事如黄洋界保卫战这样的大场面，也可以选择红军战士使用的一些具有代表和纪念意义的物品，如刀、枪、服饰、斗笠、草鞋等进行表现。井冈山红米酒的包装图形将红军旌旗飘扬的红色作为背景，深浅两种红色的叠加可以表达出红军众志成城、岿然不动的精神，集中选择黄洋界的天险地形作为前景图形，包装的图形以黄洋界保卫战中英勇的红军战士

图 9-17　井冈山红米酒包装

和赤卫队员为表现对象，表达出战士在战斗中不畏牺牲，保卫井冈山革命根据地的英雄气概。这样的图形设计既挖掘出井冈山的红色文化，唤起人们对井冈山黄洋界保卫战的回忆，同时又创造出奇特新颖、简洁单纯的图形形式，充分调动消费者的情感，使设计者的意图和接受者的参与达到协调一致，使井冈山红米酒包装的图形成为富有情感、富有生命力的信息载体。井冈山红色文化中最具代表性的是毛泽东书法字体，这种书法所带来的艺术感染力，是以传播井冈山红色精神为主要目标而提炼出来的必要的设计元素。

第四节　包装的文化自信

一、改革开放40年的包装成就

40年前，党中央、国务院先后批准成立了中国包装技术协会和中国包装总公司，打响了我国建立现代包装工业体系的发令枪，拉开了我国包装行业建设发展和管理体制试点改革的序幕。包装行业由此成为一个独立的行业，进入了一个全新的时代，形成了从中央到省、自治区、市、地县，覆盖包装工业及食品、建材、医药、运输、军品包装等相关行业的管理架构和完整成熟的现代包装工业体系。经过40年持续、平稳、健康的发展，我国包装工业总规模已跻身世界包装大国行列。

除了涌现出大量的优秀包装作品之外，近年来，中国包装工业一方面把发展绿色包装作为重要的战略方向；另一方面，人工智能、大数据等新一轮科技革命和产业变革催生了大量新产业、新业态、新模式，也成为中国包装工业新的机遇和挑战。

1. 包装的“绿色低碳”发展理念

全新减碳包装材料生产技术迅速发展，例如达能中国饮料宣布投资“智慧碳”包装（图9-18），旗下品牌脉动宣布将与长期专注于碳捕捉和转化的创新公司LanzaTech合作，可以将富碳气源中的一氧化碳和二氧化碳通过微生物直接转化为生产PET瓶所需的关键原料，从而减少石油的使用和碳排放对环境的影响。采用这种PET生产的包装被称为“智慧碳”包装，有望为饮料行业的环保包装探索出一条可行的解决方案。

2021年12月，伊利牛奶金典官宣在国内首发零铝箔低碳纸基复合包装，如图9-19所示。这款新一代不含铝箔的无菌纸基复合包装，使用全新的阻隔层替代铝箔，可以很大程度上减少碳足迹，助力碳中和目标的实现。此外，金典还推出无印刷、无油墨新包装。该产品在包装上去除了原先瓶身上的油墨打印（指除利乐出厂包装材料上的必要内容外，金典品牌不额外使用油墨印刷内容），产品名称与生产日期等信息则采用激光技术打印，因此，可以直接减少材料和能源的使用。

图9-18　“脉动”新材料PET瓶

图 9-19 金典零铝箔低碳纸基复合包装与无印刷无油墨新包装

2021 年全球地球日，“星巴克中国”推出新品“渣渣杯”包装，如图 9-20 所示。该包装是通过国内自主研发，回收咖啡渣进行脱水和烘干处理，将咖啡渣代替部分 PP 塑料粒子制作而成（材料中咖啡渣含量超过 30%）。不同于纯 PP 塑料的光滑手感，它有着细微纹路，带自然淡棕色，表面有微微的起伏。拿到手的时候，甚至能闻到淡淡的咖啡香气。

图 9-20 “渣渣杯”包装

2. 飞速发展的“智能包装设计”

推动包装装备的智能化改造、高端化发展，打造基于大数据、人工智能和工业互联网平台等，新一代信息网络技术的智能车间、智能工厂，是包装企业升级发展的目标。包装行业聚焦提升数字赋能水平，加快智能包装装备创新研发，在智慧包装产品发展上，重点开发交互式、个性化、趣味性、沉浸式、智慧型包装产品。

智能包装不仅仅是包装，它们能赋予产品额外的功能价值，比如：提高生活便利性，提升产品趣味性，提供更可控的品质保障。例如某品牌推出的天然矿泉水 Coach2O（图 9-21），这款装置夹在现有的瓶盖上，不仅能通过“眨眼”来提醒使用者多喝水，还能记住使用者每天喝了多少水。Coach2O 附带的应用程序允许消费者设定每日的补水目标，并可根据自身需求进行调整。

再如信联智通为失明人士设计了“有声胜无声”调味瓶（图 9-22），调味瓶被放置在智能平台上，每当被挪动或拿起时，平台的提示声音便会响起。同时按压的瓶盖上有凸起的盲文进一步进行提示，瓶盖上还设计了大小口，出量也更易控制。

如今的年轻消费者对黑科技情有独钟，品牌商为了博得年轻人的青睐，也是使出了浑身解数，AR、VR 等黑科技纷纷被搬上了食品包装。智能包装带来了更有趣的用户体验。例如农夫山泉与网易云音乐展开跨界合作，瓶身用网易云音乐的黑胶唱片拼成农夫山泉的山水 logo，如图 9-23 所示。这款设计利用了 AR 技术，当用户扫描黑胶唱片图案后，手机界面会变成星空，点击星球就会弹出随机乐评，还可跳转至相应的歌单。

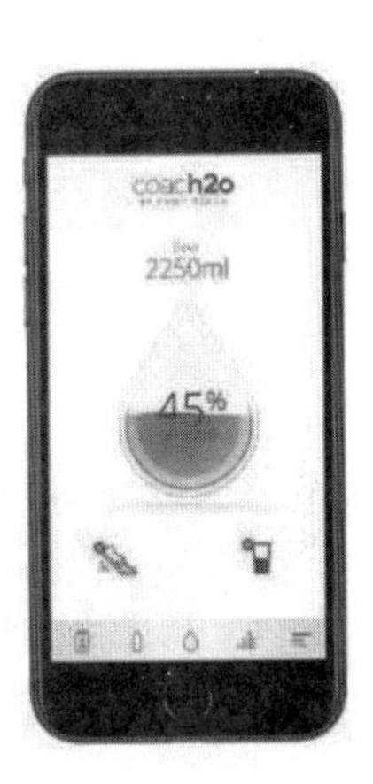

图 9-21　Coach2O 瓶盖

图 9-22　“有声胜无声”调味瓶

二、绿水青山就是金山银山

“绿水青山就是金山银山”理念是在把握时代发展的历史阶段性特征，立足环保理念和实践经验基础上诞生的。它从根本上更新了关于自然资源的传统认识，打破了发展与保护对立的束缚，树立了保护自然环境就是保护人类、建立生态文明就是造福人类的新理念。

人与自然的关系是人类社会最基本的关系。自然界是人类社会产生、存在和发展的基础和前提，人类则可以通过社会实践活动有目的地利用自然、改造自然。但

图 9-23　农夫山泉网易云音乐 AR 技术

人类归根结底是自然的一部分，在开发自然、利用自然的过程中，人类不能凌驾于自然之上，人类的行为方式必须符合自然规律。我们要建设的现代化是人与自然和谐共生的现代化，是以可持续发展、人与自然和谐为目标，建设生产发展、生活富裕、生态良好的文明社会。

作为包装工程师，应致力于将我国包装业纳入循环经济轨道，全面推广绿色包装，建立“包装低碳经济”的思想，在包装设计与包装制造过程中，通过更少的自然资源消耗和更少的环境污染，获得更多的产出收益。将“循环经济”的概念引入包装产业，把清洁生产、资源综合利用、生态包装设计和可持续消费等融为一体，运用生态学规律来指导包装产业的一切经济活动。

在“低碳经济”和“循环经济”环境下，坚持“绿色包装”的包装理念，体现在包装产品不对生态环境和人体健康产生危害，并能实现循环利用，使人类实现可持续发展。绿色包装改变了原来“发展—包装—消费”之间的单向作用关系，能够抑制包装对环境造成的危害，促进经济发展与环境保护之间的良性互动，符合低能耗、低污染、低排放的低碳经济理念，是包装产业今后发展的必然趋势。

三、责任担当与职业素养

包装已成为融工业生产、科学技术、文化艺术等元素为一体的行业体，设计师是这一过程中的参与者和推动者。随着人类文明的不断进步和生产力的迅速发展，包装设计者更需要有国际视野和时代担当的基本职业素养，知识面广、创造能力强、技术能力好、法律意识强的包装设计师，越来越成为推动生产发展和保障经济增长的重要角色。

作为未来的包装设计师，设计包装的目的不仅仅是为了销售，还要从长远的人类利益出发，在进行包装设计时应坚持以人为本。所以每一个包装设计师要肩负起自己的责任，树立正确的社会道德观念，不能有一时的蝇头小利就不计社会后果，逃避自己在社会中的责任，造成不良的损害。

要坚持“与人为善”的包装，包装材料的“师法自然”不仅仅承担起了对消费者的责任。也承担起了对“自然”的责任。这种责任不仅是商品消费的“当时”，也会一直延续到商品消费“以后”。

要关注包装设计与商业道德的关系，包装设计作为艺术和技术的综合体对于科学和艺术双重因素的依赖和体现是毋庸置疑的，实现完美的设计不是那么容易的。随着全球化市场的扩大和相关知识产权保护措施的完善，以及国际间合作与交流的逐步深化，包装设计的发展环境也将逐步改善，其发展方向也将是高新技术与特色化原创设计的融合。

课后实践（供参考）

一、包装废弃物回收分析

1. 产品选择：包装废弃物。

2. 问题分析："变废为宝"——合理回收包装废弃物。

（1）制作包装废弃物手工作品。利用废弃包装材料、容器、辅料等制作新用品（可拍摄制作过程、成品图片的视频，并对其进行相应的文字说明，做成 PPT 进行汇报）。

（2）利用查资料、调研等方法，查询一项包装废弃物回收利用的成功案例，采用图片、数据、文字等讲述其回收方法，分析其对可持续发展的积极意义（做成 PPT 进行汇报）。

3. 任务形式：两人一组，以上题目二选一。

二、复合材料包装分析

1. 产品选择：利乐包（康美包）。

2. 问题分析：为什么利乐包（康美包）会在中国取得如此辉煌的成就，它的优点是什么？有没有不足？未来是否会被其他包装形式替代？你认为替代它的包装会是什么样的？

3. 任务形式：自由分组完成作业，每组最多不超过 5 人，需注明小组分工。

三、预制菜包装分析

1. 产品选择：预制菜。

2. 问题分析：预制菜为什么会迅速兴起？预制菜包装有什么要求？你认为现在的预制菜包装存在哪些问题？未来的预制菜包装会有哪些新动向？你希望的预制菜包装是什么样的？

3. 任务形式：自由分组完成分析报告，每组最多不超过 5 人，需注明小组分工。

四、运输包装分析

1. 产品选择：邱大梁（百度人物，辞职养鸡的金融界精英）所采用的鸡蛋电子商务包装。

2. 问题分析

（1）分析邱大梁利用了电子商务和包装的哪些特点扭亏为盈，成功致富。

（2）邱大梁采取的设计、试验等手段哪些不够科学严谨。

（3）你有哪些更好的建议。

3. 任务形式：个人完成分析报告，通过学习通或网络观看相关视频。

五、包装材料分析

1. 产品选择：找寻同种或同类型产品的不同包装材料的包装件。

2. 问题分析：分析该产品所使用的不同种包装材料各有什么优缺点，从来源、成本、防护性能、加工性能、环境友好等角度评价。

3. 任务形式：分小组完成，4 人一组，自由组合。去超市调研或网上搜集资料，对产品包装拍照，做好课堂汇报 PPT。课堂抽查，教师点评。

六、包装制品分析

1. 产品选择：各组分别选择纸、金属、塑料、玻璃或陶瓷制品，产品避免雷同。

2. 问题分析：对包装容器从视觉冲击力、愉悦感获得等方面进行分析；从舒适度、所能达到的功能性进行分析；对包装容器是否属于绿色包装进行分析；对包装容器结构提出优化的改进设想。

3. 任务形式：分小组完成，两人一组，自由组合。去超市调研，对产品包装拍照，做好课堂汇报 PPT。课堂抽查，教师点评。

参 考 文 献

[1] 全国包装标准化技术委员会. 包装术语　第1部分：基础：GB/T 4122. 1—2008［S］. 北京：中国标准出版社，2009.

[2] 全国包装标准化技术委员会. 包装词汇　第1部分：一般术语：ISO 21067-1：2016［S］. 瑞士：国际标准化组织（ISO），2016.

[3] 全国人类工效学标准化技术委员会. 人机交互工效学　第210部分：交互系统的以人为本设计：ISO 9241-210-2019［S］. 土耳其：国际标准化组织（ISO），2019.

[4] 刘崇歆，薛雁，魏文松，等. 食品自加热技术研究进展［J］. 中国食品学报，2020，20（11）：351-356.

[5] PAYNE J，JONES M D. The chemical recycling of polyesters for a circular plastics economy：challenges and emerging opportunities［J］. ChemSusChem，2021，14（19）：4041-4070.

[6] 中国包装工业. 中国绿色包装产业技术创新战略联盟在京成立［EB/OL］.（2013-06-07）［2023-09-08］. http：//www. sasac. gov. cn/n2588025/n2588124/c3928124/content. html.

[7] 罗亚明. 国内外包装专业教育的比较研究［J］. 包装学报，2010，2（02）：82-85.

[8] 苏远. 美国密歇根州立大学包装学院包装教育特点（之一）［J］. 包装工程，2004（01）：149-150.

[9] 张新昌. 包装概论［M］. 北京：印刷工业出版社，2011.

[10] 赵竞，尹章伟. 包装概论［M］. 北京：化学工业出版社，2018.

[11] 唐未兵. 中国包装产业的新方位［M］. 北京：人民出版社，2018.

[12] 谭益民. 中国包装行业品牌发展研究［M］. 北京：中国轻工业出版社，2021.

[13] 中国包装联合会. 中国包装工业发展规划（2016—2020年）正式发布［EB/OL］.（2016-12-26）［2024-02-03］. http：//www. ynpack. org/Article. aspx？id=425.

[14] 中国包装联合会. 关于印发《中国包装工业发展规划（2021-2025年）》的通知［EB/OL］.（2022-09-14）［2024-04-04］. http：//www. cpf. org. cn/news/378. html.

[15] 熊承霞，谭小雯，熊承芳，等. 包装设计［M］. 武汉：武汉理工大学出版社，2018.

[16] 张馨悦，曹舒. 包装设计［M］. 南京：南京大学出版社，2017.

[17] 李依桐. 包装设计中的造型艺术［J］. 设计，2014（04）：119-120.

[18] 刘春雷. 包装材料与结构设计［M］. 北京：文化发展出版社，2015.

[19] 周作好. 现代包装设计理论与实践［M］. 成都：西南交通大学出版社，2017.

[20] 张艳平，张晓利，任金平，等. 产品包装设计［M］. 南京：东南大学出版社，2014.

[21] 李帅. 现代包装设计技巧与综合应用［M］. 成都：西南交通大学出版社，2017.

[22] 蔡黎黎. 基于手绘插画元素的包装设计探讨［J］. 上海包装，2023，(02)：132-134.

[23] 陈文芳. 手绘插画在文创产品包装设计中的应用探析［J］. 鞋类工艺与设计，2021，（13）：12-13.

[24] 张丽霞. 浅谈计算机辅助设计在包装工程中的应用［J］. 农业科技与信息，2019，(07)：125-126.

[25] 段培力. AI技术在产品包装上的应用［J］. 中国广告，2019，(11)：63-65.

[26] 张熙，杨小汕，徐常胜. ChatGPT及生成式人工智能现状及未来发展方向［J］. 中国科学基金，2023，37（05）：743-750.

[27] 秦涛，杜尚恒，常元元，等. ChatGPT工作原理、关键技术及未来发展趋势［J］. 西安交通大学

学报，2024，(01)：1-11.

[28] 靳紫微．探究人工智能技术对当代图形设计的影响——以 Midjourney 绘图软件为例 [J]．大众文艺，2023，(16)：32-34.

[29] 王浩．贵州贤俊龙：迈向“生产数字化、产品差异化”包装未来 [J]．印刷经理人，2021，(06)：58-59.

[30] 慕红霞．数字化技术在卷烟包装设计中的应用研究 [J]．中国包装，2020，40 (11)：22-24.

[31] 谢飞扬．数字化包装设计表现教学研究 [J]．绿色包装，2023，(10)：35-38.

[32] 梁淑敏．基于学科竞赛的包装工程专业包装设计创新人才培养研究 [J]．美术教育研究，2019，(02)：114-115.

[33] 高彬．以设计竞赛促进包装设计教学的思考与实践 [J]．装饰，2018，(12)：138-139.

[34] 胡心玥．2021 Pentawards 国际包装设计大奖赛征集 [J]．装饰，2021，(03)：7.

[35] 中国出口商品包装研究所．“世界之星”包装奖颁奖盛会圆满落幕 [J]．绿色包装，2023，(05)：11.

[36] 杨明洁．美学 功能 可持续 什么是好的包装设计？[J]．中国化妆品，2022，(10)：46-48.

[37] 于江，王嘉懿，谢利，等．基于包装功能的时间 - 温度指示器与食品新鲜度指示器研究进展 [J]．包装工程，2022，43 (19)：49-55.

[38] 赵毅平．包装与物流：从形式、功能到生态伦理 [J]．装饰，2018 (02)：19-23.

[39] 张弦．浅析现代产品包装设计的基本原则 [J]．绿色包装，2023 (10)：65-68.

[40] 居磊．可持续食品包装设计：环境保护与经济可行性的平衡 [J]．食品工业，2023，44 (11)：97-99.

[41] 崔望妮．绿色低碳背景下快递包装标准化体系建设 [J]．现代商业，2021 (22)：9-11.

[42] 雷鸣，吴颖，彭芳，等．基于 ANSYS 强度仿真与动力学测试的包装结构优化设计 [J]．包装工程，2023，44 (21)：253-259.

[43] 王健．减量化理念在包装设计中的应用研究 [J]．包装工程，2023，44 (12)：411-413+448.

[44] 朱和平，王程昱．基于功能配置下共享快递包装模块化设计研究 [J]．包装工程，2022，43 (04)：272-278.

[45] 姜晓微，赵一鸣．基于设计流程的《包装设计》项目化教材建设研究 [J]．包装工程，2023，44 (S1)：604-608.

[46] 周博．商品包装中的定位设计研究 [J]．包装工程，2015，36 (10)：97-100.

[47] 易丹．包装定位理论研究 [J]．山西财经大学学报，2012，34 (S2)：27-28.

[48] 朱和平，王程昱．论“湘品出湘”包装策略 [J]．湖南工业大学学报（社会科学版），2023，28 (01)：101-108.

[49] 侯明勇．基于生态理念的原生态包装设计研究 [D]．杭州：浙江农林大学，2014.

[50] 兰明．基于 CPS 理念的包装总成本控制及分析 [D]．西安：陕西科技大学，2013.

[51] 戴宏民，戴佩华．产品整体包装解决方案策划（设计）的目标、原则及方法 [J]．重庆工商大学学报（自然科学版），2010，27 (01)：80-84.

[52] 夏颖．价值链理论初探 [J]．理论观察，2006，(04)：136-137.

[53] 汪波，杨尊淼，刘凌云．基于生命周期的绿色产品开发设计及绿色性评价 [J]．研究与发展管理，2000，(05)：1-4，16.

[54] 刘亚军．基于生命周期分析法的可持续包装设计 [D]．长沙：湖南大学，2005.

[55] 商毅．包装的善意——谈商品包装与设计师的社会责任 [J]．天津美术学院学报，2013，(03)：63-65.

[56] 赵冬菁，仲晨，朱丽，等．智能包装的发展现状、发展趋势及应用前景 [J]．包装工程，2020，

41（13）：72-81.
[57] 孙诚. 包装结构设计（第四版）[M]. 北京：中国轻工业出版社，2018.
[58] 王俊凤. 食品包装材料安全性及检测技术探讨 [J]. 大众标准化，2023（18）：181-183.
[59] 刘兵园. 食品包装材料对食品安全的影响研究 [J]. 信息记录料，2019，20（04）：45-46.
[60] 王宪东. 食品包装材料对食品安全的影响及预防措施 [J]. 食品安全导刊，2023（19）：164-166.
[61] 马裕清，段万里，彭蕾，等. 食品包装材料中双酚 A 检测方法的研究进展 [J]. 上海预防医学，2023，35（06）：604-612.
[62] 刘喜生. 包装材料学 [M]. 长春：吉林大学出版社，2004.
[63] 卢嘉敏. 绿色可降解食品保鲜材料的研究进展 [J]. 包装工程，2023，44（S2）：77-81.
[64] 王艳丽，李玉坤，支朝晖，等. 淀粉基食品包装材料的生命周期评价 [J]. 中国食品学报，2021，21（12）：277-282.
[65] 侯茗萱，李家豪，东为富，等. 食品生态包装材料的研究进展 [J]. 塑料包装，2023，33（04）：1-6+49.
[66] 潘松年. 包装工艺学 [M]. 北京：文化发展出版社，2023.
[67] 金国斌，张华良. 包装工艺技术与设备 [M]. 北京：中国轻工业出版社，2017.
[68] 张新昌. 包装概论 [M]. 北京：文化发展出版社，2019.
[69] 刘尊忠，鲁建东. 防伪印刷与包装 [M]. 北京：文化发展出版社，2014.
[70] 柯胜海. 智能包装概论 [M]. 南京：江苏凤凰美术出版社，2020.
[71] 徐东. 智能包装应用 [M]. 北京：文化发展出版社，2019.
[72] 孟丽. 包装工艺与技术的发展趋势 [J]. 上海包装，2010.
[73] 微波. 简述活性包装的分类及应用（一）[J]. 上海包装，2019，1：26-29.
[74] 陈昌杰. 智能包装简介 [J]. 塑料包装，2020，30（1）：37-40.
[75] 宿跃. 食品智能包装的研究热点、应用现状及展望 [J]. 保鲜与加工，2021，21（2）：133-139，150.
[76] 赵冬菁. 智能包装的发展现状、发展趋势及应用前景 [J]. 包装工程，2020，41（13）：72-8.
[77] 戴宏民. 低碳经济与绿色包装 [J]. 包装工程，2010，31（09）：131-133.
[78] MARIA F，ESTHER G R，PATRICIA C，et al. Chitosan for food packaging：recent advances in active and intelligent films [J]. Food Hydrocolloids，2022，124：107328.
[79] PANDIAN A T，CHATURVEDI S，CHAKRABORTY S. Applications of enzymatic time-temperature Indicator（TTI）devices in quality monitoring and shelf-life Estimation of food products during storage [J]. Journal of Food Measurement and Characterization，2021，15（2）：1523-1540.
[80] GAO T，SUN D，TIAN Y，et al. Gold - silver core-shell nanorods based time-tem perature indicator for quality monitoring of pasteurized milk in the cold chain [J]. Journal of Food Engineering，2021，306：110624.
[81] TSAI T，CHEN S，CHEN L，et al. Enzymatic time-temperature indicator prototype developed by immobilizing laccase on electrospun fibers to predict lactic acid bacterial growth in milk during storage [J]. Nanomaterials，2021，11：1160.
[82] LAM T H，MINKYUNG L，HYEONYEOL J，et al. Tamper-proof time-temperature indicator for inspecting ultracold supply chain [J]. ACS Omega，2021，6（12）：8598-8604.
[83] PANDIAN A T，CHATURVEDI S，CHAKRABORTY S. Applications of enzymatic time-temperature indicator（TTI）devices in quality monitoring and shelf-life estimation of food products during storage [J]. Journal of Food Measurement and Characterization，2021，15：1523-1540.

[84] XU Y, CHEN L Y, ZHANG Y Q, et al. Antimicrobial and controlled release properties of nanocomposite film containing thymol and carvacrol loaded UiO-66-NH_2 for active food packaging [J]. Food Chemistry, 2023, 404: 134427.
[85] TIAN B R, WANG J, LIU Q, et al. Formation chitosan-based hydrogel film containing silicon for hops β-acids release as potential food packaging material [J]. International Journal of Biological Macromolecules 2021, 191: 288 - 298.
[86] 彭国勋. 物流运输包装设计 [M]. 2 版. 北京：印刷工业出版社，2012.
[87] 曹根，陈建新. 论电商物流包装存在的问题与对策 [J]. 中国市场，2020 (28)：174+185.
[88] 刘诗雅，冯洪炬，向红，等. 电商物流包装存在的问题与对策 [J]. 包装工程，2015，36 (05)：144-148.
[89] 滑广军，易颖茵，肖建，等. 基于 Ansys 的重型包装钢架箱工程轻量化设计 [J]. 包装工程，2022，43 (03)：183-188.
[90] 朱思翰. 我国绿色物流包装产业发展的对策与趋势 [J]. 物流技术与应用，2018，23 (12)：166-169.
[91] 叶菊宾. 浅析物流包装的发展趋势 [J]. 中国包装工业，2013 (12)：102-103.
[92] 李艾橘，李礼爱，刘志平. 食品计量的现状及发展方向 [J]. 工业计量，2021，31 (S1)：90-92.
[93] 孟文晔. 包装过程称量信号处理方法研究 [J]. 包装工程，2022，43 (09)：184-188.
[94] 孙智慧，晏祖根. 包装机械概论 [M]. 北京：印刷工业出版社，2011.
[95] 金国斌. 包装工艺技术与设备 [M]. 北京：中国轻工业出版社，2009.
[96] 杨仲林，徐锦，王永华，等. 包装自动控制技术及应用 [M]. 北京：中国轻工业出版社，2008.
[97] 洪从鲁. 食品包装机械过程运动控制系统 [J]. 制造业自动化，2023，45 (05)：60-63.
[98] 姚日煌，陈新苹，鹿洵. 企业智能制造系统现状研究 [J]. 电子质量，2023 (04)：99-103.
[99] 张雍达，宋嘉. 工业 4.0 时代的智能制造 [J]. 中国工业和信息化，2021 (09)：32-34.
[100] 徐锦林. 印刷工程导论 [M]. 北京：化学工业出版社，2006.
[101] 李慧媛. 印刷设计 [M]. 北京：中国轻工业出版社，2011.
[102] 金杨. 数字化印前处理原理与技术 [M]. 北京：化学工业出版社，2009.
[103] 武军. 丝网印刷原理与工艺 [M]. 北京：中国轻工业出版社，2006.
[104] 魏先福. 印刷原理与工艺 [M]. 北京：中国轻工业出版社，2011.
[105] 赵秀萍. 柔性版印刷技术 [M]. 北京：中国轻工业出版社，2013.
[106] 陈文革，黄学林. 柔性版印刷技术 [M]. 北京：印刷工业出版社，2008.
[107] 许文才. 包装印刷与印后加工 [M]. 北京：中国轻工业出版社，2006.
[108] 姚海根. 数字印刷 [M]. 北京：中国轻工业出版社，2010.
[109] 马静君. 印后加工工艺及设备 [M]. 北京：文化发展出版社，2018.
[110] 吴为，秦明明，周海华，等. 纳米绿色制版技术中纳米复合转印材料的研究：中国感光学会第八届五次理事会暨 2013 年学术年会论文集 [C]. 天津：中国感光学会，2013.
[111] 王军，卢富德. 包装应用力学 [M]. 北京：中国轻工业出版社，2023.
[112] 张云，仇岑. CAD/CAM 技术在包装设计制造中的应用 [J]. 现代装饰（理论），2013.
[113] LUF D, HUA G J, WANG LS, etal. A phenomenological constitutive modelling of polyethylene foam under multiple impact conditions [J]. Packaging Technology and Science, 2019, 32 (7): 367-379.
[114] 卢富德，任梦成，高德，等. 超弹塑性泡沫连续冲击动力学行为分析的新方法 [J]. 振动与冲击，2022，41 (15)：196-200.
[115] DESHPANDE V S, Fleck N A. Isotropic constitutive models for metallic foams [J]. Journal of the Me-

chanics and physics of solids, 2000, 48 (6-7): 1253-1283.
[116] 徐恒醇. 设计美学 [M]. 北京: 清华大学出版社, 2006.
[117] 肖烨卉. 中国传统文化精神特质在现代包装设计中的应用研究 [D]. 长沙: 湖南师范大学, 2013.
[118] 罗黛兮. 中国传统文化语境下的品牌色彩形象设计研究 [D]. 杭州: 中国美术学院, 2022.
[119] 吉晨. 地域文化在包装设计中的运用和传承 [D]. 成都: 西南交通大学, 2020.
[120] 曾伟明. 城市文旅背景下老字号手信包装创新设计研究 [D]. 广州: 广东工业大学, 2023.
[121] 蔡笠. 地方民俗文化在包装设计中的应用研究 [D]. 常州: 常州大学, 2023.
[122] 左文. 民俗文化要素在地方特色食品包装设计中的表达 [J]. 食品与机械, 2022, 39 (09): 129-133.
[123] 狄维玲. 民俗元素在甘肃土特产包装设计中的应用研究 [D]. 北京: 北京印刷学院, 2019.
[124] 张殊豪. 西南地区民俗文化视觉化表现与包装设计运用 [D]. 贵阳: 贵州大学, 2022.
[125] 郁世萍. 系列化包装设计中的视觉艺术 [J]. 包装工程, 2020, 41 (10): 274-276+290.
[126] 辛晨旭. 包装的系列化设计探究 [J]. 包装工程, 2019, 39 (06): 259-261.
[127] 郭彦峰. 对绿色包装的几点思考 [J]. 印刷世界, 2005, (02): 36-37.
[128] 赖宏, 刘浩林. 论红色文化建设 [J]. 南昌航空工业学院学报 (社会科学版), 2006, (04): 66-69.
[129] 肖永清. 废弃玻璃包装制品的回收和再利用 [J]. 上海建材, 2013 (04): 32-35.